数据库原理及应用

田民格　陈秀琼　李年攸　编著

清华大学出版社
北京

内容简介

本书全面介绍了数据库系统的基本原理、基本操作、数据库设计和应用技术，并以高校教学管理系统为例，具体介绍了数据库设计的整个过程。本书主要内容包括数据库系统概述，关系数据库理论基础，数据库简介，SQL语言基础，SQL编程，数据定义语言DDL，数据操纵语言DML，存储过程、函数与触发器，数据库的安全管理和数据库设计。本书有配套考试系统，按章节和知识点组织题库，可随机抽题和自动评分（支持SQL Server和MySQL），按成果导向的教育理念组织教学过程，可自动完成达成度计算并导出，以便持续改进教学。本书教学资源包括教学课件、打包到考试系统中的例题源代码及相应的测试数据、习题参考答案等。

本书既可作为高等院校计算机及相关专业的教材，又可作为从事计算机软件工作的科技人员、工程技术人员以及其他相关人员的参考书。

图书在版编目（CIP）数据

数据库原理及应用 / 田民格,陈秀琼,李年攸编著.
北京 : 清华大学出版社, 2024. 9. -- ISBN 978-7-302-67430-6

Ⅰ. TP311.13

中国国家版本馆CIP数据核字第2024ST8259号

责任编辑：邓　艳
封面设计：刘　超
版式设计：文森时代
责任校对：马军令
责任印制：丛怀宇

出版发行：清华大学出版社
　网　　址：https://www.tup.com.cn，https://www.wqxuetang.com
　地　　址：北京清华大学学研大厦A座　　**邮　　编**：100084
　社 总 机：010-83470000　　**邮　　购**：010-62786544
　投稿与读者服务：010-62776969，c-service@tup.tsinghua.edu.cn
　质量反馈：010-62772015，zhiliang@tup.tsinghua.edu.cn
印 装 者：北京同文印刷有限责任公司
经　　销：全国新华书店
开　　本：185mm×260mm　　**印　　张**：21　　**字　　数**：533千字
版　　次：2024年9月第1版　　**印　　次**：2024年9月第1次印刷
定　　价：69.80元

产品编号：098411-01

前　言

数据库技术是计算机科学技术中发展最快、应用最广泛的领域之一，在人工智能、大数据、电子商务和科学计算等领域均得到广泛应用，已经成为计算机信息系统和应用系统的核心技术和重要基础。

本书秉承着强化理论基础、紧密联系应用、服务 IT 产业的原则，以应用实例贯穿于各个章节，将原理、技术与应用三者有机结合起来，并凸显原理的可读性、技术的可用性、应用的可达性。本书结合作者三十多年的教学与软件开发实践，融入数据库前沿技术，具体介绍数据库应用系统中数据库设计的整个过程。

本书的主要特点是突出基础性和应用性。其目标是帮助读者掌握数据库的基本理论，并培养数据库应用开发能力。通过实例和案例，帮助读者更好地理解抽象的理论知识；通过应用开发设计，提高读者解决实际问题的能力；通过大量习题，检查读者对基本知识的掌握程度。

本书详细介绍了数据库系统的基本概念、基本原理和应用技术。全书共分 10 章。第 1 章是数据库系统概述，主要介绍数据库系统基本概念、数据管理技术的发展、数据库三级模式和两种映射、数据模型、实体、数据库类型、E-R 方法等；第 2 章是关系数据库理论基础，主要介绍关系的数学定义和性质、关系数据库语言、关系数据库标准语言 SQL 和关系规范化；第 3 章是数据库简介，主要介绍 SQL 2012 的安装、管理、配置，SQL 2012 的系统数据库，国产数据库简介，SinoDB 的安装、管理、配置等；第 4 章是 SQL 语言基础，主要介绍数据类型、常量、变量、运算符与表达式、SQL 函数等；第 5 章是 SQL 编程，主要介绍流程控制语句、游标和事务等；第 6 章是数据定义语言 DDL，主要介绍数据库管理、表的管理、约束、创建分组表、创建分区表、视图、索引等；第 7 章是数据操纵语言 DML，主要介绍查询语句、条件子句、分组与排序子句、多表查询、子查询、添加数据、删除数据和修改数据；第 8 章是存储过程、函数与触发器，主要介绍存储过程的使用和管理、自定义函数的使用和管理、触发器的使用和管理；第 9 章是数据库的安全管理，主要介绍登录、角色与权限管理；第 10 章是数据库设计，主要介绍数据库设计概述、系统需求分析、概念结构设计、逻辑结构设计、物理结构设计等。

本书由田民格主持并负责全书的统稿，其中，田民格编写第 1～8 章，陈秀琼编写第 10 章，李年攸编写第 9 章，蔡志扬（福建省电子信息集团全资子公司-福建星瑞格软件有限公司）编写第 3 章第 5 节和第 6 节，介绍了国产数据库软件 SinoDB。

在本书的编写过程中，作者参阅和借鉴了相关参考文献及资料，吸收了许多同人和专家的宝贵经验，在此深表谢意！

衷心感谢清华大学出版社的编辑们，正是他们的辛勤工作，才使得本书得以顺利出版。

由于作者水平有限，加之时间紧张，书稿虽几经修改，仍难免存在疏漏，恳请广大读者给予批评指正。另外，为了方便教学，本书配套教学课件、考试系统、题库、例题源代码、习题参考答案等。本书配套资源可到清华大学出版社网站（www.tup.com.cn）下载，其他方面的需求可与作者联系。

感谢三明学院信息工程学院、福建省农业物联网重点实验室、物联网应用福建省高校工程研究中心为本书的顺利完成提供的各方面的大力支持。感谢 2023 年省技术创新重点攻关及产业化项目（校企联合类）“优质盘条智能制造关键技术研发及产业化”（闽教科〔2023〕16 号，2023XQ009）、三明市产学研协同创新重点科技项目（明科〔2022〕32 号，2022-G-12）、福建省现代产业学院“三明学院-中兴通讯 ICT 学院”、物联网工程省级一流本科专业建设点（教高厅函〔2022〕14 号）、2021 年省级虚拟仿真实验教学项目“基于物联网的种猪繁育智慧养殖虚拟仿真实验教学项目 2021”（闽教高〔2021〕52 号）、2019 年省级虚拟仿真实验教学项目“智能农业 3D 虚拟仿真实验教学项目”（闽教高〔2019〕13 号）的支持。

编　者

目　　录

第 1 章　数据库系统概述

数据库技术就是管理数据的技术，是计算机科学技术的一个重要分支。

1.1　数据库系统基本概念

1．数据与信息

数据是数据库系统研究和处理的对象，本质上是对客观事物特征的一种抽象的、符号化的表示。例如，65 仅表示一个数字，没有特定的意义。

信息是经过加工的有特定意义的数据。如 65，在年龄中表示 65 岁，在成绩中表示 65 分，在 ASCII 中表示字母 A。

数据与信息通常二者并不严格区分。

2．数据处理与数据管理

数据处理也可称为信息处理，是从某些已知的数据出发，推导出一些新的数据，这些新的数据又表示了新的信息的过程。

数据管理指数据的收集、整理、组织、存储、维护、检索、传送等操作。

3．数据库与数据库管理系统

数据库（DataBase，DB）是以一定的方式存于存储设备上的相互关联的数据集合，如 SQL Server 数据库存于*.MDF 文件中。

数据库管理系统（DataBase Management System，DBMS）是系统软件，介于应用程序与操作系统之间，提供应用程序与数据库的接口，用户通过应用程序与 DBMS 连接实现数据库的应用（包括 DBMS 提供的数据定义语言 DDL、数据操纵语言 DML 等），DBMS 通过操作系统读写数据库文件。

4．数据库管理员与数据库系统

数据库管理员（DataBase Administrator，DBA）完成数据表的定义、视图的创建、数据访问权限的管理等。

数据库系统（DataBase System，DBS）由数据库、数据库管理系统、应用程序、支持数据库运行的硬软件环境、数据库管理员等 5 个部分组成。

数据库系统的特点主要有 5 个方面：数据独立、数据共享、减少了数据冗余、数据的安全性与完整性、使用操作方便。

1.2　数据管理技术的发展

从 20 世纪 50 年代到现在，数据管理技术大体上经历了 3 个发展阶段：自由管理方式、文件管理方式、数据库方式。

自由管理方式又称人工管理方式，程序和数据混在一起，程序高度依赖于数据，效率低。例如，汇编语言源程序中数据段和代码段在同一程序中。

文件管理方式将要处理的数据存于数据文件，如文本文件，不足之处：程序与文件相互依存，数据冗余大，数据容易发生矛盾。例如，同一个数据有多个备份，容易造成在不同文件中具有不同数值，不能反映实体间的业务逻辑的联系。

数据库方式解决了文件管理方式的不足，其根本区别是，数据库方式面向系统（数据库管理系统，如 SQL Server、Access、MySQL、Oracle、Informix、DB2、Sybase 等），而文件管理方式面向应用（某个具体的应用程序）。

数据库方式的最大特点是数据文件相对独立。

1.3　数据库三级模式和两种映射

数据库由内模式、模式、外模式等三级模式构成，三级模式之间通过两种映射实现了数据与程序的独立性，如图 1-1 所示。

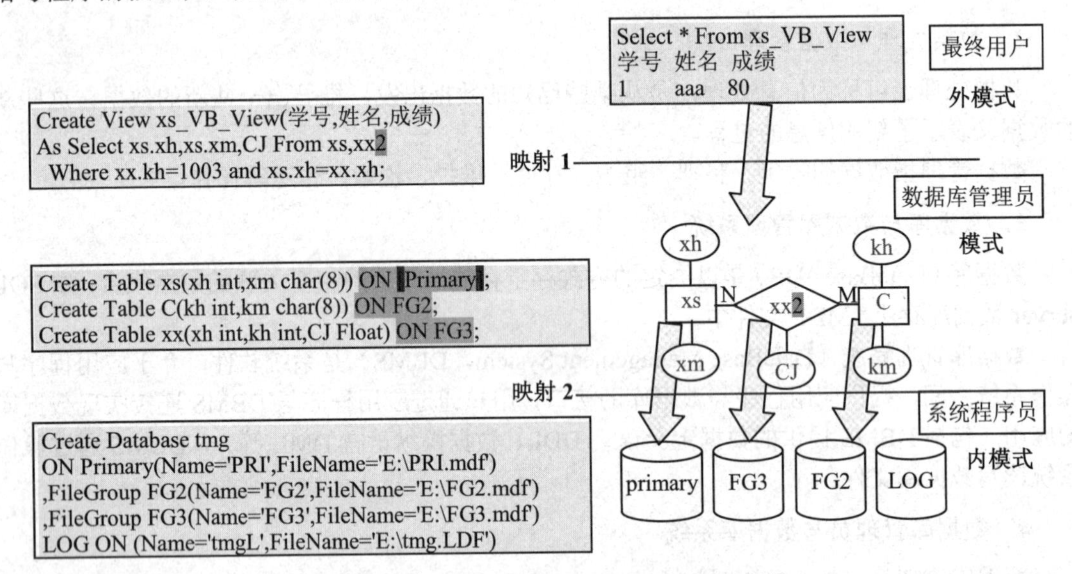

图 1-1　SQL Server 数据库三级模式和两种映射

内模式（内层）也称为存储模式或物理模式，它描述了数据如何组织并存于外部存储器上，内模式是由系统程序员选择一定的文件结构组织起来的，也是程序员编制存取程序实现数据存取的，故称内模式为系统程序员视图。内模式主要是对计算机的硬件进行操作，是数据存储的基础。

模式（中间层）也称为概念模式或逻辑模式，它是一种数据库数据组织的全局逻辑层面，不涉及数据的物理存储，对应于总体概念级数据库，故称为 DBA 视图。

外模式（外层）也称为子模式或用户模式，它面向用户，是用户眼中的数据库，故称外模式为用户视图。通常，外模式是模式的一个子集，它包含了模式中允许特定用户使用的那部分数据。

数据库三级模式中，模式是内模式的逻辑表示；内模式是模式的物理实现；外模式则是模式的部分抽取。三级模式反映了数据库的 3 种不同层面：模式表示了概念级数据库，体现了数据库操作的接口层；内模式表示了物理数据库，体现了数据库操作的存储层；外模式表示了用户数据库，体现了数据库操作的用户层。接口层和存储层只有一个，而用户层可能有多个，有一个应用就有一个用户层。

三级模式间存在两种映射：一种是模式与外模式的映射，这种映射把概念级数据库与用户级数据库联系起来；另一种是模式与内模式间的映射，这种映射把概念级数据库与物理级数据库联系起来。通过这两种映射，把用户对数据库的逻辑操作转换成对数据库的物理操作，实现了数据库的数据独立性等。

数据库的数据独立性是指数据结构改变后能保证应用程序可以不变，具体包括物理数据独立性和逻辑数据独立性。物理数据独立性是指数据库物理结构（组织、存储、存取等）发生改变时，不会影响到数据库的逻辑结构，而应用程序使用的是逻辑结构，因此可以不必改动应用程序。逻辑数据独立性是指由于某种原因使数据库的全局逻辑结构发生改变时，用户的应用程序不需要改动，似乎数据库并未发生改变一样。这是因为应用程序是根据该用户的数据视图编写的，仅是全局逻辑数据映射出来的一个子集，全局结构变化与否与具体用户无关，只要能从全局根据新映射导出用户的局部视图就行。

三级模式、两种映射的优点如下。

1．保证了数据的独立性

使用模式与外模式的映射，能保证数据库概念模式发生改变时，只需要改变映射关系，从而保持子模式不变，而应用程序根据子模式编写，这种子模式独立于模式的特性，实际上就是逻辑数据独立性。

使用模式与内模式的映射，即使是存储模式改变时，只需要改变映射关系，从而保持模式和子模式不变，这种逻辑数据独立于物理数据的特性，实际上就是物理数据独立性。

2．方便了用户使用数据库

由于用户的应用程序是根据子模式编写，使得具体数据库用户不必了解数据库的总体逻辑结构和存储结构，只需关心自己的用户数据库，从而简化了与数据库的接口。

3．有利于数据共享

从数据库模式中能导出不同的子模式为多种应用程序服务，减少了数据冗余。

数据库中为实现数据之间的联系，必须要有关键字的引用，因此，不能消灭冗余，只能减少冗余。

4．有利于数据的安全和保密

应用程序只能操作自己子模式范围内的数据，从而把数据库中其他用户的数据隔离开来，保证了数据的安全性，而且有利于数据的保密性。

1.4　数 据 模 型

计算机不能直接处理现实世界中的具体事物，必须按数据库技术相关规范，转换成相应的数据模型来表示具体事物。

1．现实世界

现实世界就是存在于人脑之外的客观世界。现实世界中的事物是客观存在的，事物之间的联系也是客观存在的。

客观事物及其之间的联系处于现实世界中，可以用对象和属性进行描述。

2．概念世界

概念世界是现实世界在人们头脑中的反映，常用文字或符号进行记载，所以又称为信息世界。客观事物在概念世界中称为实体，反映事物之间联系的是实体模型（又称概念模型）。现实世界是物质的，而概念世界是抽象的。

3．机器世界

概念世界中的信息在机器（计算机）世界以数据形式进行存储，所以机器世界又称为数据世界。现实世界中客观事物及其联系在机器世界以数据模型进行描述。机器世界是量化的、物化的。

数据模型是数据库的数据结构形式，是对数据库组织方式的一种模型化表示。

可以把数据模型形式化表示为

DM={R,L}

其中：

DM（Data Model）是数据模型英文简称；

R是记录型的集合，是实体集合，如R={学生(学号,姓名),课程(课号,课名)}；

L是不同记录型联系的集合，通过关键属性体现各实体间的联系，是联系集合，如L={选修(学号,课号,成绩)}。

数据模型既要反映信息，又要反映信息间的联系。

1.5　实　体

1.5.1　实体和属性

实体是现实世界任何可被识别事物的抽象命名。例如，学生是一个实体（集合），不同的学生（数据库中叫记录）通过关键属性（数据库中叫字段，如学号）来体现不同个体（元素）。课程也是一个实体，不同的课程通过关键属性（如课程号）来体现不同个体。实体和属性有型与值之分，型是结构，值是在结构约束下的取值。

学生实体的型如下：

学生(学号,姓名)

学生实体的值如下：

20190861101　张三
20190861102　李四
20190861103　王五

20190861104　赵六

属性也有型和值之分，如“姓名”是属性的型，李四、王五等是属性值。每个属性都有一个取值范围，叫属性的“域”。

在实体所有属性中，可用于区别实体集合中不同个体的一个属性或几个属性组合，称为关键字或主码或主键。例如，学生实体中用学号作为关键字，而选修则用(学号,课号)作为关键字。

1.5.2　实体的联系

实体的联系有两类，一类是实体内部的联系，反映在数据上是同一记录内部各字段的联系；另一类是实体（个体）与实体（个体）之间的联系，反映在数据上就是记录之间的联系。

例如，以下关系反映职工实体内部的联系：

职工(工号,姓名,领导工号)

1101　张三　NULL

1102　李四　1101

1103　王五　1101

1104　赵六　1102

1105　孙七　1102

1106　周八　1103

数据张三与李四是内部联系，体现从属关系，是实体内部的联系。

两个实体间联系有 3 种情况：一对一联系（简称为 1∶1 联系）；一对多联系（简称为 1∶*N* 联系）；多对多联系（简称为 *M*∶*N* 联系）。

1.5.3　1∶1 联系

若两实体集中，其中一实体集的一实体最多与另一实体集的一实体相对应，称为 1∶1 联系。如夫妻关系、工厂与董事长关系等，样例数据如图 1-2 所示。

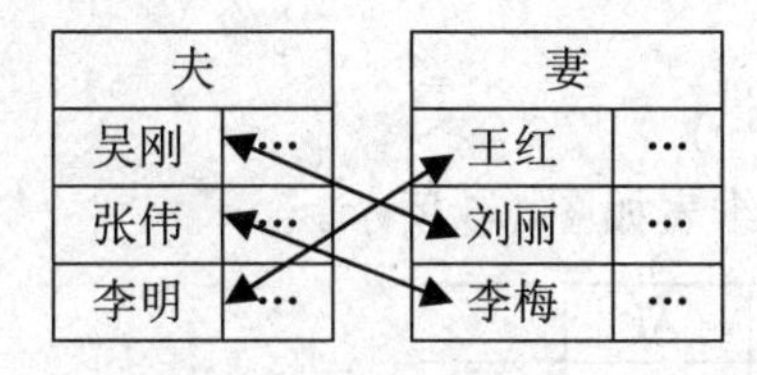

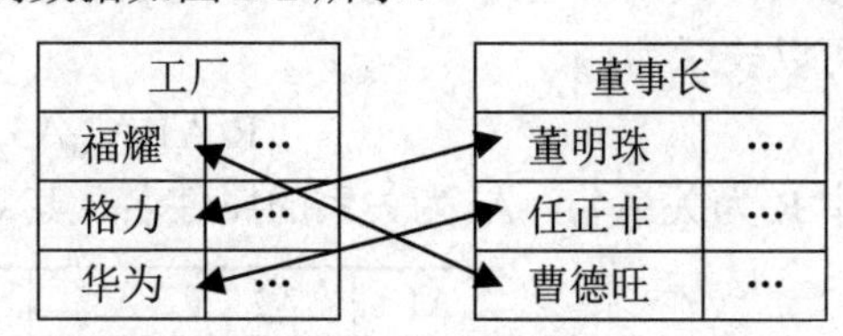

图 1-2　1∶1 联系样例数据

问：任一学生唯一对应一个学号，学生与学号是否属于 1∶1 联系？

答：不属于，因为不是两实体间的关系，学号是学生的一个属性值。

1.5.4　1∶*N* 联系

若两实体集中，其中一实体集的一实体与另一实体集的若干实体相对应，称为 1∶*N* 联系。如班级与所属学生之间的从属关系，样例数据如图 1-3 所示。

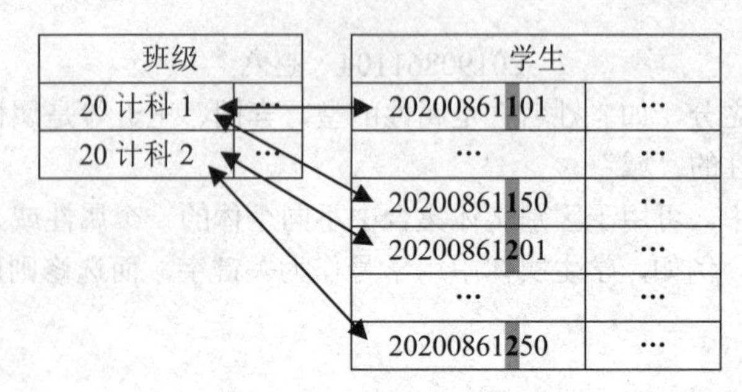

图1-3　1∶N联系样例数据

1.5.5　M∶N联系

若两实体集中，任一实体都与另一实体集中一个或多个实体相对应，称为M∶N联系。如学生与课程之间的选修关系等，样例数据如图1-4所示。

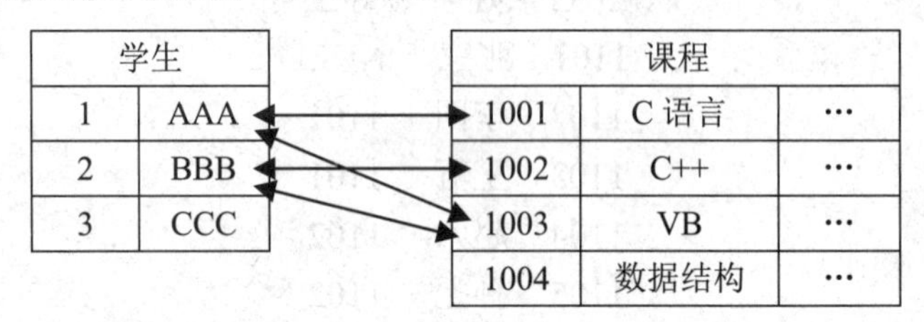

图1-4　M∶N联系样例数据

1.6　数据库类型

数据库有层次模型、网状模型、关系模型3种类型。层次模型的实体及联系表现为树结构，是一棵有向树，查找效率低。网状模型结点间的联系不受层次限制，可任意发生联系，其结构表现为连通图，比较复杂，典型网状模型是DBTG和IDS（Integrated Data Store，集成数据存储）。关系模型用若干关系表示实体及其联系，关系相当于二维表，包括关系名和属性名，可以表示为

R(A1,A2,A3,…,Ai,…)

其中R为关系名，Ai为关系的属性名，其对应二维表如图1-5所示。

A1	A2	A3	…	Ai	…
…	…	…	…	…	…

图1-5　关系R(A1,A2,A3,…,Ai,…)对应的二维表

因此，无论实体还是实体之间的联系，在关系模型中都用关系表示。例如，学生、课程、选修都可用关系表示。其中实体名或联系名对应关系名，实体的属性或联系的属性对应关系的属性。

用关系表示实体间的联系时，若实体间是1∶1联系或1∶N联系，则可将“1”方的关键字并入“N”方的关系，实现两实体间的联系。例如，部门与员工是1∶N联系，为体现二者

之间的联系，可以将部门关键字并入员工表中。若实体间是 M∶N 联系，则取出两实体的关键字再加上两实体因联系而产生的属性组合成一个新的关系。如用关系表示选修联系时，可取出学生和课程两实体的关键字，即学号、课号，学生和课程因联系而产生的属性是成绩，构成一个新的关系：选修(学号,课号,成绩)，这个选修表体现了学生和课程之间的联系。

归纳如下。

（1）所有的关系框架集合构成关系数据模型。

学生和课程的关系数据模型有 3 个表：学生表（…）、课程表（…）、选修表（…）。

（2）所有的关系集合构成了关系数据库。

除了关系框架，还有记录等。

1.7　E-R 方法

E-R 方法（Entity-Relationship Approach）就是用 E-R 图表示实体及其联系的方法。

1.7.1　E-R 图

E-R 图中实体用矩形表示，属性用椭圆形表示，联系用菱形表示，如图 1-6 所示。

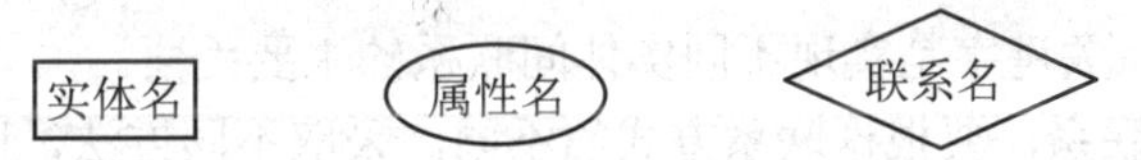

图 1-6　E-R 图基本图素

例如，学生与课程及其联系的 E-R 图如图 1-7 所示。

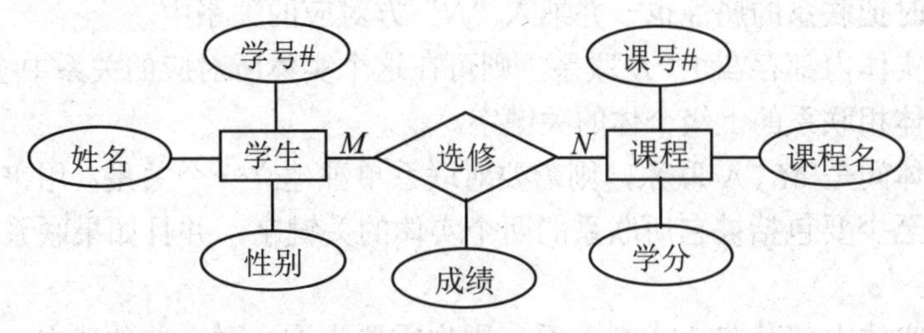

图 1-7　学生、课程及其联系的 E-R 图

现实世界实体间联系有如图 1-8 所示的 4 种情况。

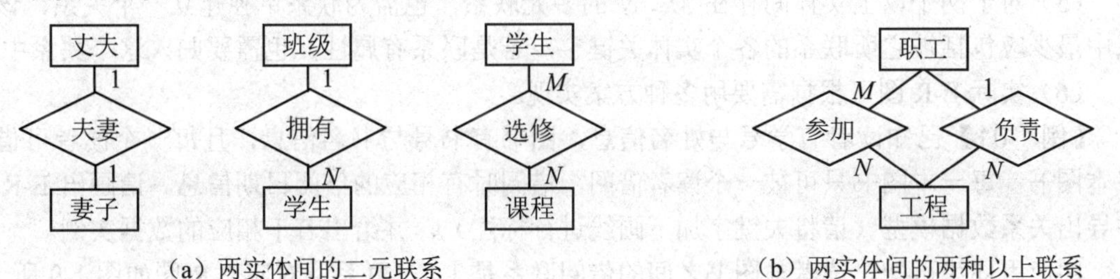

图 1-8　现实世界实体间联系

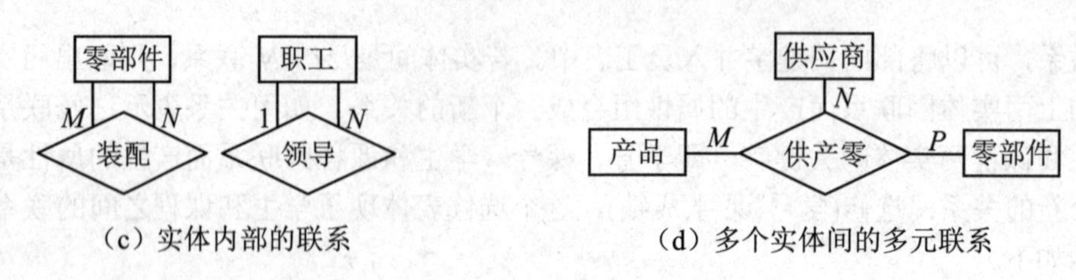

（c）实体内部的联系　　（d）多个实体间的多元联系

图 1-8　现实世界实体间联系（续）

具体设计 E-R 图时应遵循以下两个原则。

（1）针对特定用户应用，确定实体、属性和实体间的联系，绘制出反映该用户视图的局部 E-R 图，如仓库与产品一般是一对多联系，也可能是一对一或多对多联系。

（2）综合各个用户局部 E-R 图，产生反映数据库整体概念的总体 E-R 图。

生成的总体 E-R 图必须满足以下 3 个要求。

（1）整体概念必须具有一致性，不能存在互相矛盾的表达。

（2）能准确地反映原来的局部 E-R 图，包括属性、实体及相互联系。

（3）满足需求分析阶段所确定的所有需求。

1.7.2 E-R 图导出数据模型

E-R 图中的每个实体转换为一个关系，该关系应包括对应实体的全部属性，并根据该关系的语义确定关键字，关键字是实现不同实体间联系的主要手段。

对于 E-R 图中的联系，要根据联系方式的不同，采取不同方法，以使被它联系的实体所对应的关系彼此有某种联系。具体方法如下。

（1）若两实体间是 1∶*N* 联系，则将“1”方关键字纳入“*N*”方实体对应的关系中作为外部关键字，同时把联系的属性也一并纳入“*N*”方对应的关系中。

（2）若同一实体内部存在 1∶*N* 联系，则可在这个实体所对应的关系中多设置一个属性，用来表示与该个体相联系的上级个体的关键字。

（3）若两实体间是 *M*∶*N* 联系，则需要对联系单独建立一个关系，用来联系两个实体，该关系的属性中至少要包括被它所联系的两个实体的关键字，并且如果联系有属性，也要归入这个关系中。

（4）若同一实体内部存在 *M*∶*N* 联系，则也需要为这个联系单独建立一个关系，该关系中至少应包括被它联系的双方个体的关键字，如果联系有属性，也要归入这个关系中。

（5）对于两个以上实体间存在 *M*∶*N* 的多元联系，也需为联系单独建立一个关系，该关系中最少应包括被它所联系的各个实体关键字，若是联系有属性，也需要归入这个关系中。

（6）实际 E-R 图可根据需要用多种方案实现。

【例 1-01】已知读者有学号与姓名信息，图书有书号与书名信息，且每一个读者可借阅多本图书，每一本图书只可被一个读者借阅，借阅时有相应的借阅日期信息。请画出 E-R 图并导出关系数据模型（请将关键字加下画线进行标注），并给出若干相应的数据实例。

由应用环境可知，读者与图书之间的借阅联系是 1∶*N* 联系，对应 E-R 图如图 1-9 所示，根据以上方法（1）可知，将“1”方关键字（学号）纳入“*N*”方实体对应的关系（图书）中作为外部关键字，将因借阅而产生的借阅日期属性也一并纳入“*N*”方对应的关系中，因此，对应的关系模式如下：

读者（<u>学号</u>, 姓名）

图书（<u>书号</u>, 书名, 学号, 借阅日期）

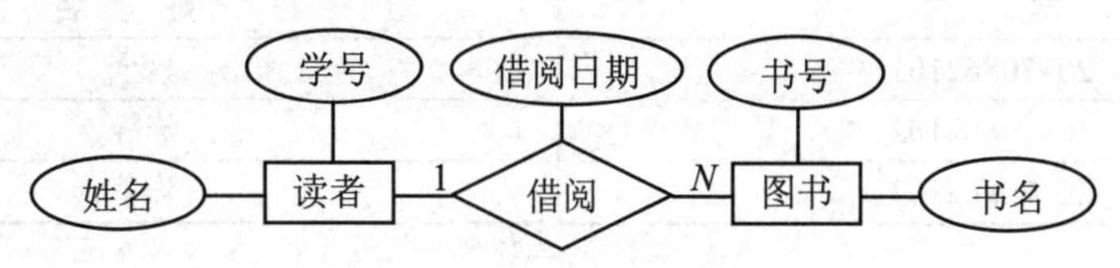

图 1-9　读者与图书 1∶N 联系 E-R 图

读者与图书关系对应的若干数据实例如表 1-1 和表 1-2 所示。

表 1-1　读者表及其数据实例

学　号	姓　名
20170862101	蔡全
20170862102	陈静
20170862103	陈荣彬

表 1-2　图书表及其数据实例

书　号	书　名	学　号	借 阅 日 期
001	C 程序设计		
002	VB 程序设计	20170862101	2018-11-12
003	C 程序设计	20170862103	2018-12-10
004	VB 程序设计	20170862103	2018-12-10

【例 1-02】已知读者有学号与姓名及数量信息，图书有书号与书名及数量信息，且每一个读者可借阅多本图书，每一种图书可被多个读者借阅，借阅时有相应的借阅日期信息。请画出 E-R 图并导出关系数据模型（请将关键字加下画线进行标注），并给出若干相应的数据实例。

由应用环境可知，读者与图书之间的借阅联系是 M∶N 联系，对应 E-R 图如图 1-10 所示，根据以上方法（3）可知，需要对联系单独建立一个借阅关系，用来联系两个实体，该关系的属性中至少要包括被它所联系的读者与图书两个实体的关键字学号与书号，并且借阅联系的属性借阅日期也要归入这个关系中。

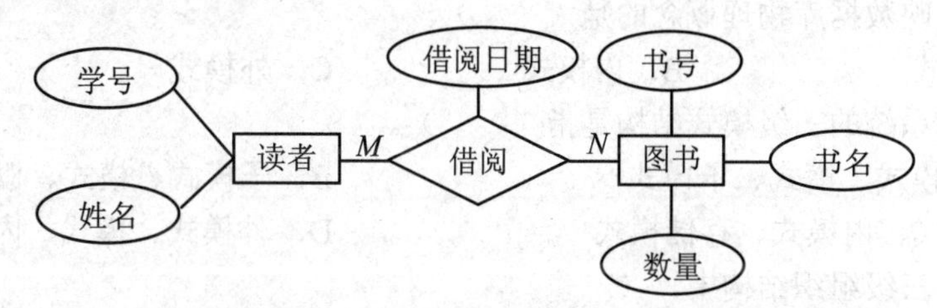

图 1-10　读者与图书 1∶N 联系 E-R 图

因此，对应的关系模式如下：

读者（<u>学号</u>, 姓名）

借阅（<u>学号</u>, <u>书号</u>, 借阅日期）

图书（<u>书号</u>, 书名, 数量）

读者与图书关系对应的若干数据实例如表 1-3、表 1-4、表 1-5 所示。

表 1-3　读者表及其数据实例

学　号	姓　名
20170862101	蔡全
20170862102	陈静
20170862103	陈荣彬

表 1-4　图书表及其数据实例

书　号	书　名	数　量
001	C 程序设计	1
002	VB 程序设计	0

表 1-5　借阅表及其数据实例

书　号	学　号	借 阅 日 期
002	20170862101	2018-11-12
001	20170862103	2018-12-10
002	20170862103	2018-12-10

习题 1

1-1 填空题

（1）________是经过加工处理的数据，而未经过加工的数据只能是基本素材。

（2）外模式面向用户，是用户眼中的数据库，故称外模式为________视图。

1-2 选择题

（1）以下有关数据库数据管理方式特点论述正确的是（　　）。

A．自由管理方式不存在数据冗余　　B．文件管理方式不存在数据冗余

C．数据库管理方式不存在数据冗余　　D．数据库管理方式存在数据冗余

（2）以下反映数据库物理概念的是（　　）。

A．模式　　B．内模式　　C．外模式　　D．子模式

（3）数据库系统的三级模式结构是指（　　）。

A．外模式、模式、子模式　　B．子模式、模式、概念模式

C．模式、内模式、存储模式　　D．外模式、模式、内模式

（4）数据库三级组织结构中，（　　）。

A．接口层和存储层只有一个，而用户层可能有多个

B．用户层和存储层只有一个，而接口层可能有多个

C．接口层和用户层只有一个，而存储层可能有多个

D．接口层、存储层和用户层都可能有多个

（5）数据库三级组织结构中，数据库管理员所看到的是（　　）。

A．内模式　B．模式　C．外模式　D．关系模式

（6）数据库三级模式中，叙述不正确的是（　　）。

A．模式是内模式的逻辑表示　B．内模式是模式的物理实现

C．外模式是模式的部分抽取　D．子模式是模式的物理实现

（7）体现了数据库操作的存储层的是（　　）。

A．模式　B．内模式　C．外模式　D．子模式

（8）（　　）提供应用程序与数据库的接口，并由它实现用户逻辑地访问数据库中的数据。

A．DBA　B．DBS　C．DBMS　D．OS

（9）体现了数据库操作的接口层的是（　　）。

A．模式　B．内模式　C．外模式　D．子模式

（10）数据库三级视图反映了 3 种不同角度看待数据库的观点，用户眼中的数据库称为（　　）。

A．存储视图　B．概念视图

C．内部视图　D．外部视图

（11）数据库中，数据的物理独立性是指（　　）。

A．数据库与数据库管理系统的相互独立

B．用户程序与 DBMS 的相互独立

C．用户的应用程序与存储在磁盘上的数据库中的数据相互独立

D．应用程序与数据库中数据的逻辑结构相互独立

（12）一门课有 N 个学生选修，一个学生可选修 M 门课，则它们是（　　）。

A．1∶1 联系　B．1∶N 联系　C．N∶M 联系　D．都不是

（13）一个公司有 N 个部门，一个部门有 M 个职工，部门与职工是（　　）。

A．1∶1 联系　B．1∶N 联系　C．N∶M 联系　D．都不是

（14）一个学生有唯一的一个学号，一个学号也唯一对应一个学生，所以学生与学号是（　　）。

A．一对一联系　B．一对多联系　C．多对多联系　D．都不是

（15）现学校开设若干门选修课，每个选修课可以有若干学生，若每个学生可以选修多门选修课，则体现选修课与学生关系的是（　　）。

A．1∶1 联系　B．1∶N 联系　C．N∶M 联系　D．都不是

（16）现学校开设若干门选修课，每个选修课可以有若干学生，若每个学生只能选修一门选修课，则体现选修课与学生关系的是（　　）。

A．1∶1 联系　B．1∶N 联系　C．N∶M 联系　D．都不是

（17）一个公司中有若干个项目，每个项目又有若干员工，若每个员工可以参与多个项目，则体现项目与员工关系的是（　　）。

A．1∶1 联系　B．1∶N 联系　C．N∶M 联系　D．都不是

（18）一个公司中有若干个项目，每个项目又有若干员工，若每个员工只能参与一个项目，则体现项目与员工关系的是（　　）。

A．1∶1 联系　B．1∶N 联系　C．N∶M 联系　D．都不是

（19）一个公司中有一个总经理，领导着若干个部门经理，每个部门下又有若干员工，则体现他们隶属关系的是（　　）。

A．1∶1联系　B．1∶*N*联系　C．*N*∶*M*联系　D．都不是

（20）E-R图中用（　）表示实体。

A．椭圆形　B．菱形　C．矩形　D．三角形

（21）E-R图中用（　　）表示联系。

A．椭圆形　B．菱形　C．矩形　D．三角形

（22）E-R图中用（　　）表示属性。

A．椭圆形　B．菱形　C．矩形　D．三角形

（23）在一个E-R图中，有两个实体，这两个实体之间的联系是多对多的，转换为关系模式后，至少需要（　　）个关系模式。

A．1　B．2　C．3　D．4

（24）在一个E-R图中，有两个实体，这两个实体之间的联系是一对多的，转换为关系模式后，至少需要（　　）个关系模式。

A．1　B．2　C．3　D．4

第 2 章　关系数据库理论基础

2.1　关系的数学定义和性质

2.1.1　域和域的基数

域是值的集合，域中数据的个数叫作域的基数。

例如，若 M={吴刚,李明,张伟}是男性集合，W={李梅,刘丽}是女性集合，则 M 和 W 就是两个域。它们的元素个数分别是 3 和 2，则表示它们的基数分别为 3 和 2。

2.1.2　笛卡儿积及其基数

给定一组域 $D_1,D_2,\cdots,D_n$，则笛卡儿积定义为

$$D_1\times D_2\times\cdots\times D_n=\{(d_1,d_2,\cdots,d_n)|d_i\in D_i,\ i=1,2,\cdots,n\}$$

其中，每个（$d_1,d_2,\cdots,d_n$）叫作元组，元组中的每个 d_i 叫作分量，d_i 必是 D_i 中的一个值。当 n=1 时，称为单元组；n=2 时，称为二元组，以此类推。

例如，域 M 和 W 构成二元组笛卡儿积，表示所有可能的夫妻关系，值为

M×W={(吴刚,李梅), (吴刚,刘丽), (李明,李梅),
(李明,刘丽), (张伟,李梅), (张伟,刘丽)}

笛卡儿积的基数等于构成该积所有域的基数累乘积，即：

$$M=\prod_{i=1}^{n}m_i$$

例如，M×W 的基数为 3×2=6。

2.1.3　关系和二维表

当且仅当 R 是 $D_1\times D_2\times\cdots\times D_n$ 的一个子集，则称 R 是 $D_1\times D_2\times\cdots\times D_n$ 上的一个关系，记为

$$R(D_1,D_2,\cdots,D_n)$$

其中，R 为关系名，n 为关系度，D_i 为第 i 个域名。

当 n=1 时，关系中仅含一个域，称为单元关系；当 n=2 时，关系中含两个域，称为二元关系；以此类推。

例如，若 M×W 的一个子集 R={(吴刚,刘丽), (张伟,李梅)}表示事实上的夫妻关系，则 R 为二元关系。

数学中的关系在计算机中称为二维表，二维表中的行对应元组，又称为记录，列对应域，又称为属性。

2.1.4 关系的性质

关系的主要性质如下。

（1）不允许表中套表，即表中元组分量必须是不可再分的。

（2）表中的某一列取自同一个域，因此这一列中的各个分量具有相同性质。

（3）列的次序可以任意交换，不改变关系的实际意义。

（4）表中的行叫作元组，代表一个实体，表中不允许出现相同的两行。

（5）行的次序可以任意交换，也不会改变关系的意义。

2.2 关系数据库语言

关系数据库语言是指用于描述关系和操作关系的语言。

2.2.1 数据描述语言 DDL

因为关系从域出发定义，所以描述关系时首先对域进行描述，然后在域上定义各个关系模型，即建立关系框架。不同数据库的数据描述语言 DDL 不尽相同，一般有两种方式：一种是交互方式或问答方式，例如，SQL Server 中，通过在 SSMS（即 SQL 服务器管理器）中右击数据库中的表，在弹出的快捷菜单中选择“新建表”命令创建表，创建过程由系统提问关系名、各个属性名及其类型和长度等，操作简单，但不能自动完成，速度较慢；另一种是用 DDL 写成源程序或脚本，例如，SQL Server 中，通过在 SSMS 中新建查询，并执行“Create Table”语句创建表，创建过程编写脚本，要使用较多的编程知识，比较复杂，但可以反复使用，速度较快。

2.2.2 数据操纵语言 DML

关系数据库数据操纵语言 DML 主要指数据增、删、改、查 4 个操作的语言。

关系数据库管理系统（DBMS）的 DML 语言有两种不同的类型：一种属于关系代数型；另一种属于关系演算型。

2.2.3 关系代数

关系代数把关系看成元组的集合，因此，集合运算是关系的理论基础。集合运算主要包括并、交、差，以此实现增、删、改数据操作，为了实现数据查询，E. F. Codd 又定义了一组专门的关系运算，包括选择、投影、连接等。

关系代数用到以下一些符号。

- 集合运算符：并（∪）、交（∩）、差（−）、笛卡儿积（×）。
- 关系运算符：投影（Π）、选择（σ）、连接（⋈）。

❑ 比较运算符：>、≥、<、≤、=、≠。
❑ 逻辑运算符：非（¬）、与（∧）、或（∨）。

1．集合运算

1）并、交、差

集合运算主要指并、交、差，当用于关系时，要求参加运算的两个关系必须是相容的，即两关系度数（列数）相同，相应属性取自同一个域。

设 R 和 S 是两相容关系，则有如下 3 种运算情况。

❑ 并：由属于 R 或属于 S 或同时属于 R 和 S 的元组构成的集合，记为 R∪S。
❑ 交：由同时属于 R 和 S 的所有元组组成的集合，记为 R∩S。
❑ 差：由属于 R 而不属于 S 的所有元组组成的集合，记为 R−S。

2）关系笛卡儿积

设 R 为 K_1 度关系，S 为 K_2 度关系，则 R 和 S 笛卡儿积为 K_1+K_2 度新关系，它是由 R 的第一个元组依次与 S 的所有元组组合，然后 R 的第二个元组直到最后一个元组依次与 S 的所有元组组合，形成的新关系。记为

$$R \times S$$

相当于如下 SQL 语句：

```
Select * From R Cross Join S
```

2．专门的关系运算

专门的关系运算包括选择、投影、连接等。

1）选择

选择是对一个关系施加的单目运算，按给定条件从关系 R 中筛选满足条件的元组组成集合，记为

$$\sigma_F(R)$$

相当于如下结构化查询语言 SQL 语句：

```
Select * From R Where F
```

按集合论公式表示为

$$\sigma_F(R)=\{t \in R | t \text{ 满足 } F\}$$

2）投影

投影是单目运算，从关系 R 中挑选出指定的属性组成新的关系，记为

$$\Pi_A(R)$$

其中 A 是指定的属性名表，R 是关系名。

相当于如下 SQL 语句：

```
Select A From R
```

例如，从关系 R 中挑选出 A、B、C 列组成新的关系，可表示为

$$\Pi_{A,B,C}(R)$$

相当于如下 SQL 语句：

```
Select A,B,C From R
```

3）连接

连接是双目运算，其作用是把两关系连接成一个新关系。不同于笛卡儿积，它是按给定条件，把满足条件的两关系所有元组，按一切可能拼接后形成的新关系，相当于在两关系笛卡儿积上的选择，记为

$$R \underset{F}{\bowtie} S$$

相当于 $\sigma_F(R \times S)$，式中 F 为逻辑表达式表示的条件。

两关系字段名可以不同，比较运算符可以是>、=、<等。

相当于如下 SQL 语句：

```
Select * From R,S Where R.Ai@S.Aj …
```

其中@指运算符，R.Ai（i=1,2,…,k）指关系 R 的若干属性，S.Aj（j=1,2,…,k）指关系 S 的若干属性，且 Ai 与 Aj 属性名可能不同。

4）自然连接

设 R 和 S 两关系各含相同属性名 Ai（i=1,2,…,k），用 R.Ai 与 S.Ai 加以区分，则 R 和 S 自然连接完成以下 3 件事：作 R×S；在 R×S 上选择同时满足 R.Ai=S.Ai 的所有元组；去掉重复属性。自然连接记为

$$R \bowtie S$$

其中筛选的条件是隐含的，即两关系相同属性（字段）名的值相等，相当于运算符只能是=。

相当于如下 SQL 语句：

```
Select * From R,S Where R.Ai=S.Ai …
```

其中 R.Ai（i=1,2,…,k）指关系 R 的若干属性，S.Ai 指关系 S 的若干属性，且 R.Ai 与 S.Ai 属性名相同。

2.2.4 关系演算

关系演算用于关系运算中，是一种高度非过程化语言。

1. 关系演算基本概念

关系演算用谓词公式表示查询条件，联结词有 3 种：与（∧）、或（∨）、非（¬），量词有两种：存在（Exist）、任一个（Any）。

- 存在量词∃：表示“存在一些”，即至少有一个。
- 全称量词∀：表示“对所有的”，即对任一个。

如命题“没有不犯错的人”，用演算表示该命题，设 $M(x)$表示 x 是人，$Q(x)$表示 x 犯错，则符号化表示如下：

$$\neg(\exists x)(M(x) \wedge \neg Q(x))$$

命题等价于

$$\forall x(\neg M(x) \vee Q(x))$$

2．元组关系演算

元组关系演算语言典型代表有 ALPHA 语言和查询语言 QUEL，这两个语言很相近。这两个语言的语句基本格式如下：

```
OP W(A1,A2,…,An):F
```

其中，OP 表示对关系进行什么操作，如 GET（表示查询）、PUT（表示插入）、UPDATE（表示修改）、DELETE（表示删除）等。W 表示存放用户工作区，可以理解为存放结果的关系名。$A_1,A_2,\cdots,A_n$ 表示结果关系的属性。

2.2.5　关系 DML 完备性

若关系 DML 能支持关系代数中的各种基本运算或含有等价成分，则称它是完备的 DML；若功能弱于关系代数，则称非完备的，但至少应支持选择、投影和连接 3 种运算。

2.3　关系数据库标准语言——SQL

关系数据库标准语言是结构化查询语言 SQL（Structured Query Language），支持 SQL 的数据库系统有 SQL Server、Access、MySQL、Oracle、Informix、DB2、Sybase 等。

2.3.1　SQL 的特点

1．一体化

将数据定义语言 DDL、数据操纵语言 DML、数据控制语言 DCL 集为一体。

2．高度非过程化语言

只要告诉系统“做什么”，而不要告诉系统“怎么做”。

3．两种使用方式及统一的语法结构

SQL 语言既是自含式语言（通过 SSMS 新建查询直接运行 SQL 语句），又是嵌入式语言（嵌入 C#、VB、VC、Delphi、PowerBuilder 等高级语言通过控件运行 SQL 语句），二者语法基本相同。

4．语言简洁易学

使用标准 SQL 语言，如 Insert、Delete、Update、Select 等，语法简单易学。

2.3.2　SQL 数据定义语言

在 SQL 中，把关系叫作表。

独立存在的表叫作基本表，用于存储数据，又称为实体表。

从基本表导出的虚表叫作视图，视图的操作方法和效果同基本表一样，但视图不存储数据，存储的只是一条 SQL 查询语句，视图中的数据是从基本表或视图中抽出来的、符合条件要求的数据。

SQL 数据定义语言主要包括定义基本表、定义索引、定义视图及其修改与撤除。

（1）定义基本表：

```
Create Table 表名(列名 1 数据类型(长度),…)
```

（2）定义索引：

```
Create Index 索引名…  ON 表名
```

（3）定义视图：

```
Create View 视图名 …  AS SELECT …
```

（4）修改基本表：

```
Alter  Table  表名 …
```

（5）删除基本表：

```
Drop Table  表名
```

（6）修改索引：

```
Alter Index  索引名 To …
```

（7）删除索引：

```
Drop  Index 索引名
```

（8）撤除视图：

```
Drop View 视图名
```

2.3.3　SQL 数据操纵语言

SQL 的数据操纵语言主要有插入（Insert）、删除（Delete）、修改（Update）、查询（Select）等 4 个语句。

（1）插入语句的语法格式如下：

```
Insert Into 表名(列名 1,…)  Values(值 1,…)
```

（2）删除语句的语法格式如下：

```
Delete From 表名 Where …
```

（3）修改语句的语法格式如下:

```
Update 表名 Set 列名 1=…,… Where …
```

（4）查询语句的语法格式如下：

```
Select … From 表名 Where  …  Group By …  Order By …
```

2.4　关系规范化

2.4.1　准备知识

1．关键字

关键字是在实体属性中用来标识实体集中不同个体的一个属性或属性组。例如，在如下关系模型中，学生和课程关系的关键字分别是学号和课号，选修关系的关键字是属性组（学号,课号）。

学生（学号,姓名,身份证号）
课程（课号,课名）
选修（学号,课号,成绩）

在关系数据库中，关键字的属性值不允许为空，因为空值意味着该元组不存在，不能标识一个元组。DBMS 正是通过关键字的值，对关系的完整性进行必要的约束，这一规则被称为“第一完整性原则”。

1）候选关键字

凡在关系中可以用来唯一标识元组的属性或属性组，都称为候选关键字，如学生表的学号、身份证号。

2）主关键字

在候选关键字中指定做关键字的那个属性或属性组，被称为主关键字，简称主键，如学生表的学号、选修表的学号和课号。

3）主属性

凡可作为候选关键字的属性，都称为主属性，如学生表的学号、身份证号。

4）非主属性

不能作为候选关键字的属性，均称为非主属性，如选修表的成绩。

5）外部关键字

当关系中某个属性或某一组属性并非关键字，但却是另一个关系的关键字时，称该属性为外部关键字，简称外键。关系之间的联系正是通过外部关键字实现的。

2．函数依赖

1）函数依赖

设 U$\{A_1,A_2,\cdots,A_n\}$是属性集合，R(U)是 U 上的一个关系，x 和 y 是 U 的子集。若对于 R(U)下的任何一个可能的关系，均有 x 的一个值对应于 y 的唯一具体值，称 y 单值函数依赖于 x。x 称为决定因素，记作

$$x \rightarrow y$$

进而，若 y→x，则 x 与 y 相互依赖，记作

$$x \longleftrightarrow y$$

例如，学生表中学号是决定因素，任一学号都对应唯一一个姓名等。

2）完全（Full）函数依赖

设R(U)是属性集U上的关系，x和y是U的子集，x′是x的真子集。若对于R(U)的任何一个可能的关系，有 $x \rightarrow y$ 但 $x' \nrightarrow y$，则称y完全函数依赖于x，记

$$x \xrightarrow{f} y$$

例如，以上选修关系中，学号和课号决定着成绩，但单独的学号或课号无法决定成绩，即成绩完全函数依赖于学号和课号。

3）部分（Part）函数依赖

当 $x \rightarrow y$ 且 $x' \rightarrow y$，则称y部分依赖于x，记作

$$x \xrightarrow{p} y$$

若存在关系：学生（学号,课号,姓名,成绩），则学号和课号决定着姓名且学号也决定着姓名，因此称姓名部分依赖于学号和课号，即姓名只依赖于学号和课号主键中的学号部分。

4）传递函数依赖

在R(U)中，若 $x \rightarrow y$，但 $y \nrightarrow x$，且 $y \rightarrow z$，则 $x \rightarrow z$，称z传递函数依赖于x，记作

$$x \xrightarrow{t} z$$

若存在关系：学生（学号,姓名,身份证号,学院代号,学院名称），则学号决定着学院代号，但学院代号不能决定学号，且学院代号决定着学院名称，则学院名称传递函数依赖于学号。

2.4.2　范式与规范化

1．什么叫范式

范式（Normal Form，NF）是衡量关系模式规范化程度的标准。

2．范式的判定条件与规范化

1）1NF

若关系R的所有属性都是不可再分的数据项，则称该关系属于第一范式或一级范式，记作R∈1NF。通过消除子表转换成1NF。

例如，如表2-1所示，其中成绩列又分成3个分量：语文、数学、英语，这在关系中是不允许。

表2-1　表中套表的非规范化的关系

学　号	姓　名	成　绩		
		语　文	数　学	英　语

要转换成1NF，应改成如表2-2所示形式。

表2-2　消除子表的规范化的关系

学　号	姓　名	语　文	数　学	英　语

2）2NF

若关系 R∈1NF，且它的每一个非主属性都完全依赖于关键字，则称 R 属于第二范式，记作 R∈2NF。通过消除部分依赖转换成 2NF，将一个关系分解成若干个关系。

若存在关系：学生（学号,课号,姓名,成绩），则该关系是 1NF 但不是 2NF，因为姓名部分依赖于学号和课号，要转换成 2NF，应分解成如下两个关系：

```
选修（学号,课号,成绩）
学生（学号,姓名）
```

为什么要将 1NF 转换为 2NF？因为原学生关系中存在以下问题。

第一，若要增加一个学生信息，就必须先选修一门课程，若不先选修一门课程，则课号无值，即为 NULL 值（样例数据如下），而根据“第一完整性原则”，主键的组成部分（课号）不能为空，因此，不能插入学生信息，这种现象叫作插入异常。

```
学生（学号,课号,姓名,成绩）
20180861101 NULL  张三  NULL    --这是不允许的，因为主键不能为空（NULL）
```

第二，若要删除对一门课的选修，就必须将学生的信息（如姓名信息）一起删除，这种现象叫作删除异常。

第三，一个学生选修多门课，意味着每门课都要保存姓名，存在冗余，且修改姓名时较为麻烦，这种现象叫作修改异常。样例数据如下：

```
学生（学号,课号,姓名,成绩）
20180861101   1001  张三  80
20180861101   1002  张三  85    --若要修改一个学生的姓名，则需要修改多条记录
```

综上所述，1NF 的增删改操作存在异常，所以应改为 2NF，即消除部分依赖。

3）3NF

若关系 R∈2NF，且它的每一非主属性都不传递依赖于关键字，则称 R 属于第三范式，记作 R∈3NF。通过消除传递依赖转换成 3NF，将一个关系分解成若干个关系。

若存在关系：学生（学号,姓名,学院代号,学院名称），则该关系是 2NF 但不是 3NF，因为学院名称传递依赖于学号，要转换成 3NF，应分解成如下两个关系：

```
学生（学号,姓名,学院代号）
学院信息（学院代号,学院名称）
```

为什么要将 2NF 转换为 3NF？因为原学生关系中存在以下问题。

若一个学院有 200 个学生，就会出现 200 个学院代号和学院名称，学院名称是冗余的，样例数据如下：

```
学生（学号,姓名,学院代号,学院名称）
20180861101  张三  086  信息工程学院
20180861102  李四  086  信息工程学院
20180861103  王五  086  信息工程学院
……
```

改为 3NF 后，样例数据如下：

```
学生（学号,姓名,学院代号）
20180861101  张三  086
```

```
20180861102 李四 086
20180861103 王五 086
学院信息（学院代号,学院名称）
     086         信息工程学院
```

由以上数据可知，学院名称只存储一次，减少了冗余。

4）BCNF

若 R∈3NF，且 R 的每一个决定因素项都是候选关键字，则称 R 属于 BCNF 关系，记作 R∈BCNF。要使关系 R 由 3NF 转换为 BCNF，则必须消除主属性对关键字的部分与传递依赖。

除了以上范式，还有 4NF、5NF，一般数据库设计达到 3NF 即可，若有更高要求，可参考相关资料。

2.4.3 分解关系的基本原则

1．分解关系的基本原则

（1）分解必须是无损的。

（2）分解后的关系要相互独立。

2．分解关系的要点

1）规范化过程是对关系逐步分解的过程

各范式间的关系是一种全包含关系：

$$5NF \subseteq 4NF \subseteq BCNF \subseteq 3NF \subseteq 2NF \subseteq 1NF$$

2）规范化过程步骤

规范化过程：通过消除子表将非规范关系转换成 1NF，通过消除非主属性部分依赖将 1NF 转换成 2NF，通过消除非主属性传递依赖将 2NF 转换成 3NF，通过消除主属性对关键字的部分与传递依赖将 3NF 转换成 BCNF。

3）对关系进行规范化时应考虑的具体问题

在实际系统开发中，可能并非范式越高越好。范式越高则冗余越少，但服务器开销反而可能更大，因为可能要做多表连接，所以有时宁可适当增加冗余以提高服务器的响应速度。

习题 2

2-1 填空题

（1）关系数据库操纵语言 DML 操作对象与结果都是________。

（2）关系之间的联系正是通过________实现的。

（3）关系模型数据结构中用________表示实体间的联系。

（4）关系规范化的过程实质上是对关系________的过程。

（5）现将含有学号、姓名、系名、系主任名、课程号、成绩等字段的学生表，分解为学生表（学号,姓名,系名）、选修表（学号,课程号,成绩）及系表（系名,系主任名），则分解后所属范式为________。

（6）现将含有学号、姓名、系名、课程号、成绩等字段的学生表，分解为学生表（学号,姓名,系名）和选修表（学号,课程号,成绩），则分解后所属范式为________。

（7）现将含有学号、姓名、系名、系主任名、课程号、成绩等字段的学生表，分解为学生表（学号,姓名,系名,系主任名）和选修表（学号,课程号,成绩），则分解后所属范式为________。

（8）学生表有学号、姓名、课程号、课程名、成绩等 5 个字段，则该表所属范式为________。

（9）学生表有学号、姓名、课程号、成绩等 4 个字段，则该表所属范式为________。

（10）学生表有学号、课程号、课程名、成绩等 4 个字段，则该表所属范式为________。

（11）学生表有学号、姓名、性别、课程号、成绩等 5 个字段，则该表所属范式为________。

2-2 选择题

（1）以下有关关系的叙述中不正确的是（　　）。

A．列的次序可以任意交换

B．表中数据（不含标题）允许出现相同的两行

C．行的次序可以任意交换

D．表中数据（不含标题）允许出现相同的两列

（2）以下不属于数据操纵语言 DML 的是（　　）。

A．Select　　B．Create

C．Insert　　D．Update

（3）将 1NF 分解为 2NF 应消除（　　）。

A．组合属性　　B．非主属性对关键字的部分依赖

C．非主属性对关键字的传递依赖　　D．主属性对关键字的部分与传递依赖

（4）将 2NF 分解为 3NF 应消除（　　）。

A．组合属性　　B．非主属性对关键字的部分依赖

C．非主属性对关键字的传递依赖　　D．主属性对关键字的部分与传递依赖

（5）关系模型中 3NF 是指（　　）。

A．满足 2NF 且不存在传递依赖现象　　B．满足 2NF 且不存在部分依赖现象

C．满足 2NF 且不存在非主属性　　D．满足 2NF 且不存在组合属性

（6）将 3NF 分解为 BCNF 应消除（　　）。

A．组合属性　　B．非主属性对关键字的部分依赖

C．非主属性对关键字的传递依赖　　D．主属性对关键字的部分与传递依赖

（7）有如下两个关系（见表 2-3 和表 2-4），其中雇员信息表关系 EMP 的主键是雇员号，外键是部门号；部门信息表关系 DEPT 的主键是部门号。

表 2-3　EMP 关系样例数据

雇 员 号	雇 员 名	部 门 号	工 资
001	张山	02	2000
010	王宏达	01	1200
056	马林生	02	1000
101	赵敏	04	1500

表 2-4　DEPT 关系样例数据

部 门 号	部 门 名	地 址
01	业务部	1 号楼
02	销售部	2 号楼
03	服务部	3 号楼
04	财务部	4 号楼

若执行下面列出的操作，哪个操作不能成功执行？（　　）

A．从 DEPT 中删除部门号='03'的行

B．在 DEPT 中插入行（'06','计划部','6 号楼'）

C．将 DEPT 中部门号='02'的部门号改为'10'

D．将 DEPT 中部门号='01'的地址改为'5 号楼'

（8）SQL 中用于删除基本表的命令是（　　）。

A．DELETE　　B．UPDATE　　C．ZAP　　D．DROP

（9）在关系模式 R(A,B,C,D)中，有函数依赖集 F={A→B, B→C, C→D}，则 R 能达到（　　）。

A．1NF　　B．2NF　　C．3NF　　D．BCNF

（10）设有关系 W（工号,姓名,工种,定额），将其规范化到第三范式后的形式是（　　）。

A．W1（工号,姓名）　W2（工种,定额）

B．W1（工号,工种,定额）　W2（工号,姓名）

C．Wl（工号,姓名,工种）　W2（工种,定额）

D．都不对

（11）在下面的两个关系中，职工号和设备号分别为职工关系和设备关系的关键字：

职工（职工号,职工名,部门号,职务,工资）

设备（设备号,职工号,设备名,数量）

两个关系的属性中，存在一个外关键字为（　　）。

A．职工关系的“职工号”　　B．职工关系的“设备号”

C．设备关系的“职工号”　　D．设备关系的“设备号”

第3章 数据库简介

3.1 SQL 2012的安装、管理、配置

3.1.1 SQL 2012的安装

SQL Server有多个版本，功能略有差别。建议安装企业版，精简版也可以，只是个别功能不能执行，如创建分区函数，必须在企业版中才能运行。不同版本安装过程基本相同，这里以在Windows 10环境下安装SQL Server 2012为例，介绍其安装过程。

企业版安装包为SQLFULL_CHS.iso，约4.70GB；若是精简版，安装包为SQLEXPRWT_x64_CHS_2012.exe，约723MB。注意，精简版不支持创建分区函数等功能。

（1）将SQLFULL_CHS.iso解压出来，或将其映射到虚拟光驱，如图3-1所示，然后双击其中的setup.exe应用程序，弹出“SQL Server安装中心”界面。

图3-1 SQL Server 2012安装程序setup.exe

（2）“SQL Server安装中心”界面中显示安装计划，包括硬件和软件要求等，如图3-2所示，单击左侧的“安装”按钮，显示SQL Server的安装方式界面，如图3-3所示。

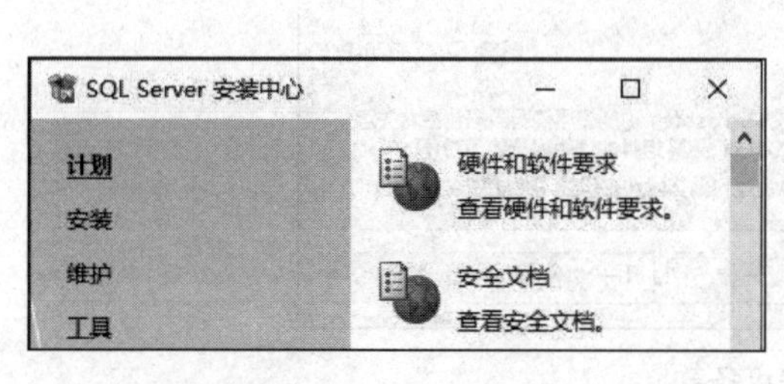

图3-2 SQL Server安装中心计划内容

图3-3 SQL Server安装方式

（3）单击右侧的“全新SQL Sever独立安装或向现有安装添加功能”超链接后，显示“安装程序支持规则”界面，如图3-4所示。

（4）单击“确定”按钮，显示“产品密钥”界面，如图3-5所示。

（5）在“产品密钥”界面中可指定可用版本，可以指定Evaluation版，用于评估，可试用180天，或指定Express版，用于教育的精简版，都是免费的；若是企业版，可以输入产品密钥，单击“下一步”按钮，显示“许可条款”界面，如图3-6所示。

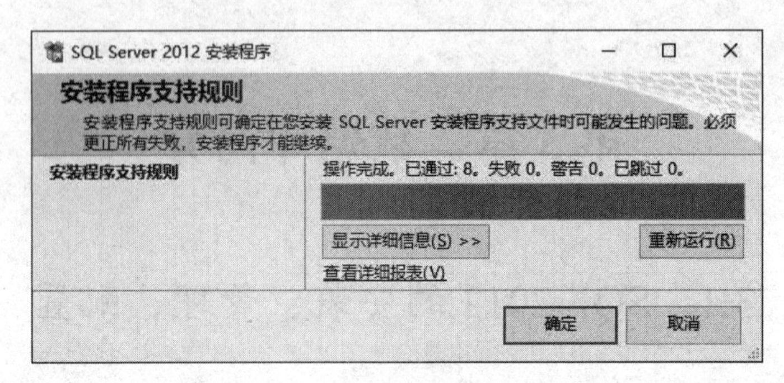

图 3-4　安装程序支持规则

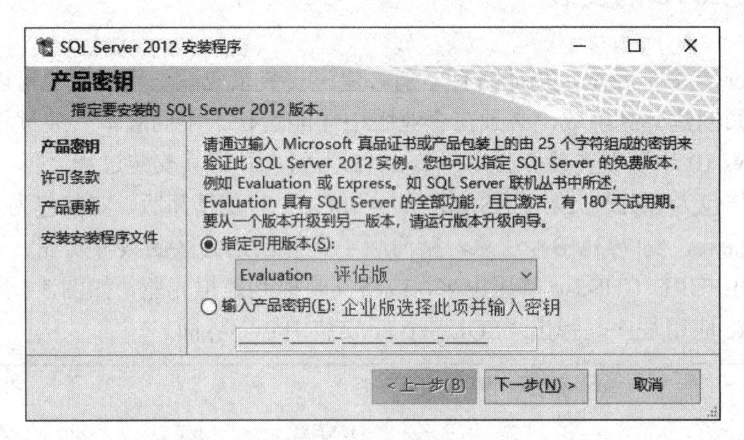

图 3-5　产品密钥

图 3-6　许可条款

（6）选中“我接受许可条款”复选框，然后单击“下一步”按钮，进入“产品更新”界面，如图 3-7 所示。

（7）单击“下一步”按钮，进入“安装安装程序文件”界面，如图 3-8 所示。

（8）安装完安装程序文件后单击“安装”按钮，进入“安装程序支持规则”界面，如图 3-9 所示。

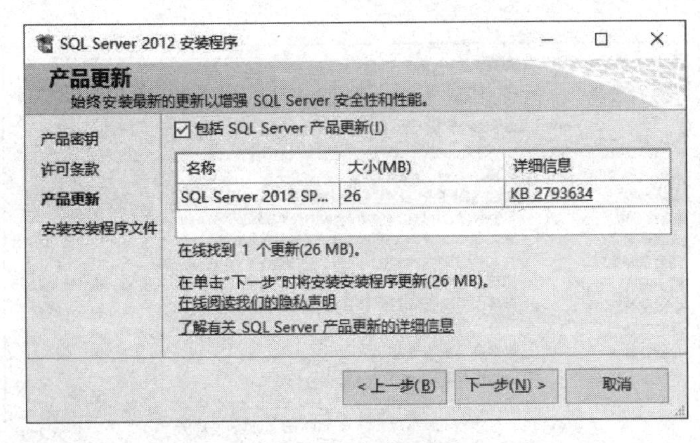

图 3-7 产品更新

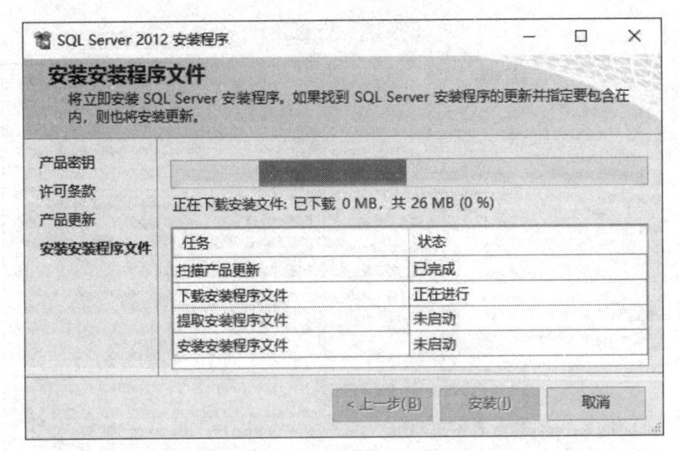

图 3-8 安装安装程序文件

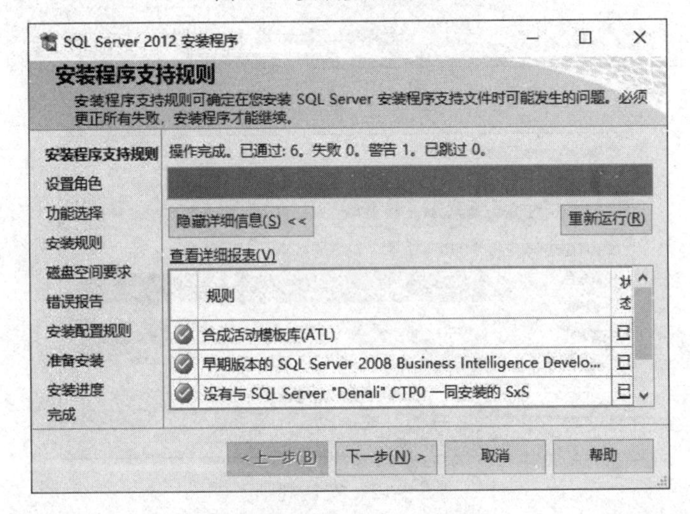

图 3-9 安装程序支持规则

（9）单击“下一步”按钮，进入“设置角色”界面，如图 3-10 所示。

（10）单击“下一步”按钮，进入“功能选择”界面，如图 3-11 所示。

（11）单击“功能”列表框下面的“全选”按钮，然后单击“下一步”按钮，进入“安装规则”界面，如图 3-12 所示。

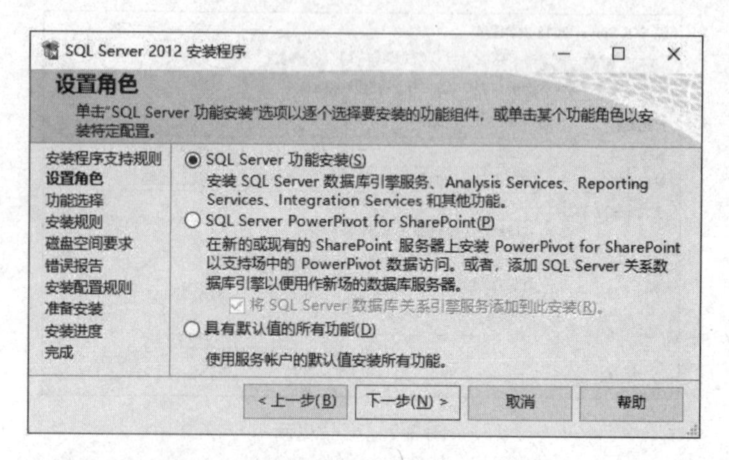

图 3-10　设置角色

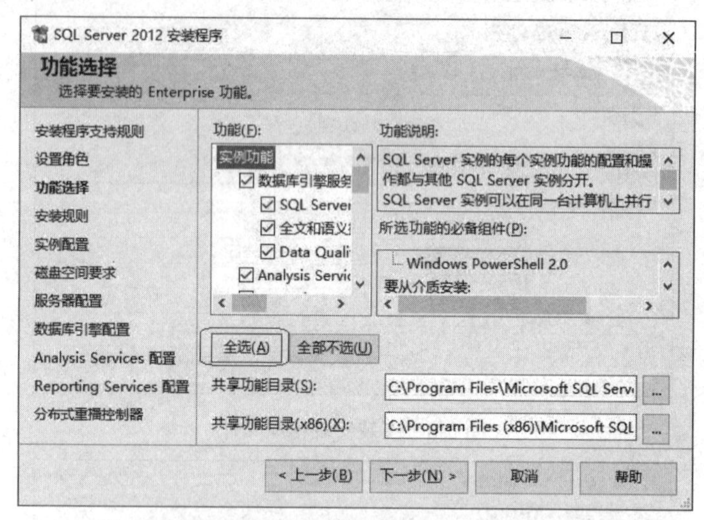

图 3-11　功能选择

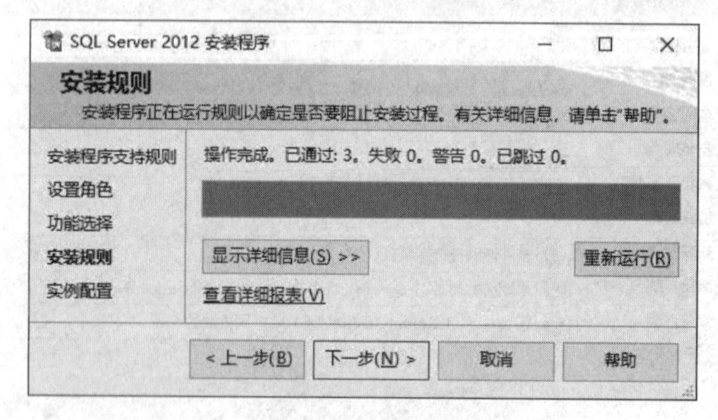

图 3-12　安装规则

（12）单击“下一步”按钮，进入“实例配置”界面，如图 3-13 所示。

（13）在“实例配置”界面中采用默认实例，建议不改实例名，然后单击“下一步”按钮，进入“磁盘空间要求”界面，如图 3-14 所示。

（14）单击“下一步”按钮，进入“服务器配置”界面，如图 3-15 所示。

图 3-13　实例配置

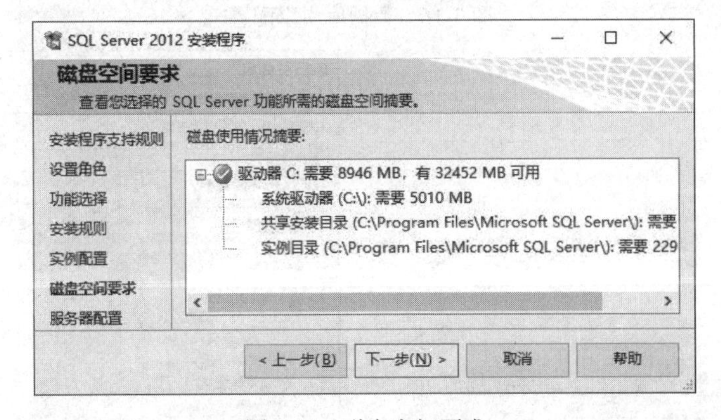

图 3-14　磁盘空间要求

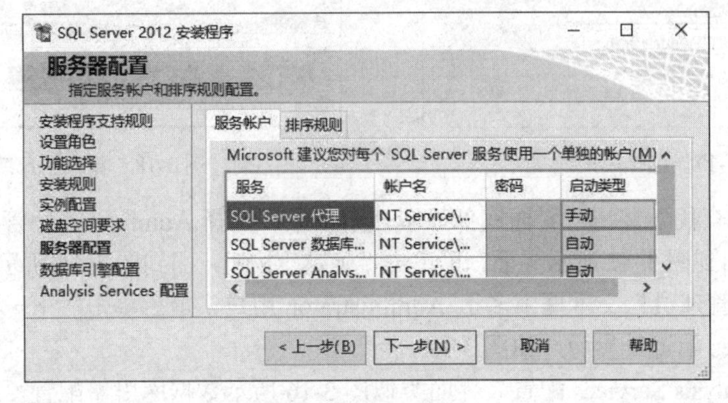

图 3-15　服务器配置

（15）单击“下一步”按钮，进入“数据库引擎配置”界面，如图 3-16 所示。

（16）在“数据库引擎配置”界面中单击“添加当前用户”按钮可添加当前 Windows 用户；若单击“添加”按钮，则弹出“选择用户或组”界面，如图 3-17 所示。

单击“高级”按钮，弹出查找用户或组界面，如图 3-18 所示。

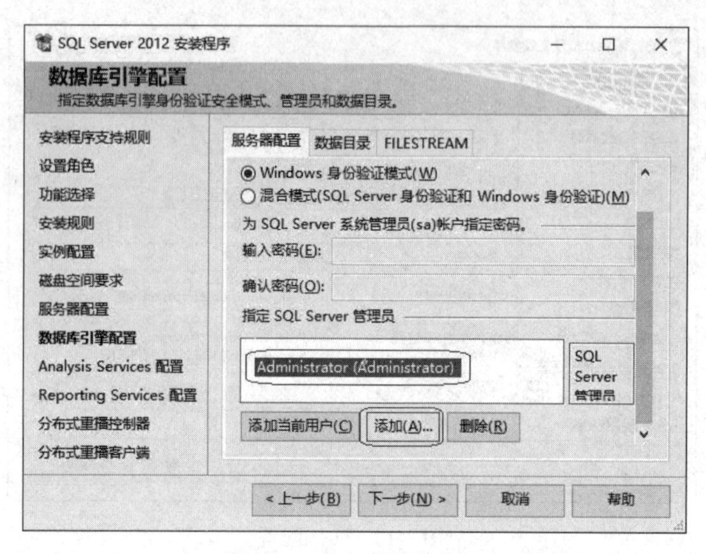

图 3-16　数据库引擎配置

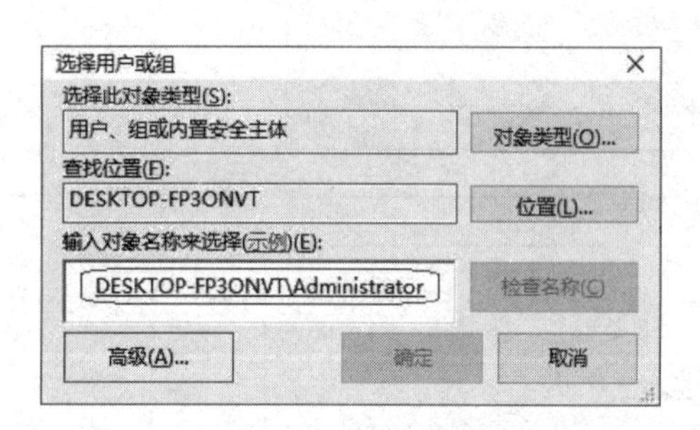

图 3-17　选择用户或组

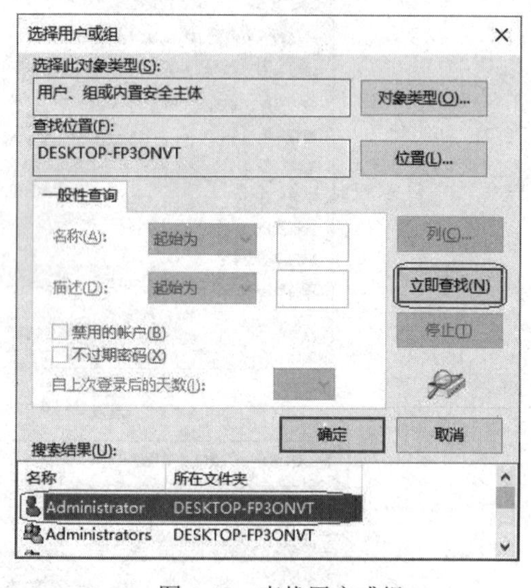

图 3-18　查找用户或组

单击“立即查找”按钮，界面底部显示搜索结果，选择 Administrator 管理员用户并单击“确定”按钮，回到图 3-17 所示界面，再单击“确定”按钮，回到图 3-16 所示界面，只是“指定 SQL Server 管理员”文本框中多了 Administrator 用户，最后单击“下一步”按钮，进入“Analysis Services 配置”界面，如图 3-19 所示。

（17）“Analysis Services 配置”界面类似图 3-16 所示数据库引擎配置，单击“添加当前用户”或“添加”按钮等，添加 Administrator 管理员用户，最后单击“下一步”按钮，进入“Reporting Services 配置”界面，如图 3-20 所示。

（18）单击“下一步”按钮，进入“分布式重播控制器”界面，如图 3-21 所示。

（19）“分布式重播控制器”界面类似图 3-16 所示数据引擎配置，单击“添加当前用户”或“添加”按钮等，添加 Administrator 管理员用户，最后单击“下一步”按钮，进入“分布式重播客户端”界面，如图 3-22 所示。

图 3-19　Analysis Services 配置

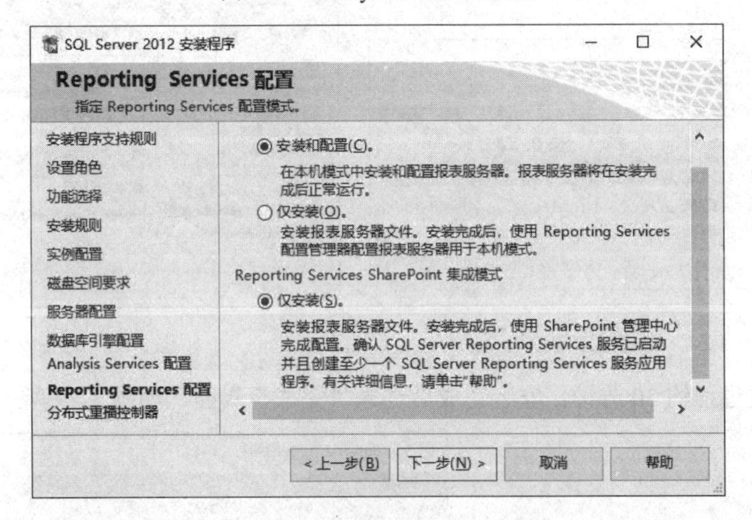

图 3-20　Reporting Services 配置

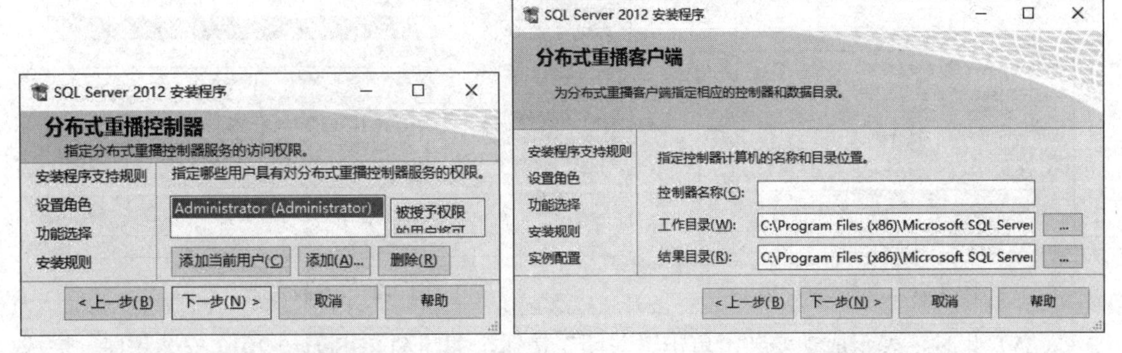

图 3-21　分布式重播控制器　　　　图 3-22　分布式重播客户端

（20）单击“下一步”按钮，进入“错误报告”界面，如图 3-23 所示。

（21）单击“下一步”按钮，进入“安装配置规则”界面，如图 3-24 所示。

（22）单击“下一步”按钮，进入“准备安装”界面，如图 3-25 所示。

（23）单击“安装”按钮，进入“安装进度”界面，如图 3-26 所示。

图 3-23　错误报告

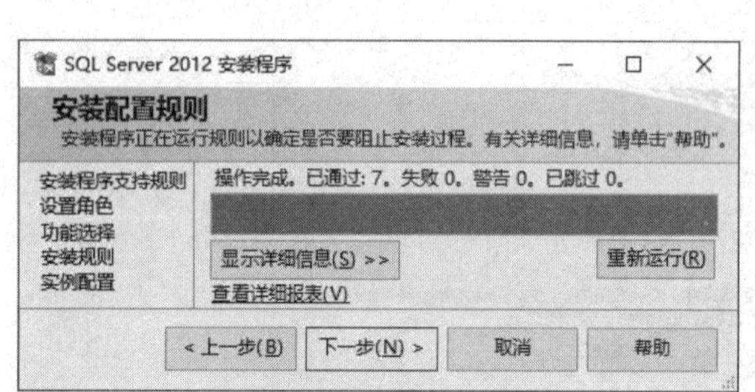

图 3-24　安装配置规则

图 3-25　准备安装

（24）安装过程约 30 分钟，安装完成后进入“完成”界面，如图 3-27 所示。

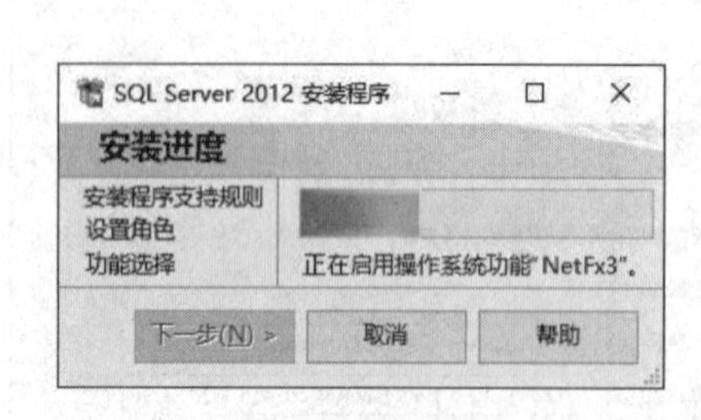

图 3-26　安装进度

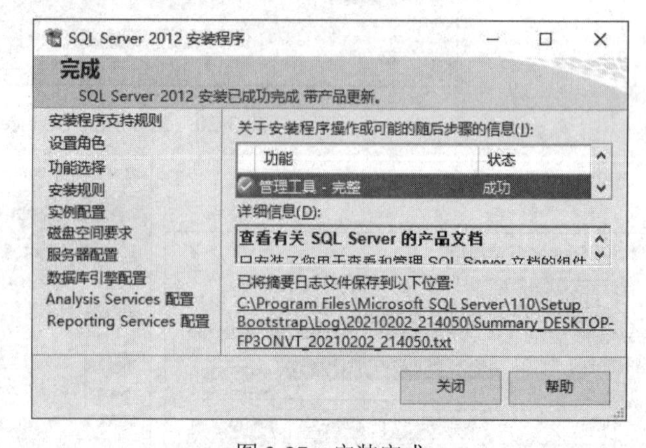

图 3-27　安装完成

（25）此时，表示成功安装，单击“关闭”按钮，关闭 SQL Server 2012 安装程序，完成安装。

3.1.2　SQL 2012 管理器

SQL Server 管理器（SQL Server Management Studio，SSMS）是 SQL 服务器管理数据库

的平台，早期 SQL 用企业管理器来管理数据库，用查询分析器来查询数据，从 SQL 2005 以后，将这两个软件合并为 SSMS，查询作为管理器的一小部分功能，因此，习惯上将 SQL Server 管理器称为企业管理器。

成功安装 SQL Server 后，可以在桌面左下角的“开始”菜单中找到 SQL 服务器管理器的快捷方式，如图 3-28 所示。

图 3-28　SSMS 快捷方式

单击“开始”菜单中的 SSMS 快捷方式，弹出连接到 SQL 服务器的登录界面，如图 3-29 所示。

图 3-29　SQL 服务器登录界面

本机服务器名称默认为本机计算机名称，由图 3-29 可知，本机计算机名称为 DESKTOP-FP30NVT，本机服务器名称还可以使用本机的 IP 地址或 127.0.0.1，也可以使用(LOCAL)或英文小数点（“.”）等表示本机；身份验证一般选择 Windows 身份验证，不必输入用户名和密码，若选择 SQL Server 身份验证方式，则必须输入用户名和密码。使用这种方式登录服务器，事先必须在服务器上创建用户名和密码，且必须设置允许 SQL Server 和 Windows 两种身份混合验证模式登录等。单击“连接”按钮后弹出 SSMS 界面，如图 3-30 所示。

单击工具栏中的“新建查询”按钮后，弹出查询编辑器窗口，即脚本编辑窗口，默认第一个脚本文件名为 SQLQuery1.sql，在窗口中输入查询语句“Select GetDate()”，用于查询服务器当前日期时间；单击工具栏中的“执行”按钮后，可以显示查询结果，此处查询结果显示为“2021-04-16 22:10:54.907”。

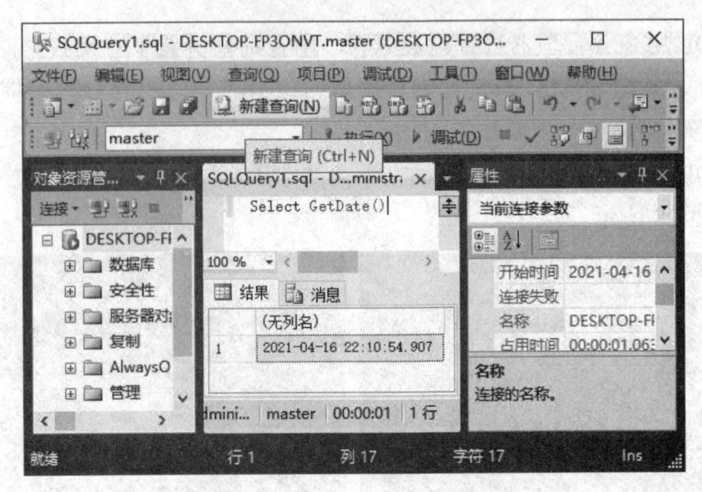

图 3-30　SQL 服务器管理器

3.1.3　SQL 服务器配置管理器

SQL Server 配置管理器用于管理 SQL Server 服务、配置 SQL Server 网络等。

SQL Server 配置管理器可以在桌面左下角“开始”菜单中找到相应的快捷方式，如图 3-28 所示，单击该快捷方式，弹出如图 3-31 所示的 SQL Server 配置管理器界面，其中 SQL Server 服务下有 SQL Server（MSSQLSERVER）服务，右击该服务，可以启动、停止和重新启动该服务；若停止该服务，则所有客户端（包括 SSMS）将无法连接该服务器。

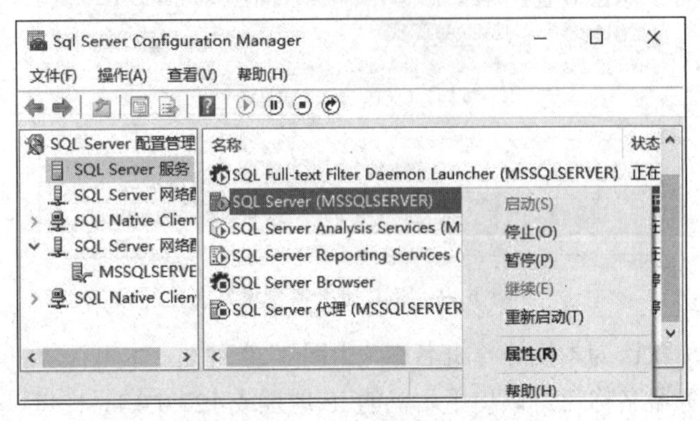

图 3-31　SQL Server 配置管理器

其中 SQL Server 网络配置下的“MSSQLSERVER 的协议”可以设置要使用的协议，如 TCP/IP 协议，使用的 IP 地址和 TCP 端口如图 3-32 所示；若没有正确设置将导致无法使用 SQL 账号进行远程登录等。

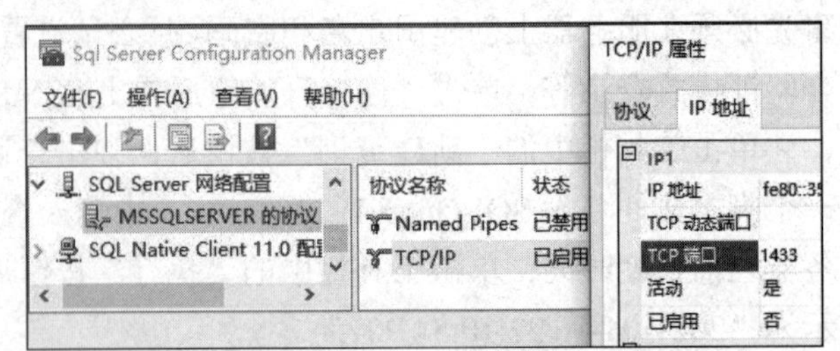

图 3-32　SQL Server 协议 TCP/IP 属性设置

需要注意的是，在修改了协议之后，需要重新启动 SQL Server 服务（见图 3-31），所做的更改才能生效。

生效后可以在命令提示符下用

Telnet 测试相应服务器和端口是否可用，例如，测试 127.0.0.1 服务器（本地）、1433 端口语法如下：

```
Telnet   127.0.0.1   1433
```

3.2　SQL 2012 的系统数据库

SQL Server 安装完成后，系统会自动创建 4 个系统数据库，分别是 Master、Tempdb、Model、Msdb。

3.2.1　Master 数据库

Master 数据库记录了 SQL Server 所有的服务器级系统信息、所有的注册账户和密码及所有的系统设置信息。Master 数据库还记录了所有用户定义数据库的存储位置和初始化信息。

3.2.2　Tempdb 数据库

Tempdb 数据库是一个全局资源，没有专门的权限限制，允许所有可以连接上 SQL 服务器的用户使用。Tempdb 数据库记录了所有的临时表、临时数据和临时创建的存储过程。

Tempdb 数据库中存放的所有数据信息都是临时的，每当连接断开时，所有临时表和临时存储过程都将自动丢弃。

临时表有本地临时表和全局临时表两种，本地临时表仅在当前会话中可见，而全局临时表在创建全局临时表会话关闭之前在所有会话中都可见。临时表不能分区。

本地临时表的表名前缀一个“#”，如#Tab；全局临时表的表名前缀两个“#”，如##Tab。

【例 3-01】创建临时表#sp_who，存储执行 sp_who 的结果集，然后对临时表进行查询非系统数据库的登录信息（相关语法详见后续章节）。

```
If Object_ID('tempdb..#sp_who')is not null   --判断是否存在临时表#sp_who
Drop Table #sp_who
Create Table #sp_who
(
 spid int,ecid int,status Varchar(15),loginame Varchar(55),hostname Varchar(25),
 blk int,dbname Varchar(25),cmd Varchar(25),request_id int
 )
Insert Into #sp_who Exec sp_who
Select spid,loginame,dbname From #sp_who
 Where dbname is not null and dbname not IN('master','tempdb','ReportServer')
```

运行结果显示（内容与实际库和登录用户有关）：

```
spid     loginame              dbname
---------- ---------------------- ----------------------
52       sa                    Test
55       sa                    Test
```

3.2.3 Model 数据库

Model 数据库是建立数据库的模板，包含了将复制到每个数据库中的系统表。执行创建数据库语句“Create Database”时，服务器总是通过复制 Model 数据库建立新数据库的前面部分，新数据库的后面部分被初始化成空白的数据页，以存放数据。

严禁删除 Model 数据库，因为每次 SQL Server 重新启动时都将以 Model 数据库为模板重新创建 Tempdb 数据库，一旦 Model 数据库被删除，SQL Server 系统将无法使用。

3.2.4 Msdb 数据库

Msdb 数据库主要被 SQL Server Asent 用于进行复制、作业调度以及管理报警等活动。该数据库常用于通过调度任务排除故障。

3.3 SQL Server 系统表

SQL Server 用系统表记录所有服务器活动的信息。系统中的信息组成了 SQL Server 系统利用的数据字典。不能使用 Delete、Update、Insert 等语句直接修改系统表中的内容，也不允许编写程序直接对系统表中的信息进行修改。当需要访问系统表信息时，应使用系统存储过程或 Transact SQL 提供的系统函数。若系统表中的信息遭到损坏，则有可能会造成一些难以诊断的错误甚至导致系统瘫痪。

SQL Server 中，系统表通常以 sys 开头，如 sys.databases（早期用 sysdatabases）存储当前服务器所有数据库信息，sys.tables 存储当前数据库所有表信息，sys.columns（早期用 syscolumns）存储当前数据库所有表的列信息，sys.indexes（早期用 sysindexes）存储当前数据库所有表的索引信息，sys.objects（早期用 sysobjects）存储当前数据库所有对象信息。

3.4 SQL Server 的存储过程

SQL Server 提供了大量的系统存储过程进行系统表的检索和修改。系统存储过程是预先经过编译的 SQL 语句集合。使用系统存储过程还可以方便地查看有关数据库和数据库对象的信息。SQL Server 的系统存储过程都记录在 Master 数据库中，归系统管理员 sa 所有，所有系统存储过程的名字都以 sp_开始，如 sp_who。

存储过程的执行一般以 Exec 开头，如下执行 sp_who 查看登录用户信息。

```
Exec sp_who
```

3.5 国产数据库简介

目前国产数据库有华为 GaussDB、腾讯云 TDSQL、中兴通讯 GoldenDB、星瑞格 SinoDB 等。

华为 GaussDB 是分布式数据库，具备企业级复杂事务混合负载能力，同时支持分布式事务，同城跨 AZ 部署，数据零丢失，支持 1000+的扩展能力，PB 级海量存储。同时拥有云上高可用、高可靠、高安全、弹性伸缩、一键部署、快速备份恢复、监控告警等关键能力，该产品功能全面、稳定可靠、扩展性强、性能优越。

腾讯云 TDSQL（Tencent Distributed SQL）是分布式数据库，采用了分布式架构和 Shared Nothing 技术，具备强一致、高可用、全球部署架构、高 SQL 兼容度、分布式水平扩展、高性能、完整的分布式事务支持、企业级安全等特性。

中兴通讯 GoldenDB 是分布式数据库，具备高性能、高可用、易扩展和易管理等特点。它采用了先进的分布式架构和优化的数据存储引擎，能够提供快速、可靠和安全的数据存储和访问服务。

星瑞格 SinoDB 是面向事务的关系型数据库。采用国密算法，提供多层次数据加密以加强数据安全，产品安全、可靠、自主、可控，具备高性能、高可用、高稳定等特性。

下面以星瑞格 SinoDB 为例介绍国产数据库。

3.5.1　SinoDB 的主要功能

SinoDB 符合 SQL-92 标准，部分符合 SQL-99 和 SQL-2000 标准的相关定义。

1. 数据类型

SinoDB 拥有完善的数据类型管理体系，且内置了所有常用数据类型，包括如下 7 类。

（1）数值类型：SMALLINT、INTEGER、INT8、BIGINT、DECIMAL、NUMERIC、FLOAT、SMALLFLOAT、REAL、DOUBLE、LONG、SERIAL、SERIAL8、BIGSERIAL、MONEY。

（2）字符类型：CHAR、VARCHAR、LVARCHAR、NCHAR、NVARCHAR、CHARACTER VARYING。

（3）日期类型：DATE、DATETIME、INTERVAL。

（4）大对象类型：TEXT、BYTE、CLOB、BLOB。大对象类型包括简单大对象和智能大对象数据类型，可存储文本、图形、声音等内容。

① 简单大对象（Simple large object）。

- ❑ Text：大字符对象，存储大文本信息，最大支持 2GB。
- ❑ Byte：二进制数据，最大支持 2GB。

② 智能大对象（Smart large object）。

- ❑ CLOB：智能大字符对象，最大支持 4TB。
- ❑ BLOB：智能二进制对象，最大支持 4TB。

（5）JSON/BSON 数据类型。

（6）XML 数据类型。

（7）其他类型：BOOLEAN、ROW 等。

ROW 数据类型（Row Data Type）为行即记录数据类型，集合数据类型（Collection Data Type）包括 Set、List、Multiset。

SinoDB 还提供了用户自己定义数据类型（UDT）的功能。

2．锁和隔离级别

SinoDB 基于锁实现并发控制，提供了数据库锁、表锁、页锁、行锁、键锁 5 种不同粒度的锁，支持自动发现死锁和自动解死锁功能。

SinoDB 支持 SQL 标准中定义的标准隔离级别，包括读未提交、读提交、可重复读和序列化，同时，为了降低高并发事务场景下的并发冲突，还提供了 Cursor Stability 和 Last Committed Read 两种特殊的隔离级别。

3．分区技术

SinoDB 支持多种分区，包括范围分区、列表分区、表达式分区和哈希分区。表达式分区时支持基本表达式、Mod 运算表达式、Remainder 表达式、Interval 表达式等。SinoDB 所提供的基于 Interval 的分片策略，将根据 Insert 记录的情况自动扩展分区，从而提供更为灵活的方式，减少人工维护。

4．索引技术

SinoDB 支持 B+树索引、用户定义的索引等多种索引结构；拥有多种索引类型，包括唯一索引、函数索引、簇集索引、全文索引。

SinoDB 索引除了拥有高效的查询能力外，还具备如下特性。

（1）在不影响业务的情况下，支持在线创建索引的能力。

（2）支持中、英文分词全文检索，增量数据自动建立全文检索，无须手工维护。

（3）支持索引和表分开存储。

（4）支持索引支持分区功能，可以基于分区实现索引的并行扫描，进一步提升扫描效率。

5．非结构化数据支持

SinoDB 支持非结构化数据存取驱动，对 Web 2.0 网站能够提供很好的支持，并提供高性能、高可用性和可扩展性。

SinoDB 在非结构化数据库支持上具有如下特点。

（1）支持 JSON/BSON 非结构化数据格式的存储和处理，支持 SQL、SQL 函数、NoSQL 数据库 API、NoSQL 数据库命令行的方式访问 JSON、BSON 表。

（2）支持非结构化表之间的连接、创建索引。

（3）支持非结构化表的事务管理和行级锁功能。

6．备份恢复

SinoDB 的备份分为 3 个级别，具体如下。

（1）零级备份：全量备份。

（2）一级备份：最近一次零级备份后的增量部分备份。

（3）二级备份：最近一次一级备份后的增量部分备份。

SinoDB 的备份与恢复有如下特点。

（1）具有灵活的数据导入导出能力：支持全库、单表、多表批量的导入导出能力；支持表结构（包括所有数据对象）、表数据的单独导入导出能力；支持全库、单表、多表批量导出成二进制文件或文本文件，并支持将导出的文件中的数据导入数据库中；支持外部表技术，通过外部表加载和卸载数据。

（2）支持备份和恢复：支持单节点数据库完全备份与恢复、增量备份与恢复、数据空间备份与恢复；支持在线备份和恢复，并具备恢复到具体某个时间点的能力。可通过存储管理软件（如爱数、鼎甲等国产备份恢复软件）对数据库进行备份和恢复，具有并行运行备份和恢复功能。

（3）支持数据库级的数据文件镜像功能。

7．安全功能

SinoDB 提供和支持多种安全功能，主要包括身份认证与鉴别、数据加密存储、数据传输加密、自主访问控制、安全标记、强制访问控制、数据完整性保护、安全审计、三权分立等。

8．高可用集群

SinoDB 支持多种形式的高可用集群，包括主备高可用集群（High-Available Cluster，HAC）、共享存储集群（Shared Storage Cluster，SSC）、远程异步灾备集群（Remote High-Available Cluster，RHAC），可以基于这些集群技术实现同城容灾集群、远程灾备集群、两地三中心部署等。

SinoDB 的所有高可用集群不依赖第三方组件，完全由 SinoDB 数据库自身在内核级实现，仅需要通过相关配置即可完成高可用集群的构建。SinoDB 所有类型的集群均可以实现自动故障发现和自动故障转移，切换效率高，可以保证 RPO=0、RTO<1 分钟。SinoDB 允许多种高可用集群的混合部署，构建真正的两地三中心灾备方案。

3.5.2　SinoDB 的特性

1．高稳定性

SinoDB 具备独有的多进程+多线程的体系架构和独立于操作系统的共享内存设计，SinoDB 具有很高的稳定性，可以满足重点行业核心业务系统不间断持续运行的需要，在不同的硬件环境和业务负载下，均可以保持稳定运行。

2．高性能

SinoDB 在内核基于多线程技术和共享内存实现了并行执行的运行时架构，该架构支持在同一数据处理环节内的并行处理（Parallel）和不同数据处理环节间的流水线（PipeLine）执行，同时 SinoDB 针对不同的 CPU 架构进行了基于 CPU 特定指令集的优化，可以更充分地发挥硬件的计算能力。

3．高可用

SinoDB 具有强大高可用能力，支持多种形式的高可用集群，且允许这些不同形式的高可用技术混合使用，可以支持数据中心高可用、同城容灾、异地灾备及两地三中心、三地五中心等高可用部署方案。SinoDB 的共享存储集群重点关注核心业务系统的数据高可用问题，支持故障自动秒级切换，且可通过增加集群节点数的形式近线性地提升系统的吞吐能力。

4．广泛的 SQL 语法兼容性

SinoDB 长期持续完善国际主流数据库的语法兼容，支持更广泛的、与多种主流数据库语法兼容的 SQL 使用方法，最大限度地复用用户和开发人员的数据库经验，降低产品的使用门槛。

5. 完备的国产生态

SinoDB 已完成对全部国产处理器平台的深度适配工作，支持鲲鹏、飞腾、龙芯、海光、申威、兆芯等系列的国产处理，已完成包括统信 UOS、麒麟、中科方德等国产操作系统的产品级适配，同时也完成了主流的国产中间件产品和部分国内知名应用开发商的核心产品的应用级适配。

3.6 SinoDB 的安装、管理、配置

本节以 SinoDB V16.8 版本为例介绍 SinoDB 产品的安装、基本管理功能和数据库系统配置。

3.6.1 SinoDB 的安装

1. 系统要求

SinoDB V16.8 支持 x86_64、鲲鹏、飞腾、海光、龙芯、兆芯、申威等处理器，支持 RHEL V7.x、CentOS V7.x、统信 UOS 20、麒麟 V10 等操作系统，本小节以 CentOS V7.9 为例进行简要说明。

SinoDB V16.8 可以运行在物理主机、虚拟化主机和云主机环境中，所需的配置如表 3-1 所示。

表 3-1　硬件配置

硬件配置项	最 低 配 置	推 荐 配 置
处理器	1×2 核 2.0GHz	4×4 核 2.4GHz
内存	4GB	64GB
磁盘	100GB	1TB
光驱	CD-ROM	CD-ROM

2. 安装前的准备

SinoDB 需要以 root 用户身份进行安装，在安装前应以 root 用户身份登录到操作系统。

SinoDB 产品的运行需要名称为 sinodbms 的操作系统用户，因此，在安装 SinoDB 产品前，应确保在操作系统中创建了 sinodbms 用户组和 sinodbms 用户，且 sinodbms 用户要从属于 sinodbms 用户组。

SinoDB 产品包通常是以 Linux 操作系统中的 tar 包形式提供的，因此在安装前，需要解压缩产品包，解压缩后的文件列表中名为 ids_install 的文件即为 SinoDB 产品的安装程序，该文件是一个可执行文件。

3. 执行安装

SinoDB 的安装程序提供了文本界面安装、图形化界面安装、静默安装等多种安装方式，由安装程序的-i 参数指定，默认为文本界面安装方式。下面以图形化安装为例说明 SinoDB 产品的安装过程。

1）启动安装

在图形化界面下打开终端窗口，运行如下命令可以启动图形化安装程序，显示如图 3-33 所示界面。

```
sh ids_install –i swing
```

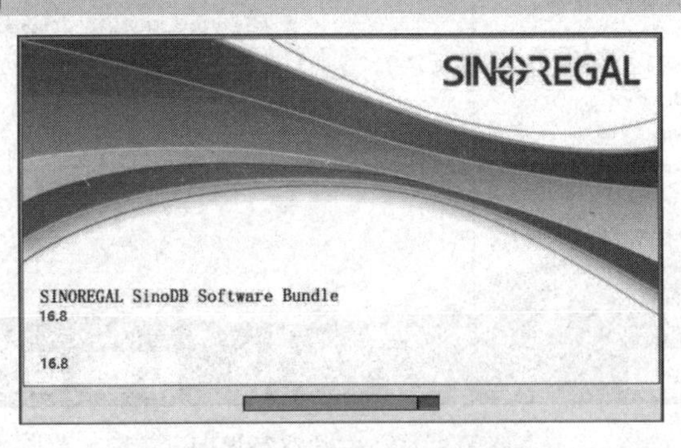

图 3-33　开始图形化安装界面

2）安装概述

显示安装协议界面，如图 3-34 所示，选中 I accept the terms of the License Agreement 单选按钮，单击 Next 按钮。

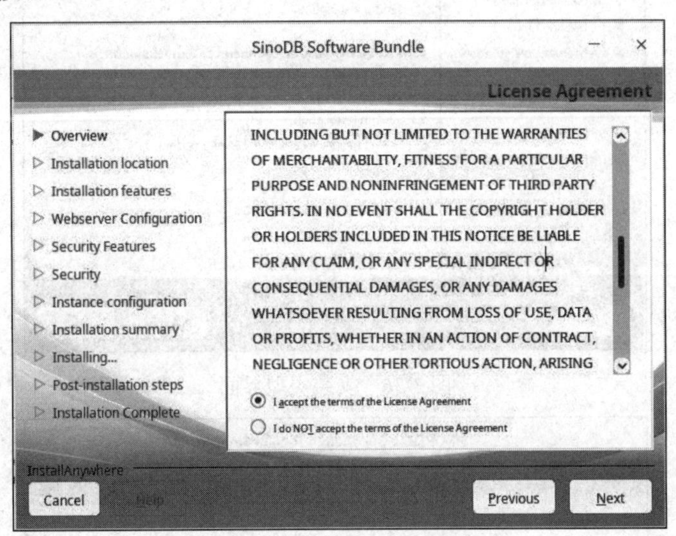

图 3-34　安装协议界面

3）选择安装路径

显示安装路径界面，如图 3-35 所示，选择好路径后，单击 Next 按钮。

4）选择安装类型

弹出安装类型界面，如图 3-36 所示，若想要快速安装，则选中 Typical installation 单选按钮，然后直接单击 Next 按钮。注意：若选择快速安装，则需要安装 OAT。

安装 OAT 过程中，需要输入服务器名称或者使用默认的服务器名称，以及输入未被使用的端口号，如图 3-37 所示，单击 Next 按钮。

此时需要选择是否启用 OAT 的管理密码，若启用，则要选中 OAT password protection 复选框，如图 3-38 所示，单击 Next 按钮。

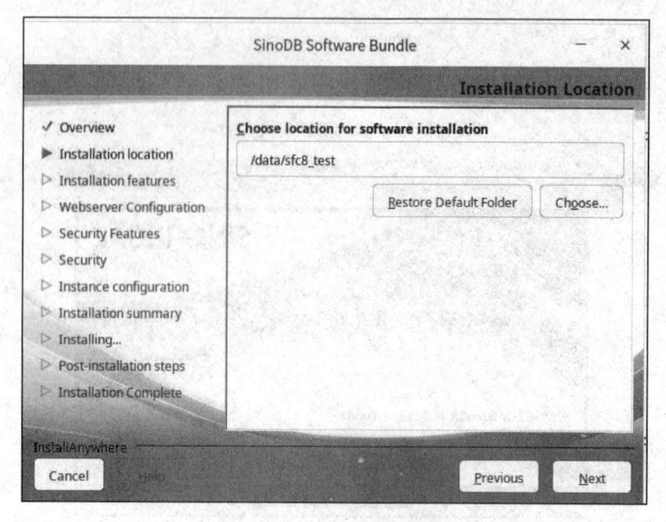

图 3-35　安装路径界面

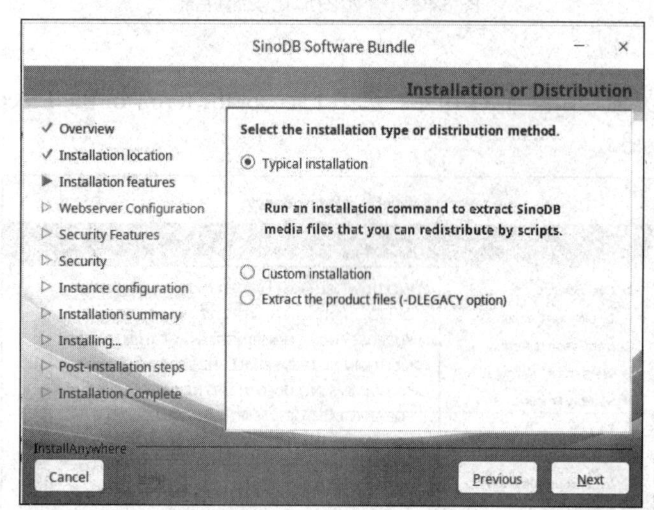

图 3-36　安装类型界面

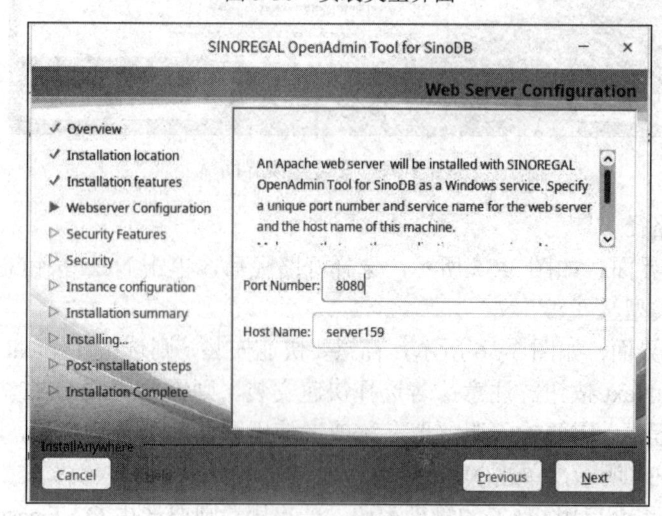

图 3-37　端口和服务器名称界面

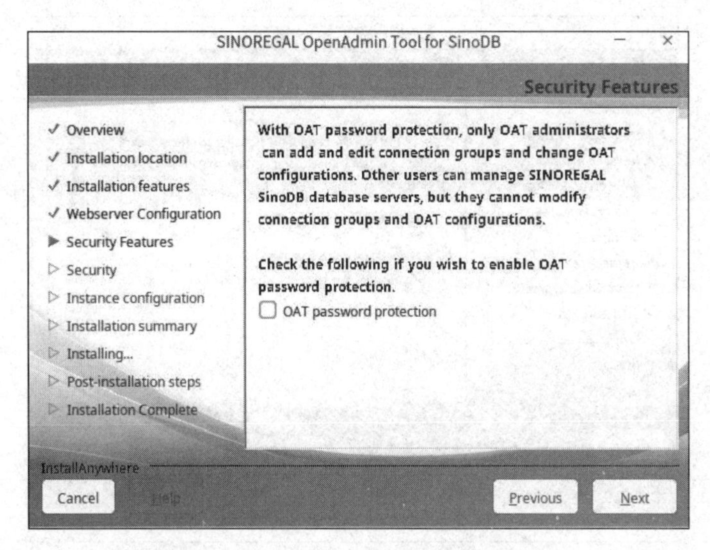

图3-38　是否启用OAT的管理密码界面

5）其他许可信息

显示其他的CSDK的许可信息，如图3-39所示，选中I accept the terms of the License Agreement单选按钮，单击Next按钮。

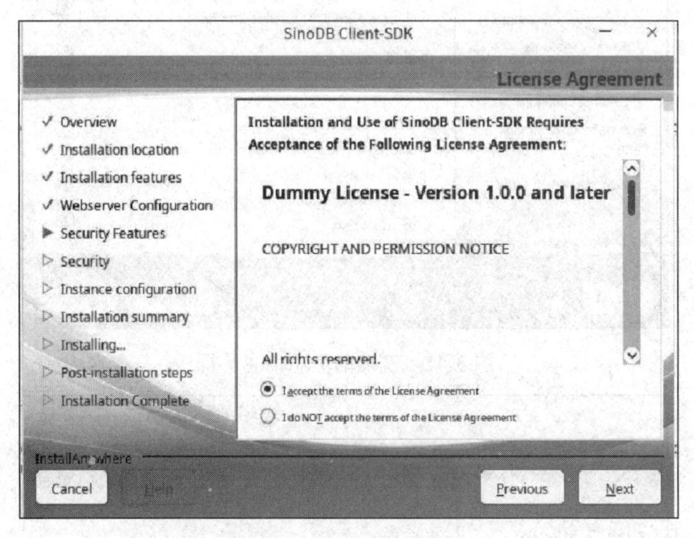

图3-39　许可信息界面

6）实例设置

进入是否创建实例界面，如图3-40所示，快速安装则直接单击Next按钮。

7）安装摘要

显示安装的汇总信息界面，如图3-41所示，确认信息无误后，单击Install按钮开始安装。

8）安装

进入安装进程界面，如图3-42所示，约1～2分钟即可完成安装。

完成安装后，单击Done按钮，如图3-43所示，结束安装。

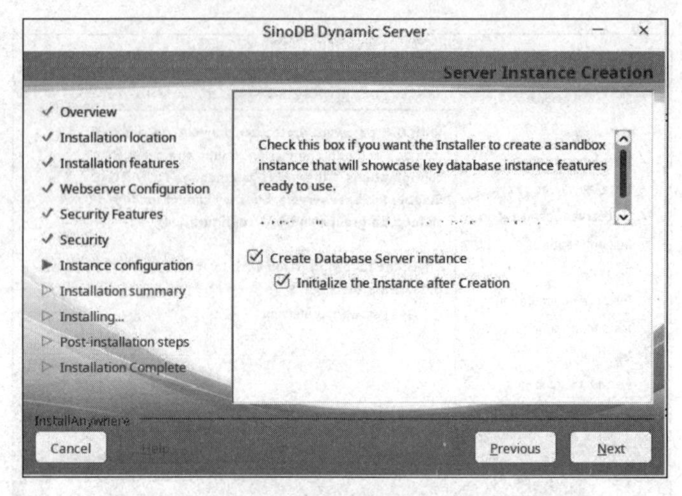

图 3-40　是否创建实例界面

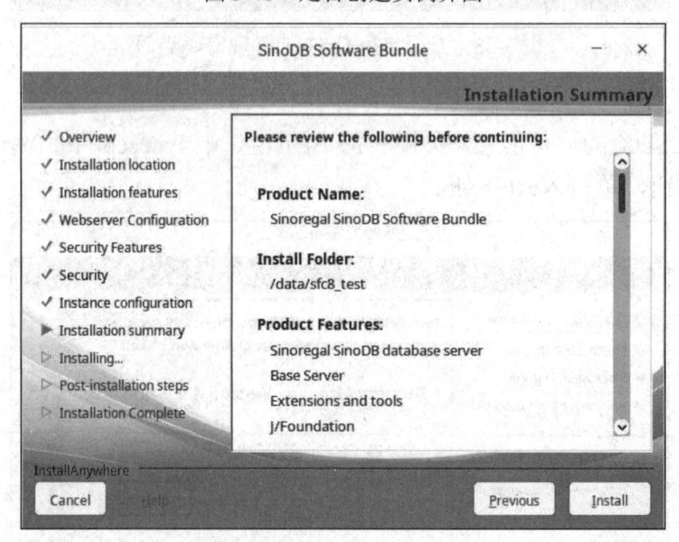

图 3-41　安装的汇总信息界面

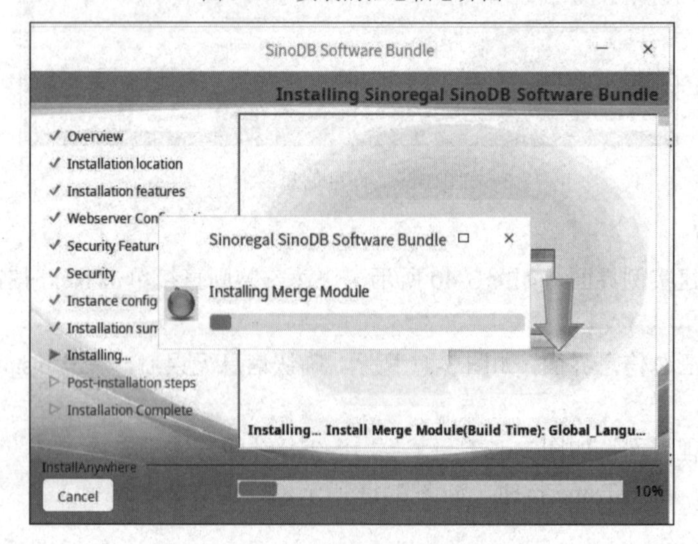

图 3-42　安装进程界面

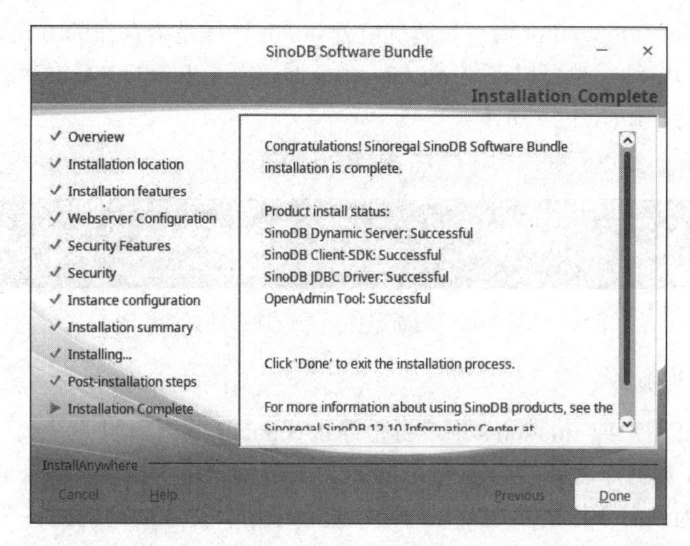

图 3-43　完成安装界面

4. 安装后验证

完成上述安装步骤后，SinoDB 数据库服务会自动启动，可以通过查看 SinoDB 数据库服务进程是否存在来简单验证安装是否真正成功。

SinoDB 数据库服务进程名称为 oninit，通常情况下，启动 SinoDB 数据库服务后，会在操作系统中出现多个 oninit 进程。使用 ps -ef 命令查看 oninit 进程是否存在，如图 3-44 所示。

```
[sinodbms@C79 ~]$ ps -ef | grep oninit
sinodbms  16497      1  1 14:35 ?        00:00:00 oninit -vy
root      16504  16497  0 14:35 ?        00:00:00 oninit -vy
root      16505  16504  0 14:35 ?        00:00:00 oninit -vy
root      16512  16504  0 14:35 ?        00:00:00 oninit -vy
root      16519  16504  0 14:35 ?        00:00:00 oninit -vy
root      16526  16504  0 14:35 ?        00:00:00 oninit -vy
root      16533  16504  0 14:35 ?        00:00:00 oninit -vy
root      16540  16504  0 14:35 ?        00:00:00 oninit -vy
root      16549  16504  0 14:35 ?        00:00:00 oninit -vy
root      16556  16504  0 14:35 ?        00:00:00 oninit -vy
root      16557  16504  0 14:35 ?        00:00:00 oninit -vy
root      16558  16504  0 14:35 ?        00:00:00 oninit -vy
sinodbms  16766  16412  0 14:35 pts/0    00:00:00 grep --color=auto oninit
```

图 3-44　安装后验证界面

3.6.2　SinoDB 的基本管理

1. 启动数据库服务

可以使用 root 用户或 sinodbms 用户身份启动 SinoDB 数据库服务。

启动 SinoDB 数据库服务的命令为 oninit，可以在执行该命令时指定参数 y 以对启动过程中所有提示的问题回答 YES，也可以在执行该命令时指定参数 v 以在启动过程中输出更多的信息。具体命令通常如下：

```
oninit -vy
```

在 SinoDB 的联机日志文件中会记录详细的启动过程信息。

可以使用 ps -ef | grep oninit 命令，通过检查 oninit 进程是否存在的方式来检查 SinoDB 数据库服务是否成功启动，也可以使用 onstat -命令通过查看 SinoDB 数据库服务的状态来判断服务是否成功启动，如图 3-45 所示。

```
$ onstat -
```

```
[sinodbms@C79 ~]$ onstat -

Sinoregal SinoDB Dynamic Server Version 16.8.FC8U0X3 -- On-Line -- Up 00:05:03 -
- 242544 Kbytes
```

图 3-45　判断服务是否成功启动界面

2．停止数据库服务

可以使用 root 用户或 sinodbms 用户身份停止 SinoDB 数据库服务。

停止 SinoDB 数据库服务的命令为 onmode，需要为该命令指定参数 k 以停止 SinoDB 数据库服务，可以为该命令指定参数 y 以对启动过程中所有提示的问题回答 YES。停止数据库服务的具体命令通常如下，如图 3-46 所示。

```
onmode -ky
```

```
[sinodbms@C79 ~]$ onmode -ky
[sinodbms@C79 ~]$
[sinodbms@C79 ~]$ onstat -
shared memory not initialized for SINODBMSSERVER 'gc'
```

图 3-46　停止数据库服务界面

在 SinoDB 的联机日志文件中会记录详细的服务停止的过程信息。

可以使用 ps -ef | grep oninit 命令，通过检查 oninit 进程是否存在的方式来检查 SinoDB 数据库服务是否成功停止，也可以使用 onstat -命令通过查看 SinoDB 数据库服务的状态来判断服务是否成功停止。

```
$ onstat -
```

3．数据库服务状态查看

onstat 命令是 SinoDB 产品的一个重要的服务器监控命令，该命令通过读取 SinoDB 数据库服务共享内存中的相关结构来向用户提供当前数据库服务的各类状态的统计信息。

onstat 命令几乎可以监控到数据库服务的任何一种状态信息，包括 VP、数据库服务进程和线程、虚拟内存、数据空间、网络、连接、事务和锁、逻辑日志和物理日志、Session 信息、正在运行的 SQL 语句等，这些信息是根据 onstat 命令的不同参数来提供的。

表 3-2 列出了 onstat 命令的常用参数及其功能。

表 3-2　onstat 命令的常用参数及其功能

类　别	onstat 命令	功　能
状态	onstat -	显示当前数据库服务的状态
VP 相关	onstat -g glo	显示所有 VP Classes 的统计信息
	onstat -g ath	显示所有线程
	onstat -g act	显示所有的活动线程
	onstat -g cpu	显示各个线程运行时间的统计信息

续表

类　别	onstat 命令	功　能
共享内存	onstat -g seg	显示各个共享内存段的统计信息
	onstat -g ses	显示各个 Session 的内存使用信息
	onstat -b	显示正在使用的 Buffer 页的信息
	onstat -g dic	显示共享内存段中的字典信息
磁盘	onstat -d	显示 Chunk 的物理信息
	onstat -D	显示 Chunk 的 I/O 活动情况
	onstat -p	显示全局的磁盘活动信息
日志和锁	onstat -l	显示逻辑日志和物理日志的信息
	onstat -k	显示当前服务中活动的锁的信息

onstat 命令的详细使用说明可以参考 SinoDB 产品随机文档中的《管理员参考手册》。

3.6.3 SinoDB 服务配置

可能通过配置文件和相关的管理命令配置 SinoDB 服务。

1．配置 onconfig

onconfig 文件是实例的参数配置文件，定义了 SinoDB 数据库服务实例的各种参数，其中部分参数在创建实例时必须明确指定，这些参数包括 ROOTNAME、ROOTPATH、SERVERNUM、DBSERVERNAME、FULL_DISK_INIT。还有一些参数也很重要，建议在创建实例前在 onconfig 文件中指定，这些参数包括 SHMVIRTSIZE、SHMADD、SHMTOTAL、ROOTSIZE、MSGPATH、DBSPACETEMP、LTAPEDEV、CKPTINTVL、LOCKS、DEF_TABLE_LOCKMODE、BUFFERPOOL 等。

安装完成 SinoDB 数据库后，数据库系统提供了一个标准的 onconfig 文件，名称为 onconfig.std，位于$SINODBMSDIR/etc 目录下，可以以此文件为基础为所要创建的实例生成其对应的配置文件。新生成的配置文件建议也保存在$SINODBMSDIR/etc 目录下，文件名称建议为 onconfig.InstanceName。

该步骤操作需要以 sinodbms 用户身份执行。

对于 onconfig 文件中各个参数的作用、取值范围及设置原则，具体可参考 SinoDB 产品随机文档中的《管理员参考手册》。

本小节仅简要描述配置文件中的关键参数，如表 3-3 所示。

表 3-3　SinoDB 的关键配置参数

参 数 名 称	参 数 含 义
ROOTNAME	根数据空间的名称
ROOTPATH	根数据空间的绝对位置
ROOTSIZE	根数据空间的大小，单位为 KB
SERVERNUM	实例的服务序号，通常设置为素数
DBSERVERNAME	实例的服务名
FULL_DISK_INIT	是否初始化当前实例
LOGFILES	逻辑日志个数，建议不少于 3 个
LOGSIZE	单个逻辑日志的大小，单位为 KB

续表

参 数 名 称	参 数 含 义
MSGPATH	实例的运行时日志文件的绝对位置和文件名
RESIDENT	驻留内存的驻留方式
SHMVIRTSIZE	共享内存虚拟段的初始化大小，单位为 KB
SHMADD	共享内存虚拟段每次扩展时的大小，单位为 KB
SHMTOTAL	共享内存虚拟段的最大大小，单位为 KB
LOCKS	实例中允许的锁的个数
CKPTINTVL	实例的 CheckPoint 的时间间隔，单位为秒
DEF_TABLE_LOCKMODE	表的默认加锁方式
NETTYPE	网络连接类型及网络服务进程的数量
BUFFERPOOL	数据缓冲区的设置

2．配置 sqlhosts

sqlhosts 文件是 SinoDB 数据库服务实例的数据库连接文件，包含能使应用程序连接到实例的相关信息。即使应用程序和 SinoDB 数据库服务实例在同一计算机上，也必须对 sqlhosts 文件进行设置。

该文件中定义了数据库服务实例名称、连接类型、主机名称和服务名称（或端口号）。数据库服务实例名称即为 onconfig 文件中 DBSERVERNAME 参数的值。连接类型用于指定实现网络通信的网络接口和具体的通信协议，通常情况下，对于 Socket 通信方式指定为 onsoctcp，而对于同一计算机内的进程间通过共享内存进行通信的情况则指定为 onipcshm。主机名称为 SinoDB 数据库服务实例所在主机的名称，可以在/etc/hosts 文件中获取或指定。服务名称（或端口号）与连接类型有关，如果使用 TCP/IP 协议，对应书中描述的网络服务名或端口号；如果使用 IPC 连接，建议使用 DBSERVERNAME。

安装完成 SinoDB 数据库后，数据库系统提供了一个标准的 sqlhosts 文件，名称为 sqlhosts.std，位于$SINODBMSDIR/etc 目录下，可以以此文件为基础为所要创建的实例生成其对应的数据库连接文件。新生成的连接文件建议也保存在$SINODBMSDIR/etc 目录下，文件名称建议为 sqlhosts.InstanceName。

该步骤操作需要以 sinodbms 用户身份执行。

3．准备数据空间

首先需要创建实例数据空间的存储位置，这个对应于文件系统中的一个目录。

在完成存储位置的创建后，需要创建数据空间文件，并把文件的访问权限设置为 660。通常使用操作系统的 touch 命令来创建数据空间文件。

通常情况下，需要准备的数据空间文件有根数据空间文件、用户数据空间文件、逻辑日志数据空间文件、物理日志数据空间文件，还可以根据需要准备临时数据空间文件、智能大对象数据空间文件等。用户数据空间文件、逻辑日志数据空间文件、临时数据空间文件、大对象数据空间文件的个数可以不止一个。

该操作需要以 sinodbms 用户身份执行。

创建数据空间的操作需要使用 SinoDB 的 onspaces 命令，且根据空间的大小会花费一定的时间。

4．准备环境变量

需要为管理和使用实例的用户准备环境变量，SinoDB 数据库服务需要根据这些环境变量的值确定实例名称、相关配置文件、数据文件等相关信息。在使用某实例或者对某实例执行管理命令之前，必须应用实例的环境变量。

需要准备的环境变量通常包括 SINODBMSDIR、SINODBMSSERVER、ONCONFIG、SINODBMSSQLHOSTS 等。各个环境变量的说明如表 3-4 所示。

表 3-4　环境变量说明

环境变量名称	作用及说明
SINODBMSDIR	SinoDB 数据库服务的主目录，通常就是 SinoDB 产品的安装目录
SINODBMSSERVER	实例的数据库服务实例名称，需要与当前实例的 onconfig 配置文件中 DBSERVERNAME 的值相同
ONCONFIG	实例的 onconfig 文件的位置和名称
SINODBMSSQLHOSTS	实例的 sqlhosts 文件的位置和名称

建议把上述环境变量统一设置到一个文件中，之后使用 source 命令统一应用这些环境变量。

3.6.4　SinoDB 交互式命令行工具

通过指定参数的形式执行 dbaccess 命令，可以启动 SinoDB 的交互式命令行工具 DBACCESS。

1．启动

使用 dbaccess - -命令可以启动到命令行界面，使用 dbaccess DatabaseName -命令可以启动到命令行界面并选中名称为 DatabaseName 的数据库为当前数据库。

成功进入 DBACCESS 工具的命令行界面后，会出现以大于号（>）表示的提示符，可以在该提示符后输入 SQL 语句或指令以进行相关操作。

```
$ dbaccess - -
>
$ dbaccess sysadmin -
Database selected.
>
Database closed.
$ dbaccess sysadmin -
Database selected.
> select count(*) from job_status;
        (count(*))
                 0
1 row(s) retrieved.
>
Database closed.
```

2．退出

在命令行界面中，任何时候均可以通过 Ctrl+C 或 Ctrl+D 组合键退出命令行界面。

3．执行文件中的 SQL 语句

命令行界面允许以重定向或系统管道的方式批量地执行保存在文件中的 SQL 语句。

假设有一个名为 stmt.sql 的文件中保存了两条 SQL 语句，可以分别以重定向或系统管道的方式通过命令行界面执行这两条 SQL 语句。示例如下：

```
$ cat stmt.sql
select count(*) from job_status;
select count(*) from mon_chunk;
$ dbaccess sysadmin - < stmt.sql
Database selected.
       (count(*))
                 0
1 row(s) retrieved.
       (count(*))
                49
1 row(s) retrieved.
Database closed.
$ cat stmt.sql | dbaccess sysadmin -
Database selected.
       (count(*))
                 0
1 row(s) retrieved.
       (count(*))
                49
1 row(s) retrieved.
Database closed.
```

也可以通过管道直接把 SQL 语句推送给命令行界面执行，示例如下：

```
$ echo "select count(*) from job_status;" | dbaccess sysadmin -
Database selected.
       (count(*))
                 0
1 row(s) retrieved.
Database closed.
```

4．批量输入执行

DBACCESS 工具的命令行界面还允许以批量命令输入的方式来执行 SQL 语句。示例如下：

```
$ dbaccess sysadmin - <<EOF!
> select count(*) from job_status;
> !echo "The next is another SQL statement."
> select count(*) from mon_chunk;
> EOF!
Database selected.

       (count(*))
                 0
1 row(s) retrieved.
The next is another SQL statement.
       (count(*))
                57
1 row(s) retrieved.
Database closed.
```

上面例子中，在批量输入操作符 EOF!中间可以加入操作系统的 Shell 命令，这是一个很方便的功能。

甚至，在批量输入方式中还可以组合前面介绍过的几种执行方式。示例如下：

```
$ dbaccess sysadmin - <<EOF!
> select count(*) from job_status;
> !echo "======================================"
> !echo ">>> I'll run SQL statements from a file after 3 seconds!"
> !sleep 3
> !dbaccess sysadmin - < stmt.sql
 !echo "======================================"
> EOF!
Database selected.
       (count(*))
                0

1 row(s) retrieved.
======================================
>>> I'll run SQL statements from a file after 3 seconds!
Database selected.
       (count(*))
                0
1 row(s) retrieved.
       (count(*))
               57
1 row(s) retrieved.
Database closed.
======================================
Database closed.
```

习题 3

3-1 填空题

（1）SQL 数据库默认实例是________。

（2）SQL Server 管理器简称为________。

3-2 选择题

（1）若 SQL 服务器指定了实例名 SQLExpress，则 SSMS 连接该服务器时，指定服务器名称正确的是（　　）。

A．SQLExpress　　B．.SQLExpress　　C．.　　D．.\SQLExpress

（2）记录 SQL Server 所有的服务器级系统信息的数据库是（　　）。

A．Master　　B．Tempdb　　C．Model　　D．Msdb

（3）记录 SQL Server 所有的临时表、临时数据和临时创建的存储过程的数据库是（　　）。

A．Master　　B．Tempdb　　C．Model　　D．Msdb

第 4 章　SQL 语言基础

SQL 是一种编程语言，也有数据类型、常量、变量、运算符、表达式、函数等概念，与 C 语言类似，如 int 表示整数类型、'A'表示字符、%表示求余、Sin()表示正弦函数等，所不同的是，大小写不敏感即不区分大小写，如 int、Int、INT 都表示整数类型。

4.1　数 据 类 型

4.1.1　整数类型（Int 等）

1．Int 或 Integer

Int 是从-2^{31}（−2147483648）到 $2^{31}-1$（2147483647）的整数型数据，占 4 字节。

2．BigInt

BigInt 是从-2^{63}（−9223372036854775808）到 $2^{63}-1$（9223372036854775807）的整数型数据，占 8 字节。

3．SmallInt

SmallInt 是从-2^{15}（−32768）到 $2^{15}-1$（32767）的整数型数据，占 2 字节。

4．TinyInt

TinyInt 是从 0 到 255 的整数型数据，占 1 字节。

4.1.2　实数类型（Float 等）

1．Decimal 和 Numeric

1）Decimal[(*p*[,*s*])]

Decimal[(*p*[,*s*])]表示$-10^{38}+1$ 到 $10^{38}-1$ 的 *p* 位有效数字（*p*=1～38，默认 18）和 *s* 位小数（*s*=0～*p*，默认 0）的数值数据，当不指定 *p* 和 *s* 时，相当于 Decimal(18,0)，*p* 不同取值所占字节数详见表 4-1。

表 4-1　Decimal(*p*,s)类型 *p* 不同取值所占字节数

p 取值	Decimal(*p*,*s*)所占字节数
1～9	5 字节
10～19	9 字节
20～28	13 字节
29～38	17 字节

其中 p 指十进制位数，不含小数点。若 $s=p$ 时，该浮点数的整数部分只能为 0；浮点数的数值超过 p 指定位数时将产生溢出错误；浮点数的小数位数超过 s 指定位数时将按四舍五入处理。Decimal 的同义词为 Dec。

该数据类型常用于转换指定位数小数。

【例 4-01】用强制类型转换函数 Cast(…)分别将 1/3 和 1/3.0 转换成 3 位宽度 2 位小数的浮点数。

```
Select Cast(1/3 as Decimal(3,2)),Cast(1/3.0 as Decimal(3,2))
```

运行结果显示：

```
-------- ----------
0.00   0.33

 (1 行受影响)
```

以上运行结果中，每次都会显示“(? 行受影响)”，若不想显示该提示信息，可以先执行以下语句，关闭该提示信息。

```
Set NoCount ON
```

2）Numeric

Numeric 功能上等同于 Decimal。

【例 4-02】创建 TBDec 表含序号字段 xh 和不同精度 Decimal 类型字段，并添加一条各字段值都为 1 的记录，然后用 DataLength(…)函数查询各精度浮点数所占字节数。

```
Create Table TBDec(xh int,f1 decimal(9,9),f2 decimal(19,19),
f3 decimal(28,28),f4 decimal(38,38))
Insert Into TBDec Values(1,0.1,0.1,0.1,0.1)
Select DataLength(xh),DataLength(f1),DataLength(f2),DataLength(f3),DataLength(f4)
 from TBDec
```

运行结果显示：

```
4    5    9    13   17
```

2．Money 和 SmallMoney

1）Money

Money 货币数据值在−922337203685477.5808～922337203685477.5807，占用 8 字节，精确于货币单位的万分之一。

2）SmallMoney

SmallMoney 货币数据值在−214748.3648～214748.3647，占用 4 字节，精确于货币单位的万分之一。

【例 4-03】显示不同货币值及其精确值，千分位分隔符将被忽略。

```
Select CAST('$444,12,3.45678' AS MONEY),CAST('£100.56789' AS MONEY)
```

运行结果显示：

```
444123.4568    100.5679
```

货币符号和千分位分隔符在数据库中不保存。

【例 4-04】创建 TbMoney 表含序号字段 xh 和 Money 字段 v1，插入两行记录，然后用带千分位分隔符格式和普通格式查询显示结果。

```
Create Table TbMoney(xh int,v1 Money)
Insert Into TbMoney Values(1,444123.45678)
Insert Into TbMoney Values(2,1234.56789)
Select xh,Convert(Varchar(15),v1,1) as v1,v1 From TbMoney   --样式“1”货币类型千分位显示
```

运行结果显示：

```
xh              v1                  v1
--------------- ------------------- ----------------------------
1               444,123.46          444123.4568
2               1,234.57            1234.5679
```

3．Float[(*n*)]

Float 为-1.79×10^{308}～1.79×10^{308}的浮点数，*n* 为含尾数符号的尾数二进制位数（*n*=1～53），默认为 53，不同取值详见表 4-2。Float(53)等同于 Double Precision 或 Float。

表 4-2　Float(*n*)类型 *n* 不同取值对应精度与所占字节数

n 取值	Float(*n*)有效数字	所占字节数	等　同　于	精　　度
1～24	7 位	4 字节	Real=Float(24)	单精度
25～53	15 位	8 字节	Float=Float(53)	双精度

4．Real

Real 等同于 Float(24)，表示-3.40×10^{38}～3.40×10^{38}的浮点数，占 4 字节。

【例 4-05】单精度类型浮点数 12.0 转换为二进制类型并以十六进制形式显示。

```
Declare @f Float(24)
Select @f=12.0
Select   Cast(@f As VarBinary(4))
```

运行结果显示：

```
----------------
0x41400000
```

4.1.3　字符类型（Char 等）

若字符类型或备注类型的类型名前缀 N，则表示以 Unicode 编码存储，否则以机内码存储。每个汉字字符两种编码所占存储空间都是两个字节；Unicode 编码表示的半角字母、数字、标点符号（如 A…Z、a…z、0…9、,、?、!、%、$、.、;）等占用两个字节，ASCII 表示的半角字母、数字、标点符号等占用一个字节；全角字母、数字、标点符号（如 Ａ…Ｚ、ａ…ｚ、０…９、，、？、！、％、￥、。、；）等相当于汉字，占用两个字节。

1．Char[(*n*)]

存储 *n* 个字节的固定长度非 Unicode 字符（*n*=1～8000，默认 1），占 *n* 个字节。

2．VarChar(*n*)

存储 *n* 个字节的可变长度非 Unicode 字符（*n*=1～8000，默认 1），半角字符占一个字节，汉字占两个字节，所占存储空间大小为实际输入字符所占字节数。

3．NChar(*n*)

存储 *n* 个固定长度 Unicode 字符（*n*=1～4000，默认 1），汉字和半角字符都按一个字符计，每个字符占两个字节，所占空间为 *n* 的两倍。

4．NVarChar(*n*)

存储 *n* 个可变长度 Unicode 字符（*n*=1～4000，默认 1），汉字和半角字符都按一个字符计，每个字符占两个字节，所占存储空间大小为实际输入字符个数的两倍+2 字节。

4.1.4　备注类型（Text 等）

当字符数比较多时，用 Text 或 NText 类型进行存储，如*.txt、*.rtf 等文件内容。

1．NText

可变长度 Unicode 字符，最大长度为 $2^{30}-1$ 个字符（1G−1 个字符），占用字节数是所存字符数的两倍。

2．Text

可变长度非 Unicode 字符，最大长度为 $2^{31}-1$ 个字符（2G−1 个字符）。

备注类型很多运算（如关系运算）都不支持，如备注字段 BZ 执行以下查询是非法的。

```
Select * From Stu Where BZ>'BBB'
```

当然，可用 Like 运算符，如下查询是可以的。

```
Select * From Stu Where BZ Like '%B%'
```

4.1.5　二进制类型（Image 等）

当所存储的是二进制数据时，用 Image 或 Binary 类型进行存储，如*.jpg、*.exe、*.rar 等文件内容。

1．Image

用于存储可变长度二进制数据，占用 0～$2^{31}-1$ 字节。

2．Binary[(*n*)]

Binary 是固定长度的 *n* 个字节二进制数据（*n*=1～8000，默认 1），存储空间大小为 *n* 个字节。

3．VarBinary[(*n*|max)]

VarBinary 是 *n* 个字节变长二进制数据（*n*=1～8000，默认 1），若使用 max，则最大存储大小为 $2^{31}-1$ 字节。存储大小为实际输入数据长度+2 字节。输入数据的长度可以是 0 字节。

【例 4-06】以十六进制形式显示当前用户对 Stu 表所具有的权限位图值。

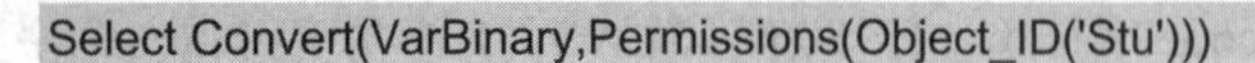

```
Select Convert(VarBinary,Permissions(Object_ID('Stu')))
```

运行结果显示：

```
0x701F701F
```

4.1.6　布尔类型（Bit）

Bit 类型用于存储 1 位二进制数，即 0（表示假）和 1（表示真）或 NULL。有的编辑界面允许输入 False 或零值表示假，输入 True 或非零值表示真。

4.1.7　日期类型（DateTime）

常用日期类型有 DateTime 和 SmallDateTime 两种，由日期和时间两部分组成。常用日期格式有 yyyy-mm-dd、yyyy/mm/dd、yyyy.mm.dd 这 3 种，用单引号进行限定，如'1978-03-30'、'2005/3/30'、'2019.2.28'。Set DateFormat 语句可以更改年月日的解释顺序，若顺序和设置不匹配，可能导致年月日值超出范围而不会被解释成日期或被错误地解释，如'12/10/08'可被解释成 6 个不同日期。常用时间格式有 hh:mm:ss。其他格式详见 4.2.4 节日期时间常量。

【例 4-07】显示'12/10/08'在 ymd 和 dmy 日期格式下的日期。

```
Set NoCount ON
Declare @x DateTime --定义日期时间类型局部变量@x，变量定义详见 4.3.1 节“局部变量”
Set DateFormat ymd   --设置为年月日格式
Set @x='12/10/08'
Select @x as '12/10/08ymd 格式'
Set DateFormat dmy   --设置为日月年格式
Set @x='12/10/08'
Select @x as '12/10/08dmy 格式'
```

运行结果显示：

```
12/10/08ymd 格式
---------------------------------
2012-10-08 00:00:00.000

12/10/08dmy 格式
---------------------------------
2008-10-12 00:00:00
```

日期时间类型数据其实是用浮点数存储，日期'1900-01-01'对应浮点数 0，每增加一天，浮点数值加 1，每增加一小时，浮点数值加 1/24，'1900-01-01 06:00'对应浮点数 0.25。

【例 4-08】日期时间对应浮点数值。

```
Declare @x DateTime   --定义日期时间类型局部变量@x
Set @x='1900-01-01 06:00'
Select @x,'对应浮点数',Cast(@x as Float)
```

运行结果显示：

```
1900-01-01 06:00:00.000 对应浮点数　0.25
```

1．DateTime

DateTime 日期有效取值范围为 1753 年 1 月 1 日到 9999 年 12 月 31 日的日期和时间数据，占 8 字节，精确到千分之三秒即 3.33 毫秒，舍入到.000 秒、.003 秒或.007 秒 3 个增量。SQL 只接受 1753 年到 9999 年间的日期值。

【例 4-09】SQL 日期精确到千分之三秒。

```
Select Cast('1753-01-01 23:59:59.994' as datetime),
Cast('1753-01-01 23:59:59.995' as datetime)
```

运行结果显示：

```
1753-01-01 23:59:59.993 1753-01-01 23:59:59.997
```

【例 4-10】SQL 拒绝小于 1753 年的日期。

```
Select Cast('1753-01-01 23:59:59.994' as datetime)-1
```

运行结果显示：

```
消息 8115，级别 16，状态 2，第 1 行
将 expression 转换为数据类型 datetime 时出现算术溢出错误。
```

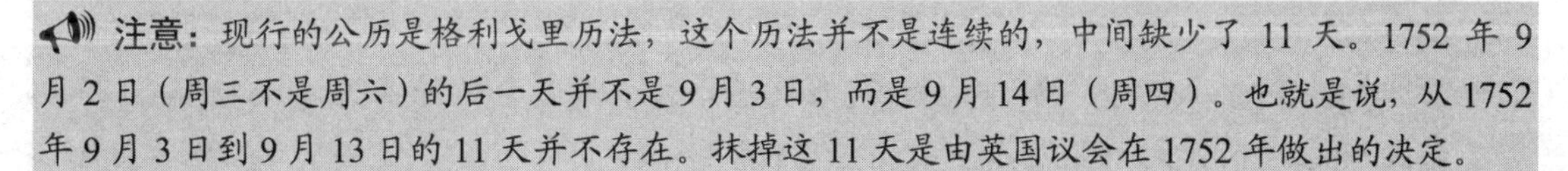

注意：现行的公历是格利戈里历法，这个历法并不是连续的，中间缺少了 11 天。1752 年 9 月 2 日（周三不是周六）的后一天并不是 9 月 3 日，而是 9 月 14 日（周四）。也就是说，从 1752 年 9 月 3 日到 9 月 13 日的 11 天并不存在。抹掉这 11 天是由英国议会在 1752 年做出的决定。

2．SmallDateTime

从 1900 年 1 月 1 日到 2079 年 6 月 6 日的日期和时间数据，占 4 字节，精确到分钟。

4.1.8　时间戳类型 TimeStamp

时间戳类型将自动生成 8 个字节二进制数，在数据库中唯一，每次插入或更新行时，包含 TimeStamp 列的值也会被自动更新。一个表只能有一个 TimeStamp 列，但不适合作为主键使用。

【例 4-11】创建 TbTst 表含序号字段 xh 和时间戳字段 ts，然后插入两行记录并查询结果，更新序号后再查询结果。

```
Set NoCount ON
Create Table TbTst(xh int,ts Timestamp);
Insert Into TbTst(xh) Values(1);
Insert Into TbTst(xh) Values(2);
Select * From TbTst;
Update TbTst Set xh=xh+100;
Select * From TbTst;
```

运行结果显示：

```
xh          ts
----------- ------------------------------
1           0x00000000000218BB
2           0x00000000000218BC

xh          ts
----------- ------------------------------
101         0x00000000000218BD
102         0x00000000000218BE
```

4.1.9　变体类型 Sql_Variant

Sql_Variant 是一种变体数据类型，是一种可存储除 Text、NText、Image、TimesTamp 以外的各种类型的数据。Sql_Variant 类型可作为表列、函数参数、变量和自定义函数的返回值，但参与运算时要用 Cast 或 Convert 函数转换为基本数据类型再进行加减等运算。

【例 4-12】定义 Sql_Variant 变量@x，分别用 3 种类型数据进行赋值，最后转存为变量@y、@z。

```
Set NoCount ON
Declare @x Sql_variant,@y float,@z float   --定义浮点类型局部变量@x、@y、@z
Set @x='abc'
Select @x
Set @x=123
Select @x
Set @x=3.14
Select @x
Select @y=CONVERT(float,@x),@z=CAST(@x as float)+1
select @y,@z
```

运行结果显示：

```
abc
123
3.14
3.14                    4.14
```

【例 4-13】定义表和具有 Sql_Variant 类型的列 v1、v2，插入 3 条记录，v1 列的值分别用 3 种类型数据，最后将 v1 的值转存为 v2 并查询显示结果。

```
Set NoCount ON
Create Table TBVariant(xh int,v1 Sql_variant,v2 Sql_variant)
Insert Into TBVariant(xh,v1) Values(1,'abc')
Insert Into TBVariant(xh,v1) Values(2,123)
Insert Into TBVariant(xh,v1) Values(3,3.14)
Update TBVariant Set v2=v1
Select * from TBVariant
```

运行结果显示：

```
1    abc  abc
2    123  123
3    3.14 3.14
```

【例 4-14】定义表和具有 Sql_Variant 类型的列 v1 和 TimeStamp 类型的列 ts，然后用 ts 的值更新 ts 列，观察显示结果。

```
Create Table TBVariant(xh int,v1 Sql_variant,ts Timestamp)
Update TBVariant Set v1=ts
```

运行结果显示：

```
消息 206，级别 16，状态 2，第 1 行
操作数类型冲突: timestamp 与 sql_variant 不兼容
```

4.1.10　表类型 Table

表类型数据只能用于局部变量或作为自定义函数的返回值。

表类型定义的语法格式如下：

```
Table(列 1,...,列 n)
```

【例 4-15】定义表类型变量@tb，该变量含有 xh 和 xm 字段，然后向该变量插入两行记录并查询结果。

```
Set NoCount ON
Declare @tb Table(xh int,xm varchar(10))
Insert Into @tb Values(1,'aaa')
Insert Into @tb Values(2,'bbb')
Select * From @tb
```

运行结果显示：

```
xh          xm
----------- --------------
1           aaa
2           bbb
```

4.1.11　自定义数据类型

用户定义的数据类型是根据 SQL 已有的数据类型所定义的数据类型。当多个表中要使用的数据类型具有相同的基本数据类型、长度和可空性（'NULL'或'NOT NULL'）时，可以使用自定义的数据类型。

定义和删除自定义数据类型的语法格式如下（执行时前缀 EXEC）：

```
sp_addtype 自定义数据类型,'已有数据类型','可空性'
sp_droptype '自定义数据类型'
```

【例 4-16】定义一个名为 NameType 的含 6 个非空非 Unicode 字符的数据类型。

```
EXEC sp_addtype NameType,'Varchar(6)','NOT NULL'
```

【例 4-17】删除自定义的数据类型 NameType。

```
EXEC sp_droptype 'NameType'
```

4.1.12　唯一标识类型

唯一标识类型名为 UniqueIdentifier，它的值用十六进制数字表示的字符串常量：'xxxxxxxx-xxxx-xxxx-xxxx-xxxxxxxxxxxx'，如'BD2B65E4-D76E-42E5-B528-F85A57E6AE64'，也可以通过 NewID()函数获得。

【例 4-18】创建 TbUID 表含序号字段 xh 和唯一标识字段 UID，然后插入 3 行记录并查询结果。

```
Create Table TbUID(xh int,UID Uniqueidentifier)
Insert Into TbUID(xh,UID) Values(1,'BD2B65E4-D76E-42E5-B528-F85A57E6AE64')
Insert Into TbUID(xh,UID) Values(2,'BD2B65E4-D76E-42E5-B528-F85A57E6AE64')
Insert Into TbUID(xh,UID) Values(3,NEWID())
Select * From TbUID
```

运行结果显示：

```
xh          UID
----------- ------------------------------------
1           BD2B65E4-D76E-42E5-B528-F85A57E6AE64
2           BD2B65E4-D76E-42E5-B528-F85A57E6AE64
3           43122287-BF50-4808-B19D-E4F8E1C59A07
```

4.1.13　行全局唯一标识列

在 UniqueIdentifier 列的数据类型之后指定 RowGuidCol 属性，它就成为一个在所有表的所有行中的行唯一标识列，即行全局唯一标识（GUID）列。

需注意以下两个方面。

（1）RowGuidCol 列并不强制该列中所存储的值都是唯一的，即该列也可以存储相同的值。

（2）一个表中只能有一个 UniqueIdentifier 列被指定为 RowGuidCol 列。

【例 4-19】创建 TbGuid 表含序号字段 xh 和全局行唯一标识字段 GUID，然后插入 3 行记录并查询结果。

```
Set NoCount ON
Create Table TbGuid(xh int,GUID Uniqueidentifier RowGuidCol)
Insert Into TbGuid(xh,GUID) Values(1,'BD2B65E4-D76E-42E5-B528-F85A57E6AE64')
Insert Into TbGuid(xh,GUID) Values(2,'BD2B65E4-D76E-42E5-B528-F85A57E6AE64')
Insert Into TbGuid(xh,GUID) Values(3,NEWID())
Select * From TbGuid
```

运行结果显示：

```
xh          GUID
----------- ------------------------------------
1           BD2B65E4-D76E-42E5-B528-F85A57E6AE64
2           BD2B65E4-D76E-42E5-B528-F85A57E6AE64
3           7FC17399-6C80-4B0C-9167-E70E1F09B5AE
```

运行结果说明，RowGuidCol 列并不强制该列中所存储的值都是唯一的。

以上程序中创建表语句若改成以下语句，指定两列为 RowGuidCol 列，则出错。

```
Create Table TbGuid(xh int,GUID Uniqueidentifier RowGuidCol,
GUID2 Uniqueidentifier RowGuidCol)
```

运行结果显示：

```
消息 8196，级别 16，状态 1，第 1 行
将重复的列指定成了 ROWGUIDCOL。
```

某列是否具有 UniqueIdentifier 数据类型且指定 RowGuidCol 属性，可用 ColumnProperty() 函数判断，如以上 TbGuid 表 GUID 列执行以下语句则返回真（即 1），没指定 RowGuidCol 属性，返回假（即 0）。

```
Select ColumnProperty(Object_ID('TbGuid'),'GUID','IsRowGuidCol')
```

4.1.14　自动编号 Identity 列

自动编号 Identity 列也称为标识列，该列的值按指定种子和增量自动增加，在插入操作时不能指定标识列的值，也不能通过更新操作改变标识列的值。常与 Primary Key 约束一起作为表的主键。可作为自动编号列的数据类型有 tinyInt、SmallInt、Int、BigInt、Decimal(p,0)、Numeric(p,0)等。每个表只能有一个标识列，标识列不能绑定默认值（Default 约束）。种子和增量必须同时指定，或者两者都不指定。若二者都未指定，则默认值（1,1）。语法格式如下：

```
列名 整数类型 Identity(种子,增量)
```

【例 4-20】创建 TabID 表含自动编号字段 xh 和姓名字段 XM，然后插入两行记录并查询结果。

```
Create Table TabID(XH int Identity(1001,1),XM VarChar(3))
Insert TabID(XM) Values('aaa')
Insert TabID(XM) Values('bbb')
Select * From TabID
```

运行结果显示：

```
XH          XM
----------- ---------
1001        aaa
1002        bbb
```

运行结果说明，标识列的值是自动添加的，插入操作时不指定标识列的值。

以上程序中创建表语句若改成以下语句，指定两列为 Identity 列，则出错。

```
Create Table TabID(XH int Identity(1001,1),XH2 int Identity(1002,2),XM VarChar(3))
```

运行结果显示：

```
消息 2744，级别 16，状态 2，第 1 行
为表'TabID' 指定了多个标识列。只允许为每个表指定一个标识列。
```

以上程序中创建的 TabID 表，若试图更改自动编号，也会出错。

```
Update TabID Set XH=1009 Where XH=1001
```

运行结果显示：

```
消息 8102，级别 16，状态 1，第 1 行
无法更新标识列'XH'。
```

某列是否是自动编号列，可用 ColumnProperty()函数判断。例如，以上 TabID 表 XH 列执行以下语句返回真（即 1），没指定 Identity 属性，返回假（即 0）。

```
Select ColumnProperty(Object_ID('TabID'),'XH','IsIdentity')
```

4.2　常　量

4.2.1　字符串常量

字符串常量用单引号括起来，包含汉字、全角字符（如Ａ…Ｚ、ａ…ｚ、０…９、？、！、％、￥、。、；）、半角字符（如 A…Z、a…z、0…9、?、!、%、$、.、;）。

若字符中包含单引号字符，则用两个单引号表示一个单引号；若是 Unicode 字符，则前缀大写字母 N，如 N'ABC'。

一个汉字或全角字符占两个字节，半角字符若是 Unicode 编码，则占两个字节，否则占一个字节。

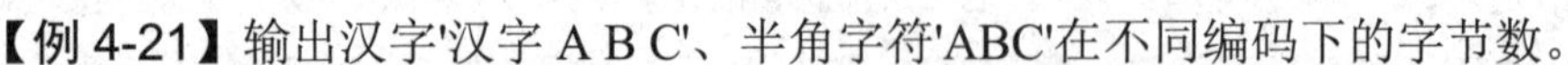

【例 4-21】输出汉字'汉字ＡＢＣ'、半角字符'ABC'在不同编码下的字节数。

```
Select DataLength(N'汉字ＡＢＣ'),DataLength('汉字ＡＢＣ'),DataLength(N'ABC'),DataLength('ABC')
```

运行结果显示：

```
10    10    6    3
```

4.2.2　整数常量

可以是十进制整数，如 123，也可以是前缀 0x 的十六进制整数，如 0xfa。

【例 4-22】分别输出十六进制整数常量和十进制整数常量。

```
Declare @x int,@y int
Select @x=0xfa,@y=123
Select @x,@y
```

运行结果显示：

```
250  123
```

4.2.3　浮点数常量

可以用科学记数法表示，如 1.23E3、12.3E2、.123E4 等，也可以由符号位（正数的符号可省略）、整数部分、小数点、小数部分数构成，如-3.14、3.14、0.314、.314、314.等。

【例 4-23】不同格式浮点数常量表示。

```
select 1.23E3,12.3E2,.123E4,-3.14,3.14,.314,0.314,314./10
```

运行结果显示：

```
1230 1230 1230 -3.14 3.14 0.314      0.314      31.400000
```

4.2.4　日期常量与语言环境

日期常量用单引号进行限定，常用格式为'yyyy-mm-dd[hh:mm:ss[.fff]]'，也支持字母日期常量等，例如：

```
'2016-09-15'
'Sep 15, 2016'
'15 Sep, 2016'
'160915'
'09/15/16'
```

还允许不显示日期的日期时间常量，例如：

```
'14:30:24'
'04:24 PM'
```

该日期时间格式中虽然不显示日期，但默认为'1900-01-01'。

【例 4-24】将'2021-06-15'和'14:30:24'显示转换为日期时间格式后并显示。

```
Select Convert(datetime,'2021-06-15'),Convert(datetime,'14:30:24')
```

运行结果显示：

```
2021-06-15 00:00:00.000  1900-01-01 14:30:24.000
```

需要注意的是，2021-06-15 不是日期，是一个值为 2000 的整数表达式，整数值也可对应一个日期。

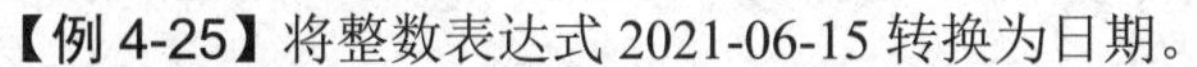

【例 4-25】将整数表达式 2021-06-15 转换为日期。

```
declare @d datetime
set @d=2021-06-15
select @d
```

运行结果显示：

```
1905-06-24 00:00:00.000
```

在中文环境中不支持字母日期时间常量，除非更改语言，设置语言的语法如下：

```
Set Language '语言'
```

其中，'语言'可以通过存储过程 sp_helplanguage 查询所有可用的语言，如美国英语为'us_english'，中文为'简体中文'，这是简体中文 Windows 系统默认的语言，可用 Select @@Language 命令查询当前 SQL 所用的语言。

【例 4-26】求'15 Sep,2016'之后的第 60 天的日期。

```
Set Language 'us_english'
Select convert(datetime,'15 Sep,2016')+60
```

运行结果显示：

```
2016-11-14 00:00:00.000
```

若将以上程序中'us_english'改为'简体中文'，则提示以下错误信息：

```
消息 241，级别 16，状态 1，第 6 行
从字符串向 datetime 转换时失败。
```

4.3　变　　量

SQL Server 支持两种变量：一种是局部变量；一种是全局变量。

4.3.1　局部变量

局部变量是作用域局限在一定范围内的变量。局部变量只能在一个批处理中被声明或定义，然后在这个批处理内设置或引用这个变量的值。当批处理结束（执行 Go 语句）后，这个局部变量也就随之消亡，即不能在其他批处理中使用这个变量。

局部变量声明的语法格式如下：

```
Declare @局部变量名 1 数据类型[,@局部变量名 2 数据类型,…,@局部变量名 n 数据类型]
```

其中各部分解释如下。

（1）局部变量的变量名必须以@开头，变量名必须符合 SQL 标识符的命名方式。

（2）局部变量的数据类型可以是除 Text、NText 或 Image 类型之外的所有数据类型。

可以使用 Select 语句给局部变量赋值，语法格式如下，详见后续章节。

```
Select @局部变量名 1=表达式 1,…,@局部变量名 n=表达式 n [From 表 1[,…,表 N] Where 条件]
```

【例 4-27】声明两个整型局部变量@x 和@y 并赋值，然后查询结果。

```
Declare @x int,@y int
-- Set @x=3,@y=5    --语法错误，但可分别用两个 Set 语句赋值，如：Set @x=3;
                      Set @y=5
Select @x=3,@y=5   --语法正确
Select @x+@y
```

运行结果显示：

```
-----------
8
```

【例 4-28】声明变量@Zf 并保存临时表#Xs 的 2 号学生的总分成绩，然后显示结果。

```
If Object_ID('Tempdb.Dbo.#Xs') is not null Drop Table #Xs;
Create Table #Xs(Xh Int Primary Key,Xm Varchar(10),Yw Float,Sx Float)
```

```
Insert Into #Xs Values(1,'Aaa',60,80)
Insert Into #Xs Values(2,'Bbb',70,90)
Declare  @Zf  Float
Select  @Zf=Yw+Sx  From  #Xs  Where  Xh=2
Select  @Zf
```

运行结果显示：

```
----------------------
160
```

Select 语句赋值功能和查询功能不能同时使用，如下语句中@Zf=Yw+Sx 是赋值，Yw,Sx 是查询。

```
Declare @Zf Float
Select @Zf=Yw+Sx,Yw,Sx From #Xs Where Xh=2
```

运行结果显示：

```
消息 141，级别 15，状态 1，第 2 行
向变量赋值的 SELECT 语句不能与数据检索操作结合使用。
```

4.3.2　全局变量

全局变量是用来记录 SQL 服务器当前活动状态的一组数据，是一组 SQL Server 事先定义好并提供给用户使用的变量，用户不能定义，也不能修改。全局变量名前缀“@@”，以区别于局部变量。若用户定义变量时前缀“@@”，所定义的变量仍为局部变量，不会变为全局变量。

【例 4-29】定义变量@@x 并赋值，然后在第二个批处理中引用该变量，观察运行结果。

```
Declare @@x int    --定义的是局部变量@@x
Select @@x=3*4
Select @@x
GO
Select @@x         --提示错误，说明定义的是局部变量
```

运行结果显示：

```
-----------
12

消息 137，级别 15，状态 2，第 1 行
必须声明标量变量"@@x"。
```

以上运行结果说明变量"@@x"是局部变量，否则在第二个批处理中不会提示错误。

SQL Server 一共提供了 30 多个全局变量。下面就常用全局变量进行解释。

1．@@CONNECTIONS

记录自最后一次服务器启动以来，所有针对此服务器进行的连接数目，包括没有连接成功的尝试。

【例 4-30】显示服务器启动以来成功连接的次数。

```
Select @@CONNECTIONS AS 成功连接数
```

运行结果显示：

```
成功连接数
-----------
28
```

2．@@CPU_BUSY

记录自最近一次服务器启动以来，以 ms 为单位的 CPU 工作时间。

3．@@CURSOR_ROWS

返回连接上最后打开的游标中当前存在的合格行的数量。

【例 4-31】显示定义游标前和提取一条记录后全局变量@@CURSOR_ROWS 的值。

```
Create Table Xs(XH int Primary Key,XM Varchar(12));
Insert Into Xs Values(1,'aaa'),(2,'bbb'),(3,'ccc');
Select @@CURSOR_ROWS as 定义游标前;   --没有游标处于打开状态返回 0
Declare XS_CR CURSOR FOR Select * From xs;   --定义游标用于打开 xs 表
Open XS_CR;      --打开游标
Fetch NEXT From XS_CR;      --提取一条记录并显示
Select @@CURSOR_ROWS as 提取后;     --游标为动态游标返回-1
Close XS_CR;      --关闭游标
Deallocate XS_CR;      --释放游标
```

运行结果显示：

```
定义游标前
-----------
0

XH          XM
----------- --------
1           aaa

提取后
-----------
-1
```

4．@@DBTS

返回当前数据库中 TimeStamp 数据类型的当前值。

5．@@ERROR

返回执行上一条 SQL 语句所返回的错误号。在 SQL 服务器执行完一条语句后，如果该语句执行成功，则返回@@ERROR 的值为 0，如果该语句执行过程中发生错误，则将返回错误的信息，而@@ERROR 将返回相应的错误编号，该编号将一直保持下去，直到下一条语句得到执行。

6．@@FETCH_STATUS

返回上一次使用游标 FETCH 操作所返回的状态值。返回值为 0 表示操作成功；返回值为-1 表示操作失败或者已经超出了游标所能操作的范围。

7．@@IDENTITY

返回最近一次插入的 Identity 列的数值。

8．@@IDLE

返回以 ms 为单位计算的 SQL 服务器自上次启动后闲置的时间。

9．@@IO_BUSY

返回以 ms 为单位计算的 SQL 服务器自启动后用于执行输入和输出操作的时间。

10．@@LOCK_TIMEOUT

返回当前对数据锁定的超时设置。

11．@@PACK_RECEIVED

返回 SQL 服务器自最近一次启动以来一共从网络上接收数据分组的数目。

12．@@PACK_SENT

返回 SQL 服务器自最近一次启动以来一共向网络上发送数据分组的数目。

13．@@PROCID

返回当前存储过程的 ID 标识。

14．@@REMSERVER

返回在登记记录中记载远程 SQL 服务器的名字。

15．@@ROWCOUNT

返回上一条 SQL 语句所影响到数据行的数目。

【例 4-32】 创建 TestRowCount 表并添加 3 条记录，然后执行成绩加 1，显示@@ROWCOUNT 变量的值。

```
Set NoCount ON
Create Table TestRowCount(XH int Primary Key,XM Varchar(6),CJ Float);
Insert Into TestRowCount(XH,XM,CJ) Values(1,'aaa',60);
Insert Into TestRowCount(XH,XM,CJ) Values(2,'bbb',80);
Insert Into TestRowCount(XH,XM,CJ) Values(3,'ccc',70);
Update TestRowCount Set CJ=CJ+1
Select @@ROWCOUNT
```

运行结果显示：

```
3
```

16．@@SPID

返回当前服务器进程的 ID 标识。

17．@@TOTAL_ERRORS

返回自 SQL 服务器启动以来所遇到的读写错误的总数。

18．@@TOTAL_READ

返回自 SQL 服务器启动以来所遇到的读错误的总数。

19．@@TOTAL_WRITE

返回自 SQL 服务器启动以来所遇到的写错误的总数。

20．@@TRANCOUNT

返回当前连接中处于活动状态事务的数目。

21．@@VERSION

返回当前 SQL 服务器的安装日期、版本以及处理器的类型。

【例 4-33】在 SQL Server 2005 下执行如下语句。

```
Select @@VERSION
```

运行结果显示：

```
Microsoft SQL Server 2005 - 9.00.1399.06 (Intel X86)
        Oct 14 2005 00:33:37
        Copyright (c) 1988-2005 Microsoft Corporation
        Express Edition on Windows NT 5.1 (Build 2600: Service Pack 3)
```

【例 4-34】在 SQL Server 2012 下执行如下语句。

```
Select @@VERSION
```

运行结果显示：

```
Microsoft SQL Server 2012 - 11.0.2100.60 (X64)
        Feb 10 2012 19:39:15
        Copyright (c) Microsoft Corporation
        Enterprise Edition (64-bit) on Windows NT 6.2 <X64> (Build 9200: )
```

22．@@DATEFIRST

返回一周的星期几为每周的第一天，美国英语默认周日为每周的第一天，故返回 7。这个变量的值可通过 SET DATEFIRST *n*（*n*=1～7，对应周一到周日）设置，这将影响一年的周数和某个日期属于第几周。如默认情况下，2016 年 01 月 01 日周五为 2016 年的第 1 周，第 1 周共 2 天，余下 364 天恰好 52 周，故 2016 年共有 53 周，最后一天 2016 年 12 月 31 日周六恰好为第 53 周的最后一天。

现若设置周六为每周的第一天，则 2016 年 01 月 01 日周五为 2016 年的第 1 周，第 1 周共 1 天，余下 365 天为 52 周又零一天，意味着 2016 年中间 364 天占 52 周，头尾各 1 周都只有 1 天，这样，一年就有 54 周，最后一天 2016 年 12 月 31 日周六恰好为第 54 周的第一天。

【例 4-35】设置周六为每周的第一天，观察 2016 年头尾 4 天各属于第几周。

```
SET DATEFIRST 6
```

```
Select @@DATEFIRST
Select Datepart(wk,'2016-1-1'),Datepart(wk,'2016-1-2'),
Datepart(wk,'2016-12-30'),Datepart(wk,'2016-12-31')
```

运行结果显示：

```
----
6

----------- ----------- ----------- -----------
1           2           53          54
```

4.4　运算符与表达式

4.4.1　算术运算符

算术运算符在两个表达式上执行数学运算，这两个表达式可以是数字数据类型分类的任何类型。算术运算符及示例如表 4-3 所示。

表 4-3　算术运算符及示例

运　算　符	含　　义	举　　例	说　　明
+	加法或正号	2++2=4	前一“+”是加号，后一“+”是正号
-	减法或负号	2- -2=4	不能使用连续两个“-”，“--”是注释
*	乘法	2*-2=-4	前一“*”是乘号，后一“-”是负号
/	除法	12/5=2，12.0/5=2.4	12/5 是整数除，故无小数；12.0/5 是实数除，故有小数
%	求余	12%5=2，-12%5=-2， 12%-5=2，-12%-5=-2	求余结果的符号与被除数一致

4.4.2　位运算符

位运算符在两个表达式之间执行位操作，这两个表达式可以为整型数据类型分类中的任何类型。位运算符及示例如表 4-4 所示。

表 4-4　位运算符及示例

运　算　符	含　　义	举　　例	说　　明
&	按位与	12&10=8	1100B　1100B　1100B &1010B　|1010B　^1010B　~0011B 1000B　1110B　0110B　1100B
|	按位或	12|10=14	
^	按位异或	12^10=6	
~	按位反	~3=-4	

4.4.3　比较运算符

比较运算符也叫关系运算符，用于比较两个表达式值的大小关系。Text、NText 或 Image

类型数据不可比较。比较运算符及示例如表 4-5 所示。

表 4-5　比较运算符及示例

运 算 符	含　义	举　例	说　明
=	等于	1/2=1/3 为真	由于 1/2 整除为 0，1/3 整除为 0，故相等
>	大于	'O'>'o'为假	'O'的 ASCII 值为 79，'o'的 ASCII 值为 111，故'O'<'o'
<	小于	'o'<'0'为假	'o'的 ASCII 值为 111，'0'的 ASCII 值为 48，故'o'>'0'
>=或!<	大于等于或不小于	'大'>='小'为假	'大'的拼音为 da，'小'的拼音为 xiao，故'大'<'小'
<=或!>	小于等于或不大于	'a'<='啊'为真	汉字大于拼音
<>或!=	不等于	'A '<>'A'为假	由于 SQL 忽略字符串末尾的空格，故'A　'='A'
is	是	'' is Not NULL 为真	空串字符数为 0，不是不可知，故为真

比较运算符的结果可以是真（True）、假（False）、空（NULL）三值之一。空值 NULL 是没有数据类型的特殊值。NULL 不同于空字符串或 0。空字符串是长度（即字符个数）为 0 的字符串，而 NULL 表示该值未知（UNKNOWN）。

注意，不能将布尔类型数据赋值给表列或变量，也不能在结果集中返回布尔类型数据。但可用于 IF 语句等的条件表达式中进行逻辑判断，例如：

```
Declare @s1 Varchar(10),@s2 Varchar(10)
Select @s1='啊',@s2='a'
if @s1>=@s2
print @s1+'>='+@s2
else
print @s1+'<'+@s2
```

当 ANSI_NULLS 选项打开（SET ANSI_NULLS ON）时，被比较对象中若有一个或两个值为空（NULL），则比较结果为空（NULL）。被比较对象是否为空只能用 is 判断，如 CJ is NULL 或 CJ is Not NULL。

当 ANSI_NULLS 选项关闭（SET ANSI_NULLS OFF）时，SQL 将 NULL 作为一个实际值，则 NULL=NULL 为真，NULL!=NULL 为假。被比较对象是否为空还可用=或<>判断，如 CJ=NULL 或 CJ<>NULL。

【例 4-36】已知学生表 St_CjNull 中 1 号、3 号同学有成绩，而 2 号同学没有成绩，观察并分析 ANSI_NULLS 不同状态时，判断 CJ 是否为空的执行效果。

```
Set NoCount ON
Create Table St_CjNull(XH int primary key,XM varchar(8),CJ FLOAT);
Insert Into St_CjNull(XH,XM,CJ)    Values(1,'AAA',89.5);
Insert Into St_CjNull(XH,XM)    Values(2,'BBB');
Insert Into St_CjNull(XH,XM,CJ)    Values(3,'CCC',92);
Select * From St_CjNull;
```

运行结果显示：

```
XH          XM          CJ
----------- ----------- ----------------------
1           AAA         89.5
2           BBB         NULL
```

```
3          CCC       92
```

（1）ANSI_NULLS 选项打开时，说明 is 判断有效。

```
SET ANSI_NULLS ON
Select * From St_CjNull Where CJ is null;
Select * From St_CjNull Where CJ is not null;
```

运行结果显示：

```
XH         XM          CJ
---------- ----------- --------------------
2          BBB         NULL

XH         XM          CJ
---------- ----------- --------------------
1          AAA         89.5
3          CCC         92
```

（2）ANSI_NULLS 选项打开时，说明=或<>比较无效，无论 CJ 是否为空，比较结果都为空。

```
SET ANSI_NULLS ON
Select * From St_CjNull Where CJ=null;
Select * From St_CjNull Where CJ<>null;
```

运行结果显示：

```
XH            XM            CJ
------------- ------------- --------------------

XH            XM            CJ
------------- ------------- --------------------
```

（3）ANSI_NULLS 选项关闭时，说明 is 判断有效，说明 is 判断与 ANSI_NULLS 状态无关。

```
SET ANSI_NULLS OFF
Select * From St_CjNull Where CJ is null;
Select * From St_CjNull Where CJ is not null;
```

运行结果显示：

```
XH            XM            CJ
------------- ------------- --------------------
2             BBB           NULL

XH            XM            CJ
------------- ------------- --------------------
1             AAA           89.5
3             CCC           92
```

（4）ANSI_NULLS 选项关闭时，说明=或<>比较有效，NULL 作为一个实际值进行比较。

```
SET ANSI_NULLS OFF
Select * From St_CjNull Where CJ=null;
Select * From St_CjNull Where CJ<>null;
```

运行结果显示：

```
XH          XM          CJ
----------- ----------- ----------------
2           BBB         NULL

XH          XM          CJ
----------- ----------- ----------------
1           AAA         89.5
3           CCC         92
```

4.4.4 逻辑运算符

逻辑运算符对某个条件进行测试，以获得 True 或 False 的布尔数据。逻辑运算符及示例如表 4-6 所示。

表 4-6　逻辑运算符及示例

运　算　符	含　义	举例（假设 CJ 没有空值）	说　明
All	若与子查询所有值比较都为 True，则为 True	Select * From Stu Where CJ>=ALL(Select CJ From Stu)	等价于 Select * From Stu Where CJ=(Select Max(CJ) From Stu)
And	若两比较对象都为 True，则为 True	Select * From Stu Where CJ>=60 And CJ<70	
Any	若与子查询中任何一值比较为 True，则为 True	Select * From Stu Where CJ>=Any(Select CJ From Stu)	等价于 Select * From Stu Where CJ>=(Select Min(CJ) From Stu)
Between A And B	若操作数值在[A,B]闭区间内，则为 True	Select * From Stu Where CJ Between 60 And 70	等价于 Select * From Stu Where CJ>=60 And CJ<=70
Exists	若子查询中存在记录，则为 True		
In(值 1,…,值 *n*)	若操作数值在列表中存在，则为 True	Select * From Stu Where CJ IN (60,65,70)	若 CJ 在列表(60,65,70)中，则为 True
Like	若操作数与指定模式相匹配，则为 True	Select * From Stu Where CJ Like '%9%'	若 CJ 中有数字'9'，则为 True
Not	对布尔表达式取反	Not 表达式,Not Between,Not Exists,Not In,Not Like,Not Null	
Or	若两比较对象中有一个为 True，则为 True	Select * From Stu Where CJ>=90 Or CJ<10	
Some	同 Any		

其中 ALL、SOME、ANY 语法格式如下：

```
表达式 { =|<>|!=|>|>=|!>|<|<=|!<}{ ALL|SOME|ANY } (Select 值 From 表…)
```

4.4.5 字符串连接运算符

字符串连接运算符加号（+）实现将两字符串连接成一个字符串。如'abc'+'def'结果为'abcdef'。

4.4.6 运算符的优先顺序

当一个表达式有多个运算符时，运算符优先级决定执行运算的先后顺序。

运算符优先级如下，其中单目运算符（+、−、~）优先级最高，赋值运算符（=）优先级最低，同行的优先级相同。

- +（正）、-（负）、~（按位取反）。
- *（乘）、/（除）、%（求余）。
- +（加）、+（字符串接连）、-（减）。
- =、>、<、>=、<=、<>、!=、!>、!<。
- ^（位异或）、&（位与）、|（位或）。
- NOT。
- AND。
- ALL、ANY、BETWEEN、IN、LIKE、OR、SOME。
- =（赋值）。

当一个表达式中的两个运算符有相同优先级时，则按它们在表达式中出现的顺序从左到右进行运算。

4.5 SQL 函数

4.5.1 聚合函数

聚合函数对一组值执行计算，并返回单个值，如表 4-7 所示。

表 4-7　聚合函数及示例

函 数 名	功 能	举 例	说 明
Avg(E)	数据表达式的平均值	Select AVG(Cj) From Stu	求 Cj 平均值，不含 Cj 空值
Count(E)	在某个表达式中数据值的数量	Select Count(Cj) From Stu	求 Stu 表 Cj 不为空的个数
Count(*)	所选择行（记录）的数量	Select Count(*) From Stu	求 Stu 表记录数
Grouping(E)	返回某些行是否因 RollUp 或 Cube 汇总得到的		
Max(E)	表达式中的最大值	Select Max(Cj) From Stu	求 Cj 最大值
Min(E)	表达式中的最小值	Select Min(Cj) From Stu	求 Cj 最小值
Sum(E)	数据表达式的总和值	Select Sum(Cj) From Stu	求 Cj 总和
StDev(E)	计算所有值的标准偏差		$\sqrt{\frac{1}{n-1}\sum_{i=1}^{n}(X_i-\overline{X})^2}$
StDevP(E)	计算所有值的总体标准偏差		$\sqrt{\frac{1}{n}\sum_{i=1}^{n}(X_i-\mu)^2}$
Var(E)	计算所有值的方差		$\frac{1}{n-1}\sum_{i=1}^{n}(X_i-\overline{X})^2$
VarP(E)	计算所有值的总体方差		$\frac{1}{n}\sum_{i=1}^{n}(X_i-\mu)^2$

以下案例用到的数据如下：

```
Set NoCount On;
if Object_ID('Stu') is not null Drop Table Stu;
Create Table Stu(Xh Int Primary Key,Xm Varchar(8),Cj Int,City Varchar(10));
Insert Into Stu(Xh,Xm,Cj,City)   Values(1,'曹彦波',73,'三明');
Insert Into Stu(Xh,Xm,Cj,City)   Values(2,'余柳芳',87,'福州');
Insert Into Stu(Xh,Xm,Cj,City)   Values(3,'张磊',83,'三明');
Insert Into Stu(Xh,Xm,Cj,City)   Values(4,'冯李明',73,'泉州');
Insert Into Stu(Xh,Xm,Cj,City)   Values(5,'陈张鑫',56,'泉州');
Insert Into Stu(Xh,Xm,Cj,City)   Values(6,'谭云张',45,'泉州');
Insert Into Stu(Xh,Xm,City)   Values(7,'李张','泉州');
```

【例 4-37】求平均成绩（不含空成绩）。

```
Select AVG(Cj) AS 平均成绩 From Stu
```

运行结果显示：

```
平均成绩
----------------------
69
警告：聚合或其他 SET 操作消除了空值。
```

有警告意味着求平均时发现有成绩为空（NULL），消除警告的方法有两种，一种是求平均时过滤掉空成绩记录，如查询时加一个 Where Cj IS NOT NULL 条件；另一种是执行 Set Ansi_Warnings Off，使系统不发送警告消息，例如：

```
Select AVG(Cj) AS 平均成绩 From Stu Where Cj IS NOT NULL
```

或者

```
Set Ansi_Warnings Off
Select AVG(CJ) AS 平均成绩 From Stu
```

【例 4-38】求有效成绩（Cj）个数（不包括空成绩）。

```
Select Count(Cj) From Stu
```

运行结果显示：

```
-----------
6
```

【例 4-39】求不同成绩（Cj）个数。

```
Select Count(Distinct Cj) AS 不同成绩个数 From Stu
```

运行结果显示：

```
不同成绩个数
-----------
5
```

【例 4-40】求 Cj 最大值和最小值。

```
Select Max(Cj) AS 最大成绩,Min(Cj) AS 最小成绩 From Stu
```

运行结果显示：

```
最大成绩              最小成绩
--------------------- ----------------------
87                    45
```

【例 4-41】求班级平均成绩（若未参加考试以零分计）。

```
Select Sum(Cj)/Count(*) as 平均成绩 From Stu
```

运行结果显示：

```
平均成绩
---------------------
59
```

4.5.2 数据转换函数

数据转换函数有两个：Convert 和 Cast。

Cast 函数允许把表达式从一种数据强制转换成另一种数据类型，语法格式如下：

```
Cast(表达式 AS 数据类型)
```

Convert 函数也能实现把表达式从一种类型转换成另一种数据类型，还允许把日期转换成不同的样式（样式值如表 4-8 左边两列），语法格式如下：

```
Convert(数据类型[(长度)],表达式[,样式])
```

表 4-8　Convert(…)函数样式参数取值与相应样式

不带世纪数位（yy）	带世纪数位(yyyy)	标　准	输入/输出形式
-	0 或 100 (*)	默认值	mon dd yyyy hh:miAM（或 PM）
1	101	美国	mm/dd/yyyy
2	102	ANSI	yy.mm.dd
3	103	英国/法国	dd/mm/yy
4	104	德国	dd.mm.yy
5	105	意大利	dd-mm-yy
6	106	-	dd mon yy
7	107	-	mon dd, yy
8	108	-	hh:mm:ss
-	9 或 109 (*)	默认值+毫秒	mon dd yyyy hh:mi:ss:mmmAM（或 PM）
10	110	美国	mm-dd-yy
11	111	日本	yy/mm/dd
12	112	ISO	yymmdd
-	13 或 113 (*)	欧洲默认值+毫秒	dd mon yyyy hh:mm:ss:mmm（24h）
14	114	-	hh:mi:ss:mmm（24h）
-	20 或 120 (*)	ODBC 规范	yyyy-mm-dd hh:mm:ss（24h）
-	21 或 121 (*)	ODBC 规范(带毫秒）	yyyy-mm-dd hh:mm:ss.fff（24h）
-	126(***)	ISO8601	yyyy-mm-dd Thh:mm:ss:mmm（不含空格）

续表

不带世纪数位（yy）	带世纪数位（yyyy）	标　　准	输入/输出形式
-	130*	科威特	dd mon yyyy hh:mi:ss:mmmAM（或 PM）
-	131*	科威特	dd/mm/yy hh:mi:ss:mmmAM（或 PM）

【例 4-42】分别使用 CAST(…)和 Convert(…)函数实现字符'A'与数值表达式 2+3 的值连接成字符串。

```
Select 'A'+CAST(2+3 AS Varchar(1)),'A'+Convert(Varchar(1),2+3)
```

运行结果显示：

```
------- -------
A5     A5
```

【例 4-43】分别使用 CAST（…)和 Convert(…)函数实现求 π 保留 5 位小数的值。

```
Select Cast(Pi() as Decimal(6,5)),Convert(Decimal(6,5),Pi())
```

运行结果显示：

```
-------------------------------------- --------------------------------------
3.14159                                3.14159
```

【例 4-44】使用 Convert(…)函数实现将当前服务器日期转换为“yyyy-mm-dd hh:mm:ss”格式和“yyyy-mm-dd”格式的字符串。

```
Select Convert(varchar(19),GetDate(),20), Convert(varchar(10),GetDate(),20)
```

运行结果显示：

```
--------------------------- ----------------
2016-09-14 07:04:58 2016-09-14
```

【例 4-45】使用 Convert(…)函数实现将当前服务器日期转换为“mm-dd”格式的字符串（用于生日）。

```
Select Convert(varchar(5),GetDate(),10)
```

运行结果显示：

```
--------
09-14
```

【例 4-46】求学号'20150861108'末两位除 3 的余数。

```
Select Cast(Right('20150861108',2) as Int)%3
```

运行结果显示：

```
-----------
2
```

4.5.3　游标函数

游标允许用户对检索的结果进行逐行处理。游标函数就是处理与游标有关的信息，如

表 4-9 所示。

表 4-9　游标函数

@@CURSOR_ROWS	返回在本次连接最新打开的游标中的行数
CURSOR_STATUS	返回游标的状态
@@FETCH_STATUS	返回最近一条 FETCH 的标志

4.5.4　日期和时间函数

日期和时间函数用于处理日期和时间数据，如表 4-10 和表 4-11 所示。

表 4-10　日期和时间函数

函 数 名	功　　能	举　　例	返 回 值
Getdate()	返回当前服务器日期和时间	更高精度用 SysDateTime()	
DateAdd(datepart, number,date)	返回 date 日期加 datepart 单位 number 时间的日期时间值	DateAdd(Wk,2,'2016-9-1')	2016-09-15
DateDiff(datepart,d1,d2)	返回 d2-d1 相差指定单位时间	DateDiff(d,'2016-9-1','2016-9-14')	13
DateName(datepart,date)	返回 date 日期 datepart 单位值	DateName(dw,'2016-9-14')	星期三
DatePart(datepart,date)	返回 date 日期 datepart 单位值	DatePart(dw,'2016-9-14')	3
Day(date)	返回 date 日期月份的第 1～31 天	Day('2016-9-14')	14
GetUTCDate()	返回服务器格林尼治标准时间	更高精度用 SysUTCDateTime()	
SysDateTimeOffset()	返回带时区偏移量的服务器时间		
Month(date)	返回 date 日期一年的第 1～12 月	Month('2016-9-14')	9
Year(date)	返回 date 日期年份	Year('2016-9-14')	2016

注：DatePart(dw,'2016-9-14')返回值与 SET DATEFIRST *n*（*n*=1～7，对应周一到周日）有关。

表 4-11　日期和时间函数 DatePart 参数的取值

时 间 单 位	datepart 取值			适用函数			
	完　　整	缩　　写	Access	DateAdd	DatePart	DateDiff	DateName
年	Year	yy,yyyy	'yyyy'	√	√	√	√
季	quarter	qq,q	'q'	√	√	√	√
月	Month	mm,m	'm'	√	√	√	√
一年的第几天	dayofyear	dy,y	'y'	同 Day	√	同 Day	√
天	Day	dd,d	'd'	√	√	√	√
一年的第 1～54 周	Week	wk,ww	'ww'	√	√	√	√
一周的第 1～7 天	weekday	dw	'w'	√	√	同 Day	√
小时	Hour	hh	'h'	√	√	√	√
分钟	minute	mi,n	'n'	√	√	√	√
秒	second	ss,s	's'	√	√	√	√
毫秒	millisecond	ms		√	√	√	√

注意：SQL 返回当前服务器日期和时间用 Getdate()，Access 用 Now()，Oracle 则为 SysDate。

【例 4-47】分别实现日期'2016-02-28'加 2 年、2 月、2 日。

```
Select DateAdd(yy,2,'2016-02-28'),DateAdd(mm,2,'2016-02-28'),DateAdd(dd,2,
'2016-02-28')
```

运行结果显示：

```
2018-02-28 00:00:00.000      2016-04-28 00:00:00.000      2016-03-01 00:00:00.000
```

【例 4-48】显示“10:34:56PM”的日期和时间值。

```
Select DatePart(yyyy,'10:34:56PM') as 年,DatePart(m,'10:34:56PM') as 月,
DatePart(d,'10:34:56PM') as 日, DatePart(hh,'10:34:56PM') as 时,
DatePart(n,'10:34:56PM') as 分,DatePart(s,'10:34:56PM') as 秒
```

运行结果显示：

```
年            月            日            时            分            秒
-----------   -----------   -----------   -----------   -----------   -----------
1900          1             1             22            34            56
```

4.5.5 数学函数

根据某一数字值的计算结果返回数字值的函数，多数跟数学有关，如表 4-12 所示。

表 4-12　数学函数及示例

函 数 名	功　能	举　例	返 回 值
Abs(x)	求 x 绝对值	Abs(-1)	1
Acos(x)	求 x(x=-1~1)反余弦值	Acos(0)*2	3.14159265358979
Asin(x)	求 x(x=-1~1)反正弦值	Asin(1)*2	3.14159265358979
Atan(x)	求 x 反正切值(-π/2,π/2)	Atan(1)*4	3.14159265358979
Atn2(y,x)	求(x,y)坐标点的反正切值(-π,π]	Atn2(-1,1)*4	-3.14159265358979
Cos(x)	求 x 余弦	Cos(Pi()/2)	6.12323399573677E-17
Cot(x)	求 x 余切	Cot(Pi()/4)	1
Ceiling(x)	求≥x 的最小整数，x 的天花板函数	Ceiling(3.1)	4
Degrees(x)	求 x 弧度对应的角度	Degrees(Pi()/2)	90
Exp(x)	求 x 的指数值，e^x，e=2.718281828	Exp(1)	2.71828182845905
Floor(x)	求≤x 的最大整数，x 的地板函数	Floor(3.9)	3
Log(x)	求 x 的自然对数，Lnx	Log(2.718281828)	0.999999999831127
Log10(x)	求以 10 为底的对数，Lgx	Log10(10)	1
Pi()	求 π 的值，不要参数	Pi()	3.14159265358979
Power(x,y)	数值 x 的 y 次的幂：x^y	Power(2,3)	8
Radians(x)	求 x 角度对应的弧度，返回类型同 x	Radians(180.0)	3.141592653589793100
Rand([x])	0~1 的随机数，x 指定随机数	Rand(100)	0.715436657367485
Round(E,n)	表达式 E 四舍五入到 n 位小数	Round(3.45,1)	3.50
Sign(x)	求 x 的符号，返回 x 相同的小数位数	Sign(-4.567)	-1.000
Sin(x)	求 x 正弦值	Sin(Pi()/2)	1
Sqrt(x)	求 x 的平方根	Sqrt(4)	2

续表

函 数 名	功　能	举　例	返 回 值
Square(x)	求 x 平方值	Square(4)	16
Tan(x)	求 x 正切值	Tan(Pi()/4)	1

【例 4-49】求 12.345 保留不同小数位数所对应的四舍五入值。

```
Select Round(12.345,-1),Round(12.345,0),Round(12.345,1),Round(12.345,2)
```

运行结果显示：

```
10.000   12.000   12.300   12.350
```

【例 4-50】分别求整数 90° 和实数 90° 的弧度值及整数 180° 和实数 180° 的弧度值，观察它们的不同。

```
Select Radians(90),Radians(90.0),Radians(180),Radians(180.0)
```

运行结果显示：

```
1        1.570796326794896600        3        3.141592653589793100
```

【例 4-51】在不指定随机种子和指定随机种子情况下分别求两个随机数，观察它们的不同。

```
Select Rand(),Rand(),Rand(100),Rand(100)
```

运行结果显示：

```
0.28463380767982   0.0131039082850364   0.715436657367485   0.715436657367485
```

【例 4-52】分别求不同实数的符号，观察结果小数位数。

```
Select Sign(-4.567),Sign(-4.56),Sign(-4.5),Sign(0),Sign(4.5),Sign(4.56),Sign(4.567)
```

运行结果显示：

```
-1.000    -1.00    -1.0    0    1.0    1.00    1.000
```

4.5.6　元数据函数

元数据函数返回有关数据库和数据库对象的信息，如表 4-13 所示。

表 4-13　元数据函数及示例

函 数 名	功　能	举　例	返 回 值
Col_Length('表','列')	求列的长度	Col_Length('Stu','xh')	4
Col_Name(表 ID,列 ID)	求表 ID 和列 ID 对应的列名	Col_Name(Object_ID('Stu'),1)	xh
ColumnProperty(ID,列,属性)	求列的属性信息	ColumnProperty(Object_ID('Stu'),'CJ','Precision')	53
DatabaseProperty('库','属性')	求指定数据库的属性信息	DatabaseProperty('C','IsOffline')	0（联机）

续表

函 数 名	功 能	举 例	返 回 值
DB_ID('库')	求数据库的标识符	DB_ID('master')	1
DB_Name(库 ID)	求数据库的名称	DB_Name(1)	master
File_ID(sysfiles 表 Name 列)	求 sysfiles 表 FileID 列值	FILE_ID('DATL')	2
File_Name(sysfiles 表 FileID)	求 sysfiles 表 Name 列值	FILE_NAME(2)	DATL
FileGroup_ID(文件组组名)	求 sysfilegroups 表文件组 ID	FILEGROUP_ID('PRIMARY')	1
FileGroup_Name(文件组组 ID)	求文件组的名称	FileGroup_Name(1)	PRIMARY
FileGroupProperty(组名,属性)	求文件组的属性信息	FileGroupProperty('primary', 'IsUserDefinedFG')	0
FileProperty(文件名,属性)	求文件的属性信息	FileProperty('DATL', 'IsPrimaryFile')	0
FullTextCatalogProperty(…)	求全文目录属性信息	FullTextCatalogProperty(目录名,属性)	
FullTextServiceProperty(…)	求全文服务级别属性信息	FullTextServiceProperty(属性)	
Index_Col('表',索引 ID,键 ID)	求索引（含主键）的列名	Index_Col('xx',1,1)	
IndexProperty(…)	求索引的属性信息	IndexProperty(表 ID,索引,属性)	
Object_ID('对象')	求数据库对象的 ID	Object_ID('Stu')	1227151417
Object_Name(对象 ID)	求数据库对象的名称	Object_Name(1227151417)	Stu
ObjectProperty(对象 ID,属性)	求数据库对象的属性信息	ObjectProperty(1227151417, 'IsTable')	1
Type_ID('类型名')	求类型 ID	TYPE_ID('int')	56
Type_Name('类型名')	求类型名	TYPE_Name(56)	int
TypeProperty(类型,属性)	求数据类型的信息	TYPEPROPERTY('float', 'PRECISION')	53

注：SysDatabases 可查得所有库 ID、库名、库文件等信息；Object_ID('对象')函数返回对象 ID 因系统而异，一旦创建后值不变。

其中 ColumnProperty()函数中的属性参数取值如表 4-14 所示。

表 4-14 ColumnProperty(id,'column','property')函数 property（属性）参数取值（返回 NULL 表示无效的输入）

property（属性）取值	描 述	返 回 的 值
AllowsNull	允许空值	1=True，0=False
IsComputed	该列为计算列	1=True，0=False
IsCursorType	过程参数属于 CURSOR 类型	1=True，0=False
IsDeterministic	该列具有确定性。该属性只适用于计算列和视图列	1=True，0=False
IsFulltextIndexed	该列已经注册为全文索引	1=True，0=False
IsIdentity	该列使用 IDENTITY 属性（自动编号）	1=True，0=False
IsIdNotForRepl	该列检查 IDENTITY_INSERT 设置。若指定了 IDENTITY NOT FOR REPLICATION，则不检查 IDENTITY_INSERT 设置	1=True，0=False
IsIndexable	该列可进行索引	1=True，0=False
IsOutParam	该过程参数为输出参数	1=True，0=False
IsPrecise	该列是精确的。该属性只适用于具有确定性的列	1=True，0=False

续表

property（属性）取值	描　述	返 回 的 值
IsRowGuidCol	该列具有 uniqueidentifier 数据类型并且使用 ROWGUIDCOL 属性进行定义	1=True，0=False
Precision	列或参数的数据类型的精度，如 Decimal(*p*,*s*)返回 *p*	数据类型的精度
Scale	列或参数的数据类型的小数位数，如 Decimal(*p*,*s*)返回 *s*	小数位数
UsesAnsiTrim	当开始创建表时，ANSI 填充设置为 ON	1=True，0=False

注：（1）ColumnProperty(ID,'列名','Precision')函数对于不同类型返回的精度不同，Bit 为 1，Int 为 10，BigInt 为 19，Real 为 24，Float 为 53，Decimal(*p*,*s*)为 *p*，日期时间型为 23，字符型为字符长度，Text 或 Image 为 2147483647。

（2）ColumnProperty(ID,'列名','Scale')函数对于不同类型返回小数位数，Int 或 BigInt 为 0，Decimal(*p*,*s*)为 *s*，日期时间型为 3，Real、Float、Bit、Image、字符型、Text 等为 NULL。

（3）ColumnProperty(ID,'列名','IsDeterministic')函数对于计算列返回 1，表示具有确定性；对于视图列返回 0，表示不具有确定性（视图列的值取决于基本表）。

【例 4-53】 已知选修表 Xx 创建了主键 XxPk，列名 Xh 和 Kh，创建了索引 Xx_KhXh，列名 Kh 和 Xh，编写 SQL 语句显示所有索引及其列名。

```
Create Table XS(Xh Char(5) Constraint XsPk Primary Key, Xm Varchar(10))
Create Table C(Kh Char(3) Constraint CPk Primary Key, Km Varchar(20))
Create Table Xx(Xh Char(5), Kh Char(3),Cj Decimal(5,1),
 Constraint XxPk Primary Key(Xh,Kh),
 Constraint XxFk1 Foreign Key(Xh) References Xs(Xh),
 Constraint XxFk2 Foreign Key(Kh) References C(Kh)
)
Create Index Xx_KhXh On Xx(Kh,Xh)
Select Indid,name+'('+Index_Col('xx',Indid,1)+','+Index_Col('xx',Indid,2)+')' 索引名与列名
  From SysIndexes Where id= Object_ID('xx')
```

运行结果显示：

```
Indid   索引名与列名
--------- ------------------------
1        XxPk(Xh,Kh)
2        Xx_KhXh(Kh,Xh)
```

【例 4-54】 已知选修表 XX，判断 xxPk 是否是其主键。

```
Select IndexProperty(Object_ID('xx'),'xxPK','IsClustered')
```

运行结果显示：

```
1
```

4.5.7　安全函数

安全函数返回有关用户和角色的信息，如表 4-15 所示。

表 4-15　安全函数及示例

函　数　名	功　　能	举　　例	返　回　值
Current_User	求当前用户的名称，等价于 USER_NAME()	Current_User	dbo
Is_Member(组|角色)	求当前用户是否是组或角色的成员	Is_Member('db_owner')	1
Is_SrvRoleMember(…)	当前用户是否是指定的服务器角色	Is_SrvRoleMember('dbcreator', 'sa')	1
SUser_ID(['用户名'])	返回用户的登录标识号（ID）	SUser_ID('sa')	1
SUser_SID(['用户名'])	返回用户的登录安全标识号（SID）	SUser_SID('sa')	0x01
SUser_SName([SID])	返回用户 SID 的登录名称	SUser_SName(0x01)	sa
SUser_Name([用户 ID])	返回用户 ID 的登录名称	SUser_Name(1)	sa
User_ID(['用户名'])	返回数据库用户标识号	User_ID('dbo')	1
User_Name([库 ID])	返回指定标识号的数据库用户名	User_Name(1)	dbo

4.5.8　字符串函数

字符串函数实现字符串相关处理，如表 4-16 所示。

表 4-16　字符串函数及示例

函　数　名	功　　能	举　　例	返　回　值
Ascii(s)	返回 s 串首字符 ASCII 值	Ascii('A')，Ascii('汉字 AB')	65，186
Char(*n*)	将整型 ASCII 值 *n* 转换为字符	Char(65)，Char(90)	A，Z
NChar(*n*)	将整型 Unicode 值 *n* 转换为汉字	NChar(0x4E00)	一
CharIndex(s1,s2,*i*)	返回子串 s1 在主串 s2 中的起始位置(从 s2 串的第 *i* 个字符位置开始)	CharIndex('ab','字 3abcabc',4)	6
DataLength(E)	返回任何类型表达式 E 所占用的字节数	DataLength('汉字 ABC')	7
Difference(s1,s2)	求两串相似性（0~4），0 表示很不同，4 表示很相似	Difference('sheep','shape')	4
Left(s,*n*)	返回 s 串左边 *n* 个字符	Left('汉字 ABC',3)	汉字 A
Len(s)	返回 s 串的字符数	Len('汉字 ABC')	5
Lower(s)	将 s 串转换成小写字母	Lower('字 ABC')	字 abc
LTrim(s)	删除 s 串左边的空格	'$'+LTrim(' 9 ')+'%'	$9 %
PatIndex('%p%',s)	'%p%'模式在 s 串中位置(不匹配返回 0)	PatIndex('%ab%','123abc')	4
QuoteName(s, '字符')	返回带限定符（'"([{}])"'）的 Unicode 串	QuoteName('a[]b','"')	'a[]b'
Replace(s1,s2,s3)	将 s1 串中 s2 字符替换为 s3 字符	Replace('12abAB','ab','xy')	12xyxy
Replicate(s,*n*)	重复 *n* 次 s 串	Replicate('ab',3)	ababab
Reverse(s)	返回串 s 逆序	Reverse('abc')	cba
Right(s,*n*)	返回 s 串右边 *n* 个字符	Right('123abc 汉字',3)	c 汉字
RTrim(s)	去掉 s 串右边的空格	'$'+RTrim(' 9 ')+'%'	$ 9%
Soundex(s)	返回四位字符代码，用于求两串相似性	Soundex('abcde')	A120
Space(*n*)	返回 *n* 个空格串，若 *n*<0，则返回 NULL	'A'+Space(2)+'B'	A B

续表

函 数 名	功　　能	举　　例	返 回 值
Str(F,L,D)	把实数 F 转换成 L 位宽度 D 位小数的串（就近舍入取偶，实际有误差）	'$'+Str(3.45,4,1)，str(3.65,4,1)，str(3.75,4,1)	$3.5，3.6，3.8
Stuff(s1,*i*,*n*,s2)	将 s1 串第 *i* 字符开始的 *n* 个字符替换为 s2	Stuff('abcABC',2,4,'xyz')	axyzC
SubString(s,*i*,*n*)	取 s 串第 *i* 个字符开始的 *n* 个字符	SubString('abcABC',2,4)	bcAB
Unicode(s)	返回 s 串首字 Unicode 值	Unicode('一')	19968
Upper(s)	s 串中小写字母转换成大写字母	Upper('ABab')	ABAB

【例 4-55】学生表 Stu 有姓名（xm）列，若字符数不超过 4 个字符，则以短名列显示，否则以长名列显示。

```
Select
 Case When DataLength(xm)<=4 Then xm else '' End as 短名,
 Case When DataLength(xm)>4   Then xm else '' End as 长名
 From Stu
```

运行结果显示：

```
短名         长名
------------ --------
             曹彦波
             余柳芳
张磊
             冯李明
             陈张鑫
             谭云张
李张
```

✍ 思考：当串长超过 3 个汉字时，超过部分用“…”表示。

【例 4-56】自定义函数 Trim(s)实现删除 s 串左右空格并调用。

```
go
Create Function Trim(@str varchar(80)) Returns varchar(80)
AS
Begin
Return LTrim(RTrim(@str))
End
go
Select 'A'+dbo.Trim('     123    ')+'A'
```

运行结果显示：

```
A123A
```

4.5.9　系统函数

系统函数返回有关 SQL Server 系统的数值、对象和设置的信息以及执行某些操作，如表 4-17 所示。

表 4-17　系统函数及示例

函 数 名	功　　能	举　　例	返 回 值
App_Name()	返回当前连接到服务器的应用程序名称	见表注中说明	
Case	返回条件表达式		详见后续章节
Coalesce(E1,⋯,En)	返回第一个非空表达式	Coalesce(null,70,90)	70
Current_TimeStamp	返回服务器当前时间戳，等价于GetDate()	Current_TimeStamp	
Curren_User	返回当前的用户名，等价于User_Name()	Curren_User	dbo
DataLength(E)	返回任何类型表达式 E 所占用的字节数	DataLength(3+4)	4
@@Error	返回最近一次执行 SQL 语句的错误号，无错误时返回 0	@@Error	0
Error_Line()	返回发生错误的行号		
Error_Message()	返回错误的消息文本		
Error_Number()	返回发生错误的编号		
Error_Procedure()	返回发生错误的存储过程或触发器的名称		
Error_Severity()	返回发生错误的严重级别		
Error_State()	返回发生错误的状态号		
FormatMessage(n,v1…)	根据 sys.messages 信息构造消息	FormatMessage(34019,'a')	对象"a"无效
GetAnsiNULL('库名')	返回指定数据库默认的 NULL 值	GetAnsiNULL('master')	1
Host_ID()	返回工作站标识号	Host_ID()	
Host_Name()	返回连接服务器的当前计算机的名称	Host_Name()	TMG-PC
Ident_Current('表|视')	返回表或视图最新的自动编号值或 NULL	Ident_Current('tb')	返回编号新值
Ident_Incr('表|视')	返回表或视图自动编号增量	Ident_Incr('tb')	返回增量
Ident_Seed('表|视')	返回表或视图自动编号原始种子	Ident_Seed('tb')	返回编号初值
Identity(Type,Seed,Inc)	只用于带 Into 表的 Select 语句中作为新列值	Select v=Identity(Int,10,1) Into #T	另见例 4-58
IsDate(E)	返回 E 是否为有效日期（Set DateFormat dmy）	IsDate('15/04/2016')	1
IsNull(E1,E2)	若 E1 为 Null 则返回 E2，否则返回 E1（不限类型）	ISNULL(CJ,0)	
NewID()	返回 UniqueIdentifier 类型的唯一值		
Original_Login()	返回当前原始登录名，同 System_User	Original_Login()	tmg-PC\tmg|sa
Permissions(id,列)	返回当前用户语句、对象或列权限，位图表示	Permissions(Object_ID('Stu'))	1881108511

续表

函 数 名	功 能	举 例	返 回 值
@@RowCount	返回最近一次 SQL 语句所影响的行数	Select @@RowCount	
Session_User	返回会话的用户名称	Session_User	dbo
System_User	返回当前登录名	System_User	tmg-PC\tmg|sa
@@TranCount	返回当前连接的活动事务数		
Update(列)	触发器插入或删除操作中判断操作指定列是否执行该操作		
User_Name([ID])	返回给定标识符号的用户数据库用户名	User_Name(1)	dbo

注：App_Name()返回的是连接字符串中“Application Name”属性的值，如下连接字符串返回“KSWH”，执行存储过程 sp_who2 或查询语句 Select SpID,LogiName,HostName,Program_Name From SysProcesses 可查询相关信息，该属性值对应 ProgramName 列或 Program_Name 列的值。

```
Provider=SQLOLEDB.1;Password=123456;User ID=smtmg;Initial Catalog=sql;
Data Source=(LOCAL);Application Name=KSWH
```

【例 4-57】学生表#Stu 选修了 CJ1、CJ2、CJ3 三门成绩中的若干门，编写 SQL 语句查询最终成绩，统计原则是若学生选修多门成绩，则只记最后一门成绩（CJ1、CJ2、CJ3 中的最后一个成绩）。

```
Drop Table #Stu
Create Table #Stu(xh int,xm varchar(10),
CJ1 float Sparse,CJ2 float Sparse,CJ3 float Sparse,--创建含稀疏列二维表
CJ XML Column_Set For All_Sparse_Columns);
Insert Into #Stu(xh,xm,CJ1) Values(1,'aaa',80);
Insert Into #Stu(xh,xm,CJ3) Values(2,'bbb',60);
Insert Into #Stu(xh,xm,CJ2,CJ3) Values(3,'ccc',70,100);
Insert Into #Stu(xh,xm,CJ1,CJ3) Values(4,'ddd',90,100);
Select xh,xm,CJ1,CJ2,CJ3,Coalesce(CJ3,CJ2,CJ1) as 最终成绩 From #Stu;
```

运行结果显示：

```
xh     xm     CJ1        CJ2         CJ3        最终成绩
------- --------------- --------------------------- -------------------------------- ------------------------- -----
1      aaa    80         NULL        NULL       80
2      bbb    NULL       NULL        60         60
3      ccc    NULL       70          100        100
4      ddd    90         NULL        100        100
```

【例 4-58】生成 19968 开始的 20902 个整数作为 Unicode 值，并存储于临时表#T 中，然后按笔画排序显示所有汉字。

```
-- 生成 19968 开始的 20902 个整数，任取两个含 n 个记录的表连接以生成 n*n 个记录
Select Top 20902 Code=Identity(Int,19968,1) Into #T From Syscolumns A,Syscolumns B
--Select Code,NChar(Code) As Cnword From #T   --按 Unicode 值排序
Select Code,NChar(Code) As Cnword From #T
 Order By NChar(Code) Collate Chinese_PRC_Stroke_CS_AS_KS_WS,Code   --按笔画排序
```

运行结果显示：

```
Code        Cnword
----------- ------
19968       一
20008       丨
20022       丶
20031       丿
20032       乀
20033       乁
20057       乙
20058       乚
20059       乛
20101       亅
19969       丁
19970       丂
19971       七
19972       丄
19973       丅
19974       丆
20009       丩
……
40777       齉
38736       靐
40856       龘

(20902 行受影响)
```

【例 4-59】执行查询语句 Select 1/0，返回与错误有关的相关信息。

```
Begin Try
    -- 产生被 0 除错误
    Select 1/0;
End Try
Begin Catch
    Select
        Error_Number() As 错误编号,
        Error_Severity() As 错误严重级别,
        Error_State() As 错误状态,
        Error_Procedure() As 错误程序, --不同程序不同
        Error_Line() As 错误行号, --不同程序不同
        Error_Message() As 错误信息;
End Catch;
```

运行结果显示：

```
错误编号    错误严重级别    错误状态    错误程序    错误行号    错误信息
----------- --------------- ----------- ----------- ----------- -------------------------
8134        16              1           NULL        3           遇到以零作除数错误。
```

4.5.10　文本和图像函数

文本和图像函数执行对文本或者图像输入值的操作，并且返回该值的信息，如表 4-18 所示。

表 4-18　文本和图像函数及示例

函 数 名	功　　能
PatIndex('%p%',s)	返回在一个指定的表达式中某一个图案的起始位置
TextValid('表.列',文本指针)	检查特定文本指针是否有效
TextPtr(列)	返回对应于 VarBinary 格式的 Text、NText 或 Image 列的文本指针值。检索到的文本指针值可用于 ReadText、WriteText 和 UpdateText 语句

4.5.11　配置函数

配置函数可以返回当前配置选项设置的信息，如表 4-19 所示。

表 4-19　配置函数及示例

函 数 名	功　　能	返 回 值
@@DateFirst	针对会话返回 Set DateFirst 的当前值（与 Set Language 有关）	7
@@DBTS	返回当前数据库最后使用的时间戳值	0x0000000000001770
@@LangID	返回当前使用的本地语言标识符（ID）	30
@@Language	返回当前所用语言的名称	简体中文
@@Lock_TimeOut	返回当前会话的锁定超时设置（ms）	-1
@@MAX_Connections	返回 SQL 允许同时最多用户连接数	32767
@@MAX_Precision	返回 Decimal 和 Numeric 数据类型所用的精度级别	38
@@NestLevel	返回当前存储过程嵌套级别（初值为 0）	0
@@Options	返回有关当前 SET 选项的信息	5496
@@RemServer	返回远程服务器在登录记录中显示的名称	
@@ServerName	返回本地服务器名	TMG-PC
@@ServiceName	返回本地服务器实例名	MSSQLSERVER
@@SPID	返回当前用户进程的会话 ID	
@@TextSize	返回 TextSize 选项的当前值	2147483647
@@Version	返回当前的 SQL 版本、处理器体系结构、生成日期和操作系统	

【例 4-60】显示当前 SQL 版本等信息。

```
Select @@Version
```

SQL 2008 版本运行结果显示：

```
Microsoft SQL Server 2008 (RTM) - 10.0.1600.22 (Intel X86)    Jul   9 2008 14:43:34    Copyright (c)
1988-2008 Microsoft Corporation   Enterprise Edition on Windows NT 6.1 <X86> (Build 7600: )
```

SQL 2012 版本运行结果显示：

```
Microsoft SQL Server 2012 - 11.0.2100.60 (Intel X86)
Feb 10 2012 19:13:17
Copyright (c) Microsoft Corporation
Enterprise Edition: Core-based Licensing on Windows NT 6.1 <X86> (Build 7601: Service Pack 1)
```

4.6 其　　他

4.6.1 注释语句

注释语句是不可执行语句，不参与程序的编译、运行，是一些说明性的文字，对代码的实现方式及功能等给出必要的解释和提示等。

SQL Server 支持两种形式的程序注释语句。一种是使用“/*”和“*/”括起来的可以连续书写多行的注释语句；另一种是单行写的注释语句：--（两个减号）。

【例 4-61】Select 语句前用“/*”和“*/”实现多行注释，该语句后用“—”实现单行注释。

```
/*
多行
注释
*/
Select 3+2     --执行 3+2，结果显示 5
```

运行结果显示：

```
-----------
5
```

4.6.2 批处理

一个批处理就是指将一组 SQL 语句从客户端发送到服务器端的一个执行过程。一个批处理中可以包含一条或多条 SQL 指令，所有 SQL 语句被作为一个不可分割的整体进行分析、编译和执行。若一个批处理中有一个语法错误，则这个批处理中所有的语句都不能执行，但其他批处理中的语句可以执行。

每个批处理都用 GO 作为结束标志，当编译器读到 GO，就会把 GO 前面所有的语句当作一个批处理，而打包成一个数据包发送给服务器。GO 本身并不是 SQL 的语句组成部分，它只是用于表示批处理结束的前端指令。

【例 4-62】执行 3 个批处理，其中第二个批处理有错，观察各批处理的执行情况。

```
Set NoCount ON
If Object_ID('tempdb.dbo.#Xs') is not null Drop Table #Xs;
Create Table #Xs(Xh Int Primary Key,Xm Varchar(10),Yw Float,Sx Float)
Insert Into #Xs Values(1,'Aaa',60,80)
Insert Into #Xs Values(2,'Bbb',70,90)
Go    --  第一个批处理结束
Declare @Zf Float
Select @Zf=Yw+Sx,Yw,Sx From #Xs Where Xh=2
Select @Zf
Go    --  第二个批处理结束
```

```
Declare @Zf Float
Select @Zf=Yw+Sx From #Xs Where Xh=2
Select @Zf
Go    --  第三个批处理结束
```

运行结果显示：

```
服务器: 消息 141，级别 15，状态 1，行 3
向变量赋值的 SELECT 语句不能与数据检索操作结合使用。

-----------------------------------------------------
160
```

由以上结果可知，第一、三个批处理语法正确且都被完整执行了，但第二个批处理中 Select 语句赋值与查询混合使用，整个批处理未被执行。

需要注意的是，局部变量只能作用于一个批处理中。例如：

```
Declare @x int
GO    --  第一个批处理结束
Select @x=3
Select @x
GO    --  第二个批处理结束
```

运行结果显示：

```
消息 137，级别 15，状态 1，第 1 行
必须声明标量变量"@x"。
消息 137，级别 15，状态 2，第 2 行
必须声明标量变量"@x"。
```

错误原因，第一个批处理的变量@x 的声明无法被第二个批处理使用。

如果一个批处理中要执行多个存储过程（以 sp_开始，如 sp_renamedb、sp_databases、sp_who、sp_rename 等），那么除第一个存储过程之外，所有剩下的存储过程都必须前缀 EXEC 关键字。

【例 4-63】将学生库 Student 改名为 XS_DB，并用 sp_databases 查看修改前后的库名。

```
sp_databases
exec   sp_renamedb Student,XS_DB
exec   sp_databases
```

运行结果显示：

```
DATABASE_NAME  DATABASE_SIZE REMARKS
master             5376            NULL
model              3264            NULL
msdb               7616            NULL
Student            4096            NULL
tempdb             2560            NULL
数据库 名称 'XS_DB' 已设置。
DATABASE_NAME  DATABASE_SIZE REMARKS
master             5376            NULL
```

```
model          3264          NULL
msdb           7616          NULL
tempdb         2560          NULL
XS_DB          4096          NULL
```

某些特殊的 SQL 语句只能存在于一个单独的批处理中，如用来创建视图的 Create View 语句，应在语句前后各添加一个 GO 语句。

【例 4-64】已知 Stu 表含 Xh、Xm、Cj、City 字段，创建该表视图：学生(学号,姓名,成绩,城市)并查询该视图。

```
Set NoCount On;
If Object_ID('学生') is not null Drop View 学生;
GO  --   一定要有这一语句
Create View 学生(学号,姓名,成绩,城市) AS Select * From Stu
GO  --   一定要有这一语句
Select * From 学生
```

运行结果显示：

```
学号              姓名            成绩              城市
----------------- --------------- ----------------- ----------
1                 曹彦波          73                三明
2                 余柳芳          87                福州
3                 张磊            83                三明
4                 冯李明          73                泉州
5                 陈张鑫          56                泉州
6                 谭云张          45                泉州
7                 李张            NULL              泉州
```

在 Create View 语句前后各加一个 GO 语句是必须的，这样，创建视图语句作为独立的批处理单元。若将第二个 GO 语句删除，将提示以下错误。

```
消息 111，级别 15，状态 1，第 5 行
'CREATE VIEW' 必须是查询批次中的第一个语句。
```

4.6.3 显示服务器上库信息

【例 4-65】显示所有数据库名及其相应的文件名。

```
Select Cast(Name As Varchar(13)) As 库名,Cast(Filename As Varchar(70)) As 文件名
 From Master.Dbo.Sysdatabases
```

运行结果显示：

```
库名          文件名
------------- ----------------------------------------------------------------------
master        c:\Program Files\Microsoft SQL Server\MSSQL.1\MSSQL\DATA\master.mdf
tempdb        c:\Program Files\Microsoft SQL Server\MSSQL.1\MSSQL\DATA\tempdb.mdf
model         c:\Program Files\Microsoft SQL Server\MSSQL.1\MSSQL\DATA\model.mdf
msdb          c:\Program Files\Microsoft SQL Server\MSSQL.1\MSSQL\DATA\MSDBData.mdf
XS_DB         E:\Student.mdf
```

4.6.4 显示当前库的表信息

【例 4-66】显示当前数据库的所有表名及其相应的类型。

```
Select Cast(Name As Varchar(10)) As Name,Type From Sys.Objects Where Type='U'
```

运行结果显示（具体数据因系统而异）：

```
Name       Type
---------- -----
Stu         U
```

习题 4

4-1 填空题

（1）SQL 单行注释语句用________表示。

（2）SQL 局部变量的变量名必须以________开头。

（3）SQL 全局变量名前缀________，以区别于局部变量。

4-2 选择题

（1）SQL 多行注释语句用（　　）表示。

A．{　　}　　B．/*　　*/　　C．*　　*\　　D．<!--　　-->

（2）Int 类型数据要存储（　　）字节。

A．1　　B．2　　C．4　　D．8

（3）SmallInt 类型数据要存储（　　）字节。

A．1　　B．2　　C．4　　D．8

（4）执行以下查询语句，结果显示（　　）。

```
Select Replace('acbcdCd','c','123')
```

A．acbcdCd　　B．a123bcdCd

C．a123b123dCd　　D．a123b123d123d

（5）执行以下查询语句，结果显示（　　）。

```
Select PatIndex('%B%','ABCD'),
PatIndex('%c%','ABCD')
```

A．1　0　　B．2　0　　C．2　3　　D．0　0

（6）执行以下查询语句，结果显示（　　）。

```
Select CharIndex('三','一二三四五六七八九十'),
CharIndex('十','一二三四五六七八九十')
```

A．3　10　　B．6　20　　C．5　19　　D．2　9

（7）已知 Stu 表中姓名字段名为 XM，现要查询姓名中含有“张”字的记录，不能实现该功能的语句是（　　）。

A．Select * From Stu where CharIndex('张',xm)>0

B．Select * From Stu where XM Like '%张%'

C．Select * From Stu where PatIndex('%张%',xm)>0

D．Select * From Stu where XM Like '_张_'

（8）执行以下查询语句，结果显示（　　）。

```
Select SubString('ABCDEFGHIJKLMNOPQRSTUVWXYZ',4,3)
```

A．EFG　　B．DEFG　　C．DEF　　D．CDEF

（9）执行以下查询语句，结果显示（　　）。

```
Select Stuff('ABCDEFGH',4,3,'12345')
```

A．ABC123GH　　B．AB12345GH

C．ABC12345GH　　D．AB1234GH

（10）有关全局变量的叙述不正确的是（　　）。

A．用户不能定义，也不能修改

B．全局变量名前缀“@@”，以区别于局部变量

C．全局变量是一组 SQL 事先定义好并提供给用户使用的变量

D．若用户定义变量时前缀“@@”，所定义的变量就是全局变量

第5章　SQL编程

5.1　流程控制语句

5.1.1　Select和Set赋值

给局部变量赋值的方式有两种，一种是使用Select语句，另一种是使用Set语句。

使用Select语句为变量赋值的语法格式如下：

```
Select @局部变量1=表达式1,…,@局部变量n=表达式n [From 表1[,…,表N] Where 条件]
```

使用Set语句为变量赋值的语法格式如下：

```
Set @局部变量=表达式
```

二者的共同点是都可以将表达式的值赋值给局部变量；区别是一个Select语句可以给多个变量赋值且表达式值可以来自变量、常量和不同表的列值，而一个Set语句只能给一个变量赋值且表达式值只能来自变量或常量。

除了“=”运算符，二者还可以用+=、-=、*=、/=、%=、&=、^=、|=等复合运算符进行赋值。

5.1.2　Begin…End语句块

SQL可以使用Begin…End将一组SQL语句封装成一个SQL语句块，语句块还可以嵌套，语法格式如下：

```
Begin
SQL语句或语句块
End
```

5.1.3　If…Else

在程序中若要根据不同条件执行不同语句，可以使用If…Else语句，语法格式如下：

```
If　条件表达式
SQL语句或语句块1
[Else
SQL语句或语句块2]
```

常用的IF逻辑判断结构如下：

```
If　[NOT]Exists (Select语句)
SQL语句或语句块1
```

```
[Else
SQL 语句或语句块 2]
```

其中 Else 子句是可选的。

程序运行时首先判断 If 子句后面的条件，若条件为真，则执行 If 子句和 Else 子句之间的语句，否则执行 Else 子句之后的语句。

【例 5-01】按默认排序规则（拼音）判断字符串'永安'和'莘口'的大小。

```
Declare @s1 Varchar(12),@s2 Varchar(12)
Select @s1='永安',@s2='莘口';
If @s1<@s2 --等价于 If @s1 COLLATE Chinese_PRC_CI_AS<@s2 COLLATE Chinese_PRC_CI_AS
Select @s1+'<'+@s2
Else
Select @s2+'<'+@s1
```

运行结果显示：

```
莘口<永安
```

【例 5-02】分别用机内码和 Unicode 编码判断字符串'丑'和'丙'的大小。

按机内码进行比较的代码如下：

```
Declare @s1 Varchar(12),@s2 Varchar(12)
--啊阿埃挨哎唉哀皑…兵冰柄丙秉饼炳…愁筹仇绸瞅丑臭初出…鼬鼯鼹鼷鼽鼾齄
Select @s1='丑',@s2='丙';
If @s1 COLLATE Chinese_PRC_BIN < @s2 COLLATE Chinese_PRC_BIN
Select @s1+'<'+@s2
Else
Select @s2+'<'+@s1
```

运行结果显示：

```
丙<丑
```

按 Unicode 编码进行比较的代码如下：

```
Declare @s1 NVarchar(12),@s2 NVarchar(12)
-- 一丁丂七丄丅丆万丈三上下丌不与丏丐丑丒专且丕世丗丘丙…龟龠龡龢龣龤龥
Select @s1='丑',@s2='丙';
If @s1 COLLATE Chinese_PRC_BIN < @s2 COLLATE Chinese_PRC_BIN
Select @s1+'<'+@s2
Else
Select @s2+'<'+@s1
```

运行结果显示：

```
丑<丙
```

两种编码的比较结果正好相反，是因为'丑'和'丙'的机内码为 0xB3F3 和 0xB1FB，所以机内码比较结果为'丙'<'丑'，而'丑'和'丙'的 Unicode 编码为 0x4E11 和 0x4E19，所以 Unicode 编码比较结果为'丑'<'丙'。

'丑'和'丙'的机内码和 Unicode 编码可以用以下语句查询：

```
Select Cast('丑' As VarBinary(2)),Cast('丙' As VarBinary(2)),
Cast(N'丑' As VarBinary(2)),Cast(N'丙' As VarBinary(2))
```

运行结果显示：

```
0xB3F3 0xB1FB 0x114E 0x194E
```

字符'丑'的 Unicode 编码是 0x4E11，是一个无符号短整型（unsigned short 或 wchar_t）数，按“高高低低”原则，依次存储为 0x11 和 0x4E 两字节；字符'丑'的机内码是 0xB3F3，是两个字节字符串，所以依次存储为 0xB3 和 0xF3 两字节；字符'丙'的编码类似。Unicode 编码字符比较时是按短整型数进行，而机内码字符比较时是按字符串进行。

【例 5-03】判断 Stu 表中是否存在 CJ 大于等于 80 的学生。

```
IF Exists(Select * From Stu Where CJ>=80)
Select 'Stu 表中存在 CJ 大于等于 80 的学生'
Else
Select 'Stu 表中不存在 CJ 大于等于 80 的学生'
```

运行结果显示：

```
------------------------------------------------
Stu 表中存在 CJ 大于等于 80 的学生
```

5.1.4　While 循环结构

While 语句的功能是在满足条件的情况下，重复执行同样的语句。

```
While 条件
 Begin
  SQL 语句
  [Break]
  [Continue]
 End
```

程序运行时首先判断 While 子句后面的条件，若条件为真，则执行 Begin 和 End 之间的语句，然后再判断 While 子句后面的条件，直到 While 子句后面的条件为假时退出循环；在循环体中，若执行到 Break 语句，则退出循环；在循环体中，若执行到 Continue 语句，则结束当前循环，跳转到 While 子句后面的条件重新判断。

【例 5-04】求 1+…+100 的和。

```
Set NoCount On
Declare @s int,@i int
Select @s=0,@i=1
While @i<=100
 Begin
  Set @s=@s+@i
  Set @i=@i+1
 End
Select @s
```

运行结果显示：

```
-----------
5050
```

5.1.5 Case 表达式

使用 Case 表达式可以实现从多个可能结果表达式中选择一个表达式作为整个表达式的值。

Case 有两种语法格式：简单 Case 功能（Simple Case Function）和搜索 Case 功能（Searched Case Function）。

简单 Case 语法格式如下：

```
Case 表达式
  When 值 1 Then 表达式 1
  [……]
  [When 值 n Then 表达式 n]
  [Else 表达式 n+1]
End
```

程序运行时首先计算 Case 子句后面的表达式的值，若该值与第 *i* 个 When 子句后面的“值 *i*”相等，则取“表达式 *i*”的值作为整个 Case 表达式的值，否则取 Else 后面的“表达式 *n*+1”的值作为整个 Case 表达式的值。

【例 5-05】 已知学生成绩表 GR 含学号列 Xh、姓名列 Xm、成绩列 Cj、等级列 Dj、名次列 Mc。用简单 Case 实现根据成绩等级列 Dj 显示相应的分数段。成绩等级与分数段对应关系：A 为 90～100，B 为 80～89，C 为 70～79，D 为 60～69，E 为 0～59，否则为不正确等级。

```
If Object_Id('GR') is not null Drop Table GR
Create Table GR(Xh Char(8) Primary Key,Xm Char(10),Cj Int,Dj Char(2),Mc Int)
Insert Into GR(Xh,Xm,Cj,Dj) Values('20020401', '张三',78,'C')
Insert Into GR(Xh,Xm,Cj,Dj) Values('20020402', '李四',67,'D')
Insert Into GR(Xh,Xm,Cj,Dj) Values('20020403', '王五',92,'A')
Insert Into GR(Xh,Xm,Cj,Dj) Values('20020404', '赵六',17,'E')
Insert Into GR(Xh,Xm,Cj,Dj) Values('20020405', '田七',78,'C')
Go
Select Xh,Xm,Dj,'分数段'=
     Case Dj
        When 'E' Then '0~59'
        When 'D' Then '60~69'
        When 'C' Then '70~79'
        When 'B' Then '80~89'
        When 'A' Then '90~100'
        Else   '不正确等级'
End    From GR
```

运行结果显示：

```
Xh         Xm          Dj    分数段
---------- ----------- ----- --------
20020401 张三         C     70~79
20020402 李四         D     60~69
20020403 王五         A     90~100
20020404 赵六         E     0~59
20020405 田七         C     70~79
```

搜索 CASE 语法格式如下：

```
Case
  When 条件 1 Then 表达式 1
  [...]
  [When 条件 n Then 表达式 n]
  [Else 表达式 n+1]
End
```

程序运行时首先计算 When 子句后面的“条件 1”的值，若该值为真，则取“表达式 1”的值作为整个 Case 表达式的值，否则计算下一个 When 子句后面的条件的值，直到“条件 *i*”的值为真，则取“表达式 *i*”的值作为整个 Case 表达式的值，否则取 Else 后面的“表达式 *n*+1”的值作为整个 Case 表达式的值。

【例 5-06】已知学生成绩表 GR 含学号列 Xh、姓名列 Xm、成绩列 Cj、等级列 Dj、名次列 Mc。用搜索 Case 实现根据分数显示相应的等级。成绩等级与分数段对应关系：A 为 90～100，B 为 80～89，C 为 70～79，D 为 60～69，E 为 0～59，否则为不正确分数。

```
Select Xh,Xm,Cj,'等级'=
       Case
          When Cj<60 Then 'E'
          When Cj<70 Then 'D'
          When Cj<80 Then 'C'
          When Cj<90 Then 'B'
          When Cj<=100 Then 'A'
          Else  '不正确分数'
End
From GR
```

运行结果显示：

```
Xh          Xm            Cj            等级
----------- ------------- ------------- --------
20020401 张三          78            C
20020402 李四          67            D
20020403 王五          92            A
20020404 赵六          17            E
20020405 田七          78            C
```

5.1.6　WaitFor 语句

WaitFor 语句可实现暂停一个时间段或暂停到指定时间，语法格式如下：

```
WaitFor
{
  Delay '时间段'
  |Time '指定时间'
}
```

参数说明如下。

（1）Delay：表示暂停一个时间段再执行后续的语句；时间段最长 24 个小时，可以是时间常量，也可以是局部变量。

（2）Time：暂停到指定时间。

【例 5-07】用 WaitFor 实现等待 10 秒，并于等待前后分别显示服务器时间，观察两时间间隔。

```
Select GETDATE() as 等待前服务器时间
GO
WaitFor Delay '00:00:10'
Select GETDATE() as 等待后服务器时间
```

运行结果显示：

```
等待前服务器时间
--------------------------------
2019-10-26 19:59:41.917

等待后服务器时间
--------------------------------
2019-10-26 19:59:51.933
```

【例 5-08】用 WaitFor 实现于晚上 21:02:30 查询 Stu 表数据操作，查询前显示服务器时间，观察完成查询时间。

```
WaitFor Time '21:02:30'
Select GetDate() as 查询前服务器时间
Select * From Stu Where Xh<4
Go
```

运行结果显示：

```
查询前服务器时间
--------------------------------
2019-10-26 21:02:30.000

Xh              Xm          Cj               City
--------------- ----------- ---------------- ----------
1               曹彦波       73               三明
2               余柳芳       87               福州
3               张磊         83               三明
```

5.1.7 Return

在批处理、语句块、存储过程或自定义函数中，执行 Return 语句可以实现从当前所在程序退出，位于 Return 语句后面的语句将不会被执行。

Return 语句的语法格式如下：

```
Return [整型状态值或标量值或查询结果]
```

在存储过程中可以返回整型状态值，在自定义函数中可以返回标量值或查询结果；调用存储过程时，可以根据返回状态值的不同，执行不同的操作。通常，存储过程返回值为 0 时表示调用成功，否则表示调用失败。

5.2 游　标

Select 查询返回的是一个结果集，若要对结果集中的记录逐行进行操作，则要通过游标实现。

SQL Server 支持的游标有 Transact-SQL（T-SQL）游标、数据库应用程序编程接口（API）游标、客户端游标等。前二者使用在服务器上，称为服务器游标（后台游标），这里主要介绍服务器游标。

使用游标有如下 5 个基本步骤。

（1）声明游标。

（2）打开游标。

（3）通过游标逐行提取记录，按需做相应的操作。

（4）关闭游标。

（5）释放游标。

5.2.1 声明游标

声明游标就是定义一个 Cursor 类型的游标名，并让它以一定的方式与某一查询语句关联。声明服务器游标有 ISO 语法和 T-SQL 扩展语法两种，二者不能混用。

ISO 语法格式如下：

```
Declare 游标名 [Insensitive] [Scroll] Cursor
For Select 语句
[For {Read Only|Update [Of 列名[,…N]]}]
```

T-SQL 扩展的语法格式如下：

```
Declare 游标名 Cursor
For Select 语句 [Local|Global]
        [Forward_Only|Scroll]
        [Static|Keyset|Dynamic|Fast_Forward]
        [Read_Only|Scroll_Locks|Optimistic]
        [Type_Warning]
[For Update [Of 列名[,…N]]]
```

参数说明如下。

1．Insensitive（不敏感）

指定该参数定义的游标将获得基础表的一个快照，且不允许通过游标修改数据，同时，其他用户对基础表进行增删改操作后，也无法通过游标感知该操作引起的数据变化；若省略 Insensitive，则其他用户对基础表的增删改操作会反映在之后的提取操作中。

2．Scroll（滚动）

若指定该参数，则提取记录时用于定位的所有选项（First、Last、Prior、Next、Relative、

Absolute）均可用，否则只能用 Next；若指定了 Fast_Forward ，则不能指定 Scroll。用于定位的选项对应的取数功能如下。

- First：取第一行数据。
- Last：取最后一行数据。
- Prior：取前一行数据。
- Next：取后一行数据。
- Relative：按相对位置取数据。
- Absolute：按绝对位置取数据。

3．Local（局部）

若指定该参数，则游标的作用域是局部的，仅限于创建它的批处理、存储过程或触发器中。该游标名称仅在这个作用域内有效。在存储过程中，可以通过 Output 参数将游标传递给调用存储过程处的局部游标变量，在存储过程终止后，仍可给局部游标变量分配参数使其引用游标；游标将在最后引用它的局部游标变量被释放时或离开作用域时被释放。

4．Global（全局）

若指定该参数，则游标的作用域是全局的，在当前连接的整个会话期间，所执行的任何存储过程或批处理中都可以引用该游标，该游标仅在断开连接时隐式释放。若没有指定该参数，则默认为 Local。

5．Forward_Only（只进）

若指定该参数，则游标只能向前，即从第一行提取到最后一行，Fetch Next 是唯一支持的提取选项。如果指定 Forward_Only 时不指定 Static、Keyset 和 Dynamic，则游标作为 Dynamic（动态）游标进行操作。如果 Forward_Only 和 Scroll 均未指定，则除非指定 Static、Keyset 或 Dynamic，否则默认为 Forward_Only。Static、Keyset 和 Dynamic 游标默认为 Scroll。与 ODBC 和 ADO 这类数据库 API 不同，Static、Keyset 和 Dynamic T-SQL 游标支持 Forward_Only。

6．Static（静态）

定义一个游标，以创建将由该游标使用的数据的临时复本。对游标的所有请求都从 Tempdb 中的这一临时表中得到应答；因此，在对该游标进行提取操作时返回的数据中不反映对基表所做的修改，并且该游标不允许修改。

7．Keyset（键集）

指定当游标打开时，游标中行的成员身份和顺序已经固定。对行进行唯一标识的键集内置在 Tempdb 内一个称为 keyset 的表中。

对基表中的非键值所做的更改（由游标所有者更改或由其他用户提交）可以在用户滚动游标时看到。其他用户执行的插入是不可见的（不能通过 T-SQL 服务器游标执行插入）。如果删除某一行，则在尝试提取该行时返回值为-2 的@@Fetch_Status。从游标外部更新键值类似于删除旧行后再插入新行。具有新值的行不可见，且尝试提取具有旧值的行时返回的@@Fetch_Status 为-2。如果通过指定 Where Current Of 子句来通过游标执行更新，则新值可见。

8．Dynamic（动态）

定义一个游标，以反映在滚动游标时对结果集内各行所做的所有数据更改。行的数据值、顺序和成员身份在每次提取时都会更改。动态游标不支持 Absolute 提取选项。

9．Fast_Forward（快速向前）

指定启用了性能优化的 Forward_Only、Read_Only 游标。如果指定了 Scroll 或 For_Update，则不能同时指定 Fast_Forward。

10．Read_Only（只读）

禁止通过该游标进行更新。在 Update 或 Delete 语句的 Where Current Of 子句中不能引用该游标。该选项优于要更新的游标的默认功能。

11．Scroll_Locks（滚动加锁）

指定通过游标进行的定位更新或删除一定会成功。将行读入游标时，SQL SERVER 将锁定这些行，以确保随后可对它们进行修改。如果还指定了 Fast_Forward 或 Static，则不能指定 Scroll_Locks。

12．Optimistic（乐观）

指定如果行自读入游标以来已得到更新，则通过游标进行的定位更新或定位删除不成功。当将行读入游标时，SQL Server 不锁定行。它改用 Timestamp 列值的比较结果来确定行读入游标后是否发生了修改，如果表不含 Timestamp 列，则改用校验和值进行确定。如果已修改该行，则尝试进行的定位更新或删除将失败。如果还指定了 Fast_Forward，则不能指定 Optimistic。

13．Type_Warning（类型警告）

指定将游标从所请求的类型隐式转换为另一种类型时向客户端发送警告消息。

14．For Update [Of 列名[,...*N*]]（指定可更新列）

定义游标中可更新的列。如果提供了 Of 列名[,...*N*]，则只允许修改所列出的列。如果指定了 Update，但未指定列的列表，则除非指定了 Read_Only 并发选项，否则可以更新所有的列。

例如，声明一个游标 Cur 并以只读方式关联 Xs 表的语法如下：

```
Declare Cur Cursor For Select * From Xs For Read Only
```

还可以声明一个游标变量名，并让它引用游标名，例如：

```
Declare @CurVar Cursor
Set @CurVar=Cur
```

5.2.2　打开游标

声明完游标后可用 Open 语句打开游标，打开游标就是打开游标名或游标变量名关联的查询语句，语法格式如下：

```
Open   {{[Global]游标名}|@游标变量名}
```

5.2.3　关闭游标

在不使用游标时，要关闭游标，以通知服务器释放游标所占用的资源，语法格式如下：

```
Close 游标名|@游标变量名
```

关闭游标以后，可以再次打开游标，在一个批处理中，也可以多次打开和关闭游标。

5.2.4 释放游标

游标结构本身也会占用一定的计算机资源，所以在使用完游标后，为了回收被游标所占用的资源，应该将游标释放，语法格式如下：

```
Deallocate 游标名|@游标变量名
```

5.2.5 使用游标取数

在打开游标后，就可以逐行提取数据了，语法格式如下：

```
Fetch
[[Next|Prior|First|Last
|Absolute{N|@整型变量名}
|Relative{N|@整型变量名}]
 From]
{{[Global]游标名}|@游标变量名}
[Into @变量名[,...n]]
```

参数说明如下。

- Next：返回当前行之后的一行，并且以所返回的行作为新的当前行。若执行 Fetch Next 为对游标的第一次提取操作，则新的当前行为第一行。Next 为默认选项。
- Prior：返回当前行的上一行，并且以所返回的行作为新的当前行。若执行 Fetch Prior 为对游标的第一次提取操作，则没有行返回且将游标置于第一行之前（游标头）。
- First：返回游标中的第一行并将其作为当前行。
- Last：返回游标中的最后一行并将其作为当前行。
- Absolute *N*：若 *N* 或@整型变量名为正数，则返回从游标头开始的第 *N* 行并以返回的行作为新的当前行；若 *N* 或@整型变量名为负数，则返回游标尾之前的第 *N* 行并以返回的行作为新的当前行；若 *N* 或@整型变量名为 0，则没有行返回。*N* 必须为整型常量且@整型变量名必须为 SmallInt、TinyInt 或 Int 类型。
- Relative *N*：若 *N* 或@整型变量名为正数，则返回从当前行之后的第 *N* 行并以返回的行作为新的当前行；若 *N* 或@整型变量名为负数，则返回当前行之前的第 *N* 行并以返回的行作为新的当前行；若 *N* 或@整型变量名为 0，则返回当前行。若在对游标的第一次提取操作中，将 Fetch Relative 的 *N* 或@整型变量名指定为负数或 0，则没有行返回。*N* 必须为整型常量且@整型变量名必须为 SmallInt、TinyInt 或 Int 类型。
- Global：指定游标为全局游标。
- Into @变量名：允许将提取操作的列数据存到局部变量中。

需要注意的是，当成功提取到数据时，提取状态全局变量@@Fetch_Status 值为 0，否则为-1。

【例 5-09】用游标依次提取学生成绩表 X_CJ(xh,xm,cj)中的信息。

```
Set NoCount On
If Object_Id('X_CJ') is not null Drop Table X_CJ
Create Table X_CJ(xh Char(8) Primary Key,xm Char(10),cj int)
Insert Into X_CJ(xh,xm,cj) Values('20020401', '张三',78)
Insert Into X_CJ(xh,xm,cj) Values('20020402', '李四',67)
Insert Into X_CJ(xh,xm,cj) Values('20020403', '王五',92)
Insert Into X_CJ(xh,xm,cj) Values('20020404', '赵六',17)
GO
Declare Cur Cursor For Select * From X_CJ For Read Only
Open Cur
Fetch Cur
While @@Fetch_Status=0   --直到读到空记录
Begin
 Fetch Cur
End
Close Cur
Deallocate Cur
Go
```

运行结果显示：

```
xh          xm              cj
----------- --------------- ----------
20020401 张三              78

xh          xm              cj
----------- --------------- ----------
20020402 李四              67

xh          xm              cj
----------- --------------- ----------
20020403 王五              92

xh          xm              cj
----------- --------------- ----------
20020404 赵六              17

xh          xm              cj
----------- --------------- ----------
```

由以上运行结果可知，最后一次提取操作失败，只返回表头，没有记录值。

【例 5-10】用游标依次提取学生成绩表 X_CJ(xh,xm,cj)中第 3 行的信息（X_CJ 表数据同例 5-09）。

```
Declare Cur Scroll Cursor For Select * From Xs
Open Cur
Fetch Absolute 3 From Cur
Close Cur
Deallocate Cur
Go
```

运行结果显示：

```
xh        xm       cj
--------- -------- ------
20020403  王五      92
```

【例 5-11】 用游标依次提取学生成绩表 X_CJ 中倒数第 3 行的信息（X_CJ 表数据同例 5-09）。

```
Declare Cur Scroll Cursor For Select * From Xs
Open Cur
Fetch Absolute -3 From Cur
Close Cur
Deallocate Cur
Go
```

运行结果显示：

```
xh        xm       cj
--------- -------- ------
20020402  李四      67
```

5.2.6　用游标修改删除记录

使用游标进行数据的修改，前提条件是该游标必须被声明为可更新的游标。

使用游标更新数据的语法格式如下：

```
Update 表名 {Set 列名=表达式}[,…N] Where Current Of 游标名
```

【例 5-12】 已知学生成绩表 GR 含学号列 Xh、姓名列 Xm、成绩列 Cj、等级列 Dj、名次列 Mc。请根据成绩 Cj 从高到低填写名次，第一名为 1，以此类推。要求不考虑成绩相同情况，用游标实现。

```
Set NoCount ON
Declare Cur Cursor For
Select Mc From GR Order By Cj Desc For Update Of Mc
Declare @N Int
Set @N=1
Open Cur
Fetch Cur
While @@Fetch_Status=0
Begin
 Update GR Set Mc=@N Where Current Of Cur
 Set @N=@N+1
 Fetch Cur
End
Close Cur
Deallocate Cur
Go
Select * From GR
```

运行结果显示：

```
Xh          Xm             Cj             Dj      Mc
----------- -------------- -------------- ------- ----------
20020401 张三           78             C       2
20020402 李四           67             D       4
20020403 王五           92             A       1
20020404 赵六           17             E       5
20020405 田七           78             C       3
```

其实，使用一条更新语句即可实现以上功能。

【例 5-13】已知学生成绩表 GR 含学号列 Xh、姓名列 Xm、成绩列 Cj、等级列 Dj、名次列 Mc。请根据成绩 Cj 从高到低填写名次，第一名为 1，以此类推。要求不考虑成绩相同情况，用一条更新语句实现。

```
Update GR Set Mc=(Select Count(*)+1 From GR A Where A.Cj>GR.Cj)
Select * From GR
```

运行结果显示：

```
Xh          Xm             Cj             Dj      Mc
----------- -------------- -------------- ------- ----------
20020401 张三           78             C       2
20020402 李四           67             D       4
20020403 王五           92             A       1
20020404 赵六           17             E       5
20020405 田七           78             C       2
```

可以利用游标进行删除记录，语法格式如下：

```
Delete From 表名 Where Current Of 游标名
```

5.3　事　　务

5.3.1　事务的概念

事务是执行若干 SQL 语句的最小单位，这些 SQL 语句要么全做，要么全部不做，默认一个 SQL 语句就是一个事务，不需要定义，也可以将若干 SQL 语句定义为一个事务。

作为一个逻辑单元，必须具备 4 个属性：自动性、一致性、独立性、持久性。

- 自动性是指事务必须是一个自动的单元工作，要么执行全部数据的修改，要么全部数据的修改都不执行。
- 一致性是指当事务完成时，必须使所有数据都具有一致的状态。
- 独立性是指并行事务的修改必须与其他并行事务的修改相互独立。
- 持久性是指当一个事务完成之后，它的影响永久地产生在系统中。

例如，有以下两条语句，表示所有学生的成绩加 1 分、所有员工的基本工资加 100 元，必须作为一个事务完成。

```
Update Stu Set CJ=CJ+1
Update 工资 Set 基本工资=基本工资+100
```

再比如转账，从一个账户 A 中扣除金额 *N*，同时添加到另一个账户 B，这个过程必须作为一个事务完成。

```
Update 账户 Set 金额=金额-@N Where 账号=@A
Update 账户 Set 金额=金额+@N Where 账号=@B
```

5.3.2　事务处理语句

事务确保数据的一致性和可恢复性，SQL Server 作为典型的关系数据库，为事务控制提供了完善的编程结构。在 Transact-SQL 中，事务处理控制语句有以下 4 个。

1．开始一个事务

定义一个显式事务的起始点，语法格式如下：

```
Begin Tran[Saction] [事务名]
```

事务名可以定义，也可以不定义，若定义须符合标识符命名规则。

2．提交一个事务

提交一个隐式事务或显式事务，语法格式如下：

```
Commit Tran[Saction] [事务名]
```

事务一旦提交，意味着数据已永久修改，就不能回滚了。嵌套事务时，内层事务的提交没有永久修改，只有在外层事务提交后才永久修改。

3．回滚一个事务

将事务回滚到起始点或事务内的某个保存点，语法格式如下：

```
Rollback Tran[Saction] [事务名|保存点]
```

若没有指定事务名或保存点，则回滚到事务的起始点（嵌套事务回滚到最远的起始点），否则回滚到指定事务名起始点或保存点。事务执行过程中出现任何错误，将自动回滚事务；触发器中执行回滚，将终止当前事务所有修改，包括触发器的修改。

4．设置保存点

在事务内设置保存点，语法格式如下：

```
Save Tran[Saction] [保存点]
```

在事务内设置保存点，以便将事务回滚到该保存点位置，而不是回滚到事务的起始点。

【例 5-14】对学生表 Xs(Xh,Xm,Cj)执行插入前定义事务起始点，并插入 4 条记录后再查询结果，然后回滚事务；接着再定义一个事务起始点，并插入 1 条记录，然后提交事务，最后查询最终结果。在提交事务前后用另一个进程登录服务器查看该表数据的更新情况。

```
Set NoCount ON
If Object_ID('Xs') is not null Drop Table Xs;
Create Table Xs(Xh Char(8) Primary Key,Xm Char(10),Cj Int)
Begin Tran                                    --事务起始点
```

```
Insert Into Xs Values('20020401', '张三',78)
Insert Into Xs Values('20020402','李四',67)
Insert Into Xs Values('20020403', '王五',92)
Insert Into Xs Values('20020404', '赵六',17)
Select * From Xs   --显示 4 条记录
/*执行到此处，其他进程查询 Xs 表将处于等待状态，直到提交事务*/
Rollback Tran                              --事务回滚到起始点，相当于撤销以上所有插入操作

Begin Tran                                 --事务起始点
Insert Into Xs Values('20020405', '田七',82)
Commit Tran                                --提交事务，最终只插入一条记录
Select * From Xs                           --查询最终结果
```

运行结果显示：

```
Xh          Xm              Cj
----------- --------------- ----------
20020401  张三            78
20020402  李四            67
20020403  王五            92
20020404  赵六            17

Xh          Xm              Cj
----------- --------------- ----------
20020405  田七            82
```

其他进程只能看到最终结果：仅一条记录。

【例 5-15】对学生表 Xs(Xh,Xm,Cj)执行插入前定义事务 T1 起始点，并插入两条记录，然后设置保存点 T1_1，接着再插入两条记录并查询结果，最后分别回滚到保存点 T1_1 和起始点并查询结果。在回滚事务前后用另一个进程登录服务器查看该表数据的更新情况。

```
Set NoCount On
If Object_ID('Xs') is not null Drop Table Xs;
Create Table Xs(Xh Char(8) Primary Key,Xm Char(10),Cj Int)
Begin Tran   T1                       --事务 T1 起始点
Insert Into Xs Values('20020401','张三',78)
Insert Into Xs Values('20020402','李四',67)
Save Tran   T1_1
Insert Into Xs Values('20020403','王五',92)
Insert Into Xs Values('20020404','赵六',17)
Select * From Xs                      --显示 4 条记录
/*执行到此处，其他进程查询 Xs 表将处于等待状态，直到回滚事务 T1*/
Rollback Tran   T1_1                  --事务回滚，相当于撤销到 T1_1 位置
Select * From Xs
Rollback Tran                         --不指定事务回滚，相当于撤销到最远事务起始点 T1 位置
Select * From Xs
```

运行结果显示：

```
Xh          Xm              Cj
----------- --------------- ----------
20020401  张三            78
```

```
20020402 李四        67
20020403 王五        92
20020404 赵六        17

Xh        Xm         Cj
--------- ---------- --------
20020401 张三        78
20020402 李四        67

Xh        Xm         Cj
--------- ---------- --------
```

其他进程只能看到最终结果：没有记录。

【例 5-16】 对学生表 Xs(Xh,Xm,Cj)执行插入前定义事务 T1 起始点，并插入两条记录，然后定义事务 T11 起始点，接着再插入两条记录，提交事务 T11 并查询结果，最后分别回滚到事务 T1 起始点并查询结果。在回滚事务前后用另一个进程登录服务器查看该表数据的更新情况。

```
Set NoCount On
If Object_ID('Xs') is not null Drop Table Xs;
Create Table Xs(Xh Char(8) Primary Key,Xm Char(10),Cj Int)
Begin Tran  T1                          --事务 T1 起始点
Insert Into Xs Values('20020401','张三',78)
Insert Into Xs Values('20020402','李四',67)
Begin Tran T11                          --事务 T11 起始点
Insert Into Xs Values('20020403','王五',92)
Insert Into Xs Values('20020404','赵六',17)
Commit Tran  T11                        --事务 T11 提交，但内层事务的提交没有永久修改
Select * From Xs                        --显示 4 条记录
/*执行到此处，其他进程查询 Xs 表将处于等待状态，直到回滚事务*/
Rollback Tran  T1                       --事务回滚，相当于撤销到起始点 T1 位置
Select * From Xs
```

运行结果显示：

```
Xh        Xm         Cj
--------- ---------- --------
20020401 张三        78
20020402 李四        67
20020403 王五        92
20020404 赵六        17

Xh        Xm         Cj
--------- ---------- --------
```

其他进程只能看到最终结果：没有记录。说明内层提交不是永久修改，其他进程看不到中间结果。

使用事务时应该注意如下几点。

（1）不是所有语句都能放在事务中，通常增删改查操作可放在事务中，但数据库的创建、删除等不能放在事务中。

（2）事务中发生的错误并不是都能回滚，只有一定级别的错误才能回滚。

习题 5

5-1 填空题

（1）在一条语句中只能为一个局部变量赋值的语句是________。
（2）可以在一条语句中为多个局部变量赋值的语句是________。
（3）执行________命令表示完成一个事务单元。
（4）执行________命令将回滚到事务起始点。
（5）在事务内设置保存点 T1 的命令是________。

5-2 选择题

（1）Stu 表内容如下（其中第 2 条记录 CJ 为 NULL），执行以下 SQL 语句后，第 2 条记录 CJ 显示（　　）

```
Select XH,XM,case when CJ is null then '' else CJ End as CJ From Stu
XH              XM          CJ
--------------- ----------- ----------
1               曹彦波       73
2               余柳芳       NULL
3               张磊         83
```

A．0　　　B．NULL　　　C．空串，即不显示

（2）Stu 表内容如下（其中第 2 条记录 CJ 为空），CJ 列为空仍显示 NULL 的 SQL 语句是（　　）

```
XH              XM          CJ
--------------- ----------- ----------
1               曹彦波       73
2               余柳芳       NULL
3               张磊         83
```

A．Select XH,XM,isnull(CJ,'') as CJ From Stu
B．Select XH,XM,isnull(CJ,0) as CJ From Stu
C．Select XH,XM,case when CJ is null then 0 else CJ End as CJ From Stu
D．Select XH,XM,case when CJ is null then '' else CJ End as CJ From Stu
E．Select XH,XM,case CJ when null then '' else CJ End as CJ From Stu

5-3 程序设计题

工资收入 1100 元以下时不扣税，超过 1100 元且在 1600 元以下时按 5%扣税，超过 1600 元且在 2600 元以下时按 10%扣税，超过 2600 元且在 4600 元以下时按 15%扣税，超过 4600 元按 20%扣税，编写 SQL 语句求不同工资的扣税金额。

当工资为 2000 元时，运行结果显示：

```
你的扣税金额
--------------------
65
```

第 6 章　数据定义语言 DDL

安装完 SQL 服务器后，系统会自动创建一个实例（Instance），默认实例名为 MSSQLSERVER，可以通过运行 REGEdit 在注册表项 HKEY_LOCAL_MACHINE/SOFTWARE/Microsoft/Microsoft SQL Server/InstalledInstance 中查到该实例名。在一个 SQL 的实例中最多可以创建 32767 个数据库。每个数据库至少有一个主文件组（Primary 组）和一组日志文件，主文件组中至少有一个主数据文件（*.MDF），一组日志文件至少有一个日志文件（*.LDF），最多 32767 个文件组和 32767 个文件，用于存储基本表、视图、索引、存储过程等。

6.1　数据库管理

6.1.1　创建数据库

创建数据库的语法格式如下：

```
Create Database 数据库名
[ON [Primary]
 [<文件说明>                              --主文件组（Primary 组）文件说明（一组 n 个文件）
   [
      ,<辅助文件组>                        --辅助文件组（可以有 n 组）文件说明（每组 n 个文件）
      [,...n]
   ]
   [LOG ON <文件说明>]                    --日志文件组文件说明（一组 n 个文件）
 ]
 [Collate 排序规则名]
]
```

参数说明如下。

（1）Primary：表示其后文件为主文件组（Primary 组）数据文件。

（2）文件说明：格式如下：

```
(Name=逻辑名,FileName='文件名'[,Size=初值][,MaxSize=最大值][,FileGrowth=增量])[,...n]
```

- 逻辑名是 SQL 引用文件时所使用的逻辑文件名称，在数据库中必须唯一。
- 文件名指物理文件名，含路径名。
- 初值指刚创建完数据库文件的初始存储容量，格式为 *n*[KB|MB|GB|TB]，SQL 2008 主数据文件至少 2304KB，日志文件至少 512KB，SQL 2012 主数据文件至少 4104KB，日志文件至少 1MB。
- 最大值指文件允许的最大存储容量，格式为 max_n[KB|MB|GB|TB]|UnLimited，若用 UnLimited 表示不限定最大值，以磁盘剩余空间作为最大值（若是 FAT32，则最大

值只能为 4GB）。

- 增量指随着数据库记录的增加，文件存储容量增大的数量与单位，格式为 *i*[KB|MB|GB|TB|%]，SQL 2008 至少 8KB。
- [,...*n*]表示每个文件组可以指定 *n* 个逻辑文件名与物理文件名等相关信息，需用圆括号括起来，并用逗号分隔开（FAT32 中 1 亿条记录很容易超过 4GB，因此可通过增加文件数解决）。

（3）辅助文件组：除了一个主文件组（Primary 组），还可以指定 *n* 个辅助文件组用于存储数据，格式如下：

```
FileGroup  文件组名[Contains FileStream] [Default] <文件说明>
```

- Contains FileStream 指定文件组在文件系统中存储 FileStream 二进制大型对象（BLOB）。
- Default 指定命名文件组为数据库中的默认文件组。

（4）排序规则名：指定数据库的默认排序规则，一般为 Chinese_PRC_CI_AS，也是 SQL 实例的默认排序规则。

创建数据库的完整语法格式如下：

```
Create Database  数据库名
[ON [Primary]
  [(Name=逻辑名,FileName='文件名'[,Size=初值][,MaxSize=最大值][,FileGrowth=增量])[,...n]
   [
        ,FileGroup  文件组名[Contains FileStream] [Default]
          (Name=逻辑名,FileName='文件名'[,Size=初值][,MaxSize=最大值][,FileGrowth=增量])[,...n]
      [,...n]
     ]
     [LOG ON
       (Name=逻辑名,FileName='文件名'[,Size=初值][,MaxSize=最大值][,FileGrowth=增量])[,...n]
     ]
  ]
  [Collate  排序规则名]
]
```

由以上格式可知，多个语法成分可省略，省略后系统按默认值处理，不同环境或不同 SQL 版本的默认值不同，即使都是文件说明部分，不同文件组的默认值也不相同。

SQL 约定：.mdf 作为主文件组数据文件的扩展名，.ndf 作为辅助文件组数据文件的扩展名，.ldf 作为日志文件的扩展名（日志文件名最好命名为“数据库名_log.LDF”）。

6.1.2　按默认值创建数据库

【例 6-01】创建名为 tmg 的数据库，其他参数按默认值处理，然后观察默认值。

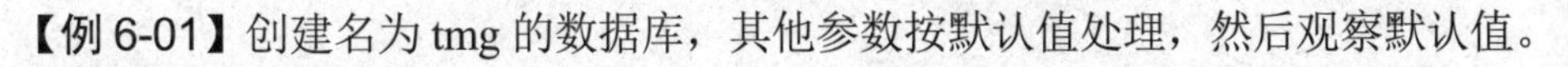

```
Create Database tmg
```

执行完以上语句后，在 SSMS（SQL Server Management Studio）中右击左侧对象资源浏览器中的数据库，再执行“刷新”命令，可以看到新增加了 tmg 库，右击 tmg 库，执行“编写数据库脚本为”→“CREATE 到”→“新查询编辑器窗口”命令，可得到如下代码（文件路径“D:\”因系统而异，默认 C:\Program Files\Microsoft SQL Server\MSSQL10.MSSQLSERVER\MSSQL\DATA\）。

```
Create Database tmg ON Primary
(Name='tmg',FileName='D:\tmg.mdf' ,Size=2304KB,MaxSize=UNLIMITED,FileGrowth=1024KB)
 LOG ON
( Name='tmg_log',FileName='D:\tmg_log.LDF',Size=576KB,MaxSize=2048GB,FileGrowth=10%)
```

由以上代码可知，tmg 数据库默认主文件逻辑名为 tmg，物理文件名为 D:\tmg.mdf（路径因版本而异，如 SQL 2008 为 C:\Program Files\Microsoft SQL Server\MSSQL10.MSSQLSERVER\MSSQL\DATA），初始主文件大小为 2304KB（SQL 2012 初值为 4160KB），最大值不限（UNLIMITED），主文件增量为 1024KB；日志文件逻辑名为 tmg_log，物理文件名为 C:\tmg_log.LDF，初始日志文件大小为 576KB，最大值为 2048GB，日志文件增量为 10%。具体数据可通过如下语句查询。

```
Select FileID,GroupID as 组 ID,size*8 as 初值,
Case When MaxSize=-1 then 'UNLIMITED'
     Else LTrim(Str(MaxSize/1024/1024*8))+'GB' End 最大值,
Case When Status&0x100000<>0 then LTrim(Str(Growth))+'%'
     Else LTrim(Str(Growth*8))+'KB' End 增量,
Cast(Status as Binary(3)) 状态位,Name 逻辑名,FileName 文件名 From sysfiles
```

运行结果显示：

```
FileID 组 ID 初值  最大值     增量    状态位    逻辑名   文件名
------ ----- ---- --------- ------ -------- ------ -------------
1      1     2304 UNLIMITED 1024KB 0x000002 tmg     C:\tmg.mdf
2      0     576  2048GB    10%    0x100042 tmg_log C:\tmg_log.LDF
```

6.1.3 指定位置创建数据库

一般情况下应指定位置创建数据库，即创建数据库时指定数据文件名和日志文件名，包括路径，同时还应该指定逻辑名。

【例 6-02】创建名为 tmg 的数据库，数据存于 D:\tmg.mdf，逻辑名为 tmg，日志存于 D:\tmg.LDF，逻辑名为 tmgL。

```
Create Database tmg ON(Name='tmg',FileName='D:\tmg.mdf')
 LOG ON (Name='tmgL',FileName='D:\tmg.LDF')
```

执行完以上语句后，通过 SSMS 看到的脚本如下：

```
Create Database tmg ON Primary
(Name='tmg',FileName='D:\tmg.mdf',Size=2304KB,MaxSize=UNLIMITED,FileGrowth=1024KB)
 LOG ON (Name='tmgL',FileName='D:\tmg.LDF',Size=1024KB,MaxSize=2048GB,FileGrowth=10%)
```

6.1.4 修改数据库名

修改数据库名的语法格式如下：

```
Alter Database 原数据库名 Modify Name=新数据库名
```

【例 6-03】将数据库名 tmg 改为 tmg2。

```
Alter Database tmg   Modify Name=tmg2
```

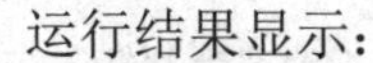

运行结果显示：

```
数据库名称'tmg2' 已设置。
```

若运行结果显示：

```
消息 5030，级别 16，状态 2，第 1 行
无法用排他锁锁定该数据库，以执行该操作。
```

说明该库有用户或进程正在使用中，可以用 sp_who 查询使用 tmg 库的 spid，然后用 kill spid 杀掉该进程。

```
sp_who
```

运行结果显示（具体信息因系统、状态而异）：

```
spid  ecid  status    loginame     hostname  blk  dbname  cmd                request_id
……
54    0     sleeping  tmg-PC\tmg   TMG-PC    0    STUXP   AWAITING COMMAND   0
56    0     runnable  tmg-PC\tmg   TMG-PC    0    tmg     SELECT             0
```

运行结果表示 tmg 库的 spid 为 56，杀掉该 spid 为 56 的进程即可。

```
kill 56
```

再执行以上改库名语句就可以得到期望的结果了。

6.1.5　修改数据库排序规则

修改数据库排序规则的语法格式如下：

```
Alter Database 数据库名 Collate   排序规则名
```

数据库默认排序规则名为 Chinese_PRC_CI_AS，不区分大小写、区分重音、不区分假名、不区分全半角，其他排序规则名详见 7.2.8 节。

【例 6-04】将数据库 tmg 默认排序规则改为区分大小写、区分重音、区分假名、区分全半角，并观察修改前后查询以下表的区别。

```
Set NoCount ON
use tmg
Select '修改排序规则前建表按默认排序规则(不区分大小写、区分重音、不区分假名、不区分全半角)';
Create Table TB(F1 varchar(12) primary key);          --按默认排序规则建表并插入记录
Insert Into TB(F1) Values('ＡＢ');
Insert Into TB(F1) Values('ａｂｃ');
Insert Into TB(F1) Values('ABCD');
Insert Into TB(F1) Values('abcde');
Insert Into TB(F1) Values('平あいうえお');
Insert Into TB(F1) Values('片アイウエオ');
Insert Into TB(F1) Values('12āá');
Insert Into TB(F1) Values('34ǎà');
```

```
Insert Into TB(F1) Values('１２');
Insert Into TB(F1) Values('①②');
Select * From TB Where F1 Like '%a%';                    --按默认排序规则查询记录
Drop Table TB
Alter Database tmg Collate   Chinese_PRC_CS_AS_KS_WS--按新的默认排序规则建表并插入记录
Select '修改排序规则后建表按新默认排序规则(区分大小写、区分重音、区分假名、区分全半角)';
Create Table TB(F1 varchar(12) primary key);
Insert Into TB(F1) Values('ＡＢ');
Insert Into TB(F1) Values('ａｂｃ');
Insert Into TB(F1) Values('ABCD');
Insert Into TB(F1) Values('abcde');
Insert Into TB(F1) Values('平あいうえお');
Insert Into TB(F1) Values('片アイウエオ');
Insert Into TB(F1) Values('12āá');
Insert Into TB(F1) Values('34ǎà');
Insert Into TB(F1) Values('１２');
Insert Into TB(F1) Values('①②');
Select * From TB Where F1 Like '%a%';                    --按新的默认排序规则查询记录
```

运行结果显示：

```
------------
修改排序规则前建表按默认排序规则(不区分大小写、区分重音、不区分假名、不区分全半角)

F1
------------
ＡＢ
ａｂｃ
ABCD
abcde


------------
修改排序规则后建表按新默认排序规则(区分大小写、区分重音、区分假名、区分全半角)

F1
------------
abcde
```

需要注意的是，修改数据库排序规则后，不仅记录中的数据要按新默认排序规则区分大小写等，就连表名等对象名都要按新默认排序规则区分大小写等。当然，若表是修改数据库排序规则之前创建的，则表中数据仍按之前排序规则区分大小写等，即创建表时的数据库默认排序规则。

6.1.6 库添加或修改文件

数据库添加或修改文件以及更改文件属性的语法格式如下：

```
Alter Database 数据库名
Add File <文件说明>[,...n] [TO FileGroup 文件组名]
|Add LOG File <文件说明>[,...n]
|Remove File 逻辑文件名
```

```
|Modify File <文件说明>
```

参数说明如下。

（1）Add File 添加 *n* 个文件到指定的文件组，若不指定文件组，则表示添加到主文件组。

（2）Add LOG File 添加 *n* 个日志文件。

（3）Remove File 将指定的一个逻辑文件名及其对应的相关信息删除。

（4）Modify File 修改指定的一个文件的若干个相关属性。

（5）文件说明：格式如下：

```
(Name= 逻 辑 名 [,NewName= 新 逻 辑 名 ][,FileName=' 文 件 名 '][,Size= 初 值 ][,MaxSize= 最 大
值][,FileGrowth=增量] [,Offline])
```

【例 6-05】 tmg 数据库向主文件组添加逻辑名为 tmg2 的文件'E:\tmg2.MDF'。

```
Alter Database tmg Add File (Name=tmg2,FileName='E:\tmg2.MDF')
```

【例 6-06】 tmg 数据库将逻辑文件名 tmg2 改为 tmg3，存储容量初值改为 4MB，增量改为 3MB。

```
Alter Database tmg Modify File(Name=tmg2,NewName=tmg3,SIZE=4MB,FileGrowth
=3MB)
```

【例 6-07】 tmg 数据库将逻辑文件名 tmg3 及其相关信息删除。

```
Alter Database tmg Remove File tmg3
```

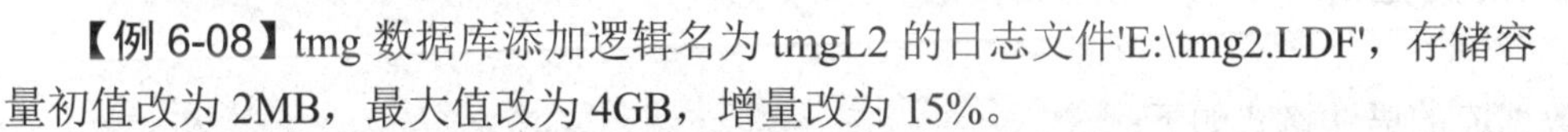

【例 6-08】 tmg 数据库添加逻辑名为 tmgL2 的日志文件'E:\tmg2.LDF'，存储容量初值改为 2MB，最大值改为 4GB，增量改为 15%。

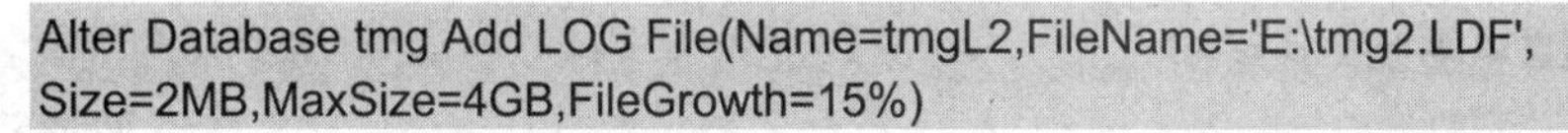

```
Alter Database tmg Add LOG File(Name=tmgL2,FileName='E:\tmg2.LDF',
Size=2MB,MaxSize=4GB,FileGrowth=15%)
```

6.1.7　库添加或修改文件组

数据库添加和修改文件组以及更改文件组属性的语法格式如下：

```
Alter Database  数据库名
Add FileGroup  文件组名
|Remove FileGroup  文件组名
|Modify FileGroup  文件组名 {<读写属性>|Default|Name=新文件组名}
```

参数说明如下。

（1）Add FileGroup 将指定的一个文件组添加到数据库。

（2）Remove FileGroup 将指定的一个文件组及其对应的相关信息删除。

（3）Modify FileGroup 修改指定的一个文件组的一个属性。

（4）读写属性：对文件组设置只读（Read_Only|ReadOnly）或读/写（Read_Write |ReadWrite）属性。

指定文件组改为只读后，数据库不允许更新其中的对象。主文件组不能设置为只读。若要更改为此状态，必须对数据库有独占访问权限。

读写属性可通过查看 sys.databases 目录视图中的 is_read_only 列或 DatabasePropertyEX 函

数的 Updateability 属性来确定。

（5）Default：将默认数据库文件组改为指定的一个文件组。数据库中只能有一个文件组作为默认文件组。

（6）Name=新文件组名：将数据库文件组改为指定的新文件组名。

【例 6-09】tmg 数据库添加文件组 FG2，向 FG2 文件组添加逻辑名为 FG2tmg1 的文件'E:\FG2tmg1.MDF'。

```
Alter Database tmg Add FileGroup FG2
Alter Database tmg Add File(Name=FG2tmg1,FileName='E:\FG2tmg1.MDF') TO FileGroup   FG2
```

【例 6-10】tmg 数据库将文件组 FG2 改为 FileGroup2。

```
Alter Database tmg Modify FileGroup FG2 Name=FileGroup2
```

【例 6-11】tmg 数据库将文件组 FileGroup2 及其逻辑文件 FG2tmg1 删除。

```
Alter Database tmg Remove File FG2tmg1
Alter Database tmg Remove FileGroup FileGroup2
```

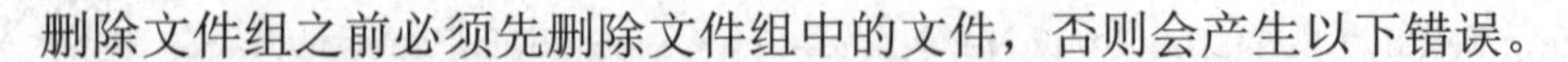

删除文件组之前必须先删除文件组中的文件，否则会产生以下错误。

```
消息 5042，级别 16，状态 7，第 1 行
无法删除文件组'FileGroup2'，因为它不为空。
```

6.1.8　删除数据库

删除数据库的语法格式如下：

```
Drop Database  数据库名|数据库快照名[,...n]
```

【例 6-12】删除 tmg 数据库。

```
drop Database tmg
```

删除数据库之前，要断开对数据库的连接，可用 sp_who 查询 spid，然后用 kill 删除指定的 spid，详见 8.1.4 节。若没有断开对数据库的连接，会产生以下错误。

```
消息 3702，级别 16，状态 4，第 1 行
无法删除数据库"tmg"，因为该数据库当前正在使用。
```

删除数据库后，数据库中的全部对象也都被删除了，与数据相关的数据文件与日志文件也一起被删除了。

6.1.9　数据库的分离

从服务器中分离数据库，就是使数据库脱离服务器，不再接受服务，以便将数据库中的数据文件和日志文件复制到其他磁盘进行备份，或移到其他服务器接受服务。分离数据库的语法格式如下：

```
sp_detach_db [@dbname=]'数据库名'
```

【例 6-13】分离 tmg 数据库（设有数据文件'tmg.mdf'和'FG2tmg1.mdf'及日志文件'tmg.LDF'）。

```
EXEC sp_detach_db tmg
```

分离数据库之前，要断开对数据库的连接，可用 sp_who 查询 spid，然后用 kill 删除指定的 spid，详见 6.1.4 节。若没有断开对数据库的连接，会产生以下错误。

```
消息 3703，级别 16，状态 2，第 1 行
无法分离数据库'tmg'，因为它当前正在使用。
```

若数据库没有分离，则数据库的数据文件和日志文件是不能复制和移动的，否则会提示以下错误。

```
操作无法完成，因为文件已在 SQL Server(MSSQLSERVER)中打开。请关闭该文件并重试。
```

数据库分离后，就可以复制或移动数据文件'tmg.mdf'和'FG2tmg1.mdf'及日志文件'tmg.LDF'。

6.1.10　数据库的附加

当数据库的数据文件和日志文件移到其他服务器后，需将数据库重新附加到服务器才能重新接受服务。附加数据库的语法格式如下：

```
sp_attach_db [@dbname=]'数据库名',[@filename1=]'文件名 1'[,...,16]
```

文件名指数据库文件的物理文件名称，包括路径，最多可以指定 16 个文件名，且至少必须包括所有主文件。当数据库文件移到新服务器后，若路径发生改变，则附加数据库时必须指定所有文件及其相应的路径；若数据库文件移到新服务器但路径没有改变，则附加数据库时可以仅指定主文件。

【例 6-14】将 D 盘根目录下的数据文件'tmg.mdf'和'FG2tmg1.mdf'及日志文件'tmg.LDF'附加到 tmg 数据库。

```
EXEC sp_attach_db tmg,'D:\tmg.mdf','D:\FG2tmg1.mdf','D:\tmg.LDF'
```

6.2　表 的 管 理

表是数据库中存放数据的对象，组织方式类似电子表格，由行和列组成，每一行对应一条记录，每一列对应一个字段。

表和列的命名必须符合常规标识符的规则，即以字母、下画线（_）、at 符号（@）或数字符号（#）开头的字母、数字、美元符号（$）、下画线（_）、at 符号（@）或数字符号（#）等组成的 1～128 个字符，不符合这些规则的标识符必须用双引号（""）或中括号[]括起来，如"a b"、"Select"或[a b]、[Select]。对于本地临时表，标识符最多可以有 116 个字符。

一个数据库最多有 20 亿个表，一个表最多 1024 列，每行最多 8060 个字节。

表的完全限定名称是在表名之前包括数据库名称和所有者名称，并用小圆点“.”作为限定名称的分隔符，如 test.dbo.GR 表示数据库名称为 test、所有者名称为 dbo、表名为 GR。

一般在创建或使用表之前用 use 命令打开当前数据库，这样在指定表时就不必用数据库

名进行限定了，如切换到 test 库语句如下：

```
use test
```

6.2.1　使用 SSMS 创建表

创建表有两种方式，一种是通过 SSMS 以交互方式创建表；另一种是使用 SQL 语句方式创建表。SQL 语句方式可以通过 SSMS 查询编辑器窗口运行脚本（即 SQL 语句）实现，也可以通过其他客户端运行脚本实现。

【例 6-15】 通过 SSMS 以交互方式在 test 库中创建学生成绩表，表名为 GR，该表含学号字段 XH（整型，主键）、姓名字段 XM（最多允许输入 6 个汉字或 12 个字母）、成绩字段 CJ（双精度浮点数）。

操作步骤如下。

（1）打开“开始”菜单中的 SSMS，在对象资源管理器界面右击 test 数据库中的“表”结点，在弹出的快捷菜单中执行“新建表”命令，如图 6-1（a）所示，弹出表设计器窗口，如图 6-1（b）所示。

（2）在表设计器窗口中输入列名，选择数据类型等；完成所有列设置后，选中 XH 列，单击工具栏中的“设置主键”按钮，或执行“表设计器”菜单中的“设置主键”命令，可以将该列设置为主键；单击工具栏中的“保存”按钮，弹出“选择名称”对话框，如图 6-1（c）所示。

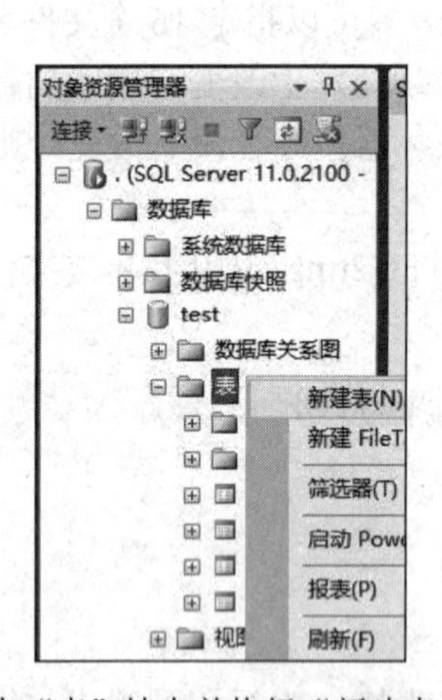

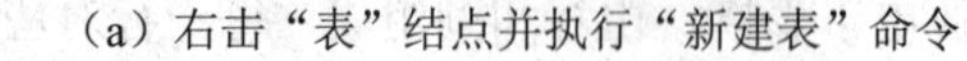

（a）右击“表”结点并执行“新建表”命令　　（b）表设计器选择数据类型

（c）“选择名称”对话框

图 6-1　SSMS 交互方式创建项目

（3）在“选择名称”对话框中输入表名称“GR”，单击“确定”按钮，完成表的创建。

6.2.2　使用 SQL 语句创建表

一个表可以由 1～1024 列组成，创建表的基本语法格式如下：

```
Create Table 表名(列名 数据类型 [Primary Key][,...n])
```

参数说明如下。

- [,...n]表示“列名 数据类型”可以重复 n 次，这里 n=1024。
- Primary Key 指某列可以设置为主键。

【例 6-16】用 SQL 语句方式在 test 库中创建学生成绩表 GR，该表含学号字段 XH（整型，主键）、姓名字段 XM（最多允许输入 6 个汉字或 12 个字母）、成绩字段 CJ（双精度浮点数）。

```
use test
Create Table GR(XH int Primary Key,XM Varchar(12),CJ Float);
```

在 SSMS 查询编辑器窗口输入以上脚本，再单击工具栏中的“执行”按钮 执行(X)，就可以在 test 库中创建 GR 表。若执行前在“执行”按钮左侧已经选择当前数据库为 test 库，则不用执行 use test 语句。

6.2.3　SSMS 表设计器修改表

修改表主要是对表的列进行增删改操作，可以通过 SSMS 的表设计器进行交互式修改，也可以用 SQL 语句进行修改。

【例 6-17】通过 SSMS 以交互方式将 test 库中学生成绩表 GR 的姓名字段 XM 改为最多允许输入 10 个汉字或 20 个字母。

操作步骤如下。

（1）打开“开始”菜单中的 SSMS，在对象资源管理器界面右击 test 数据库中“表”结点下面的 dbo.GR 结点，在弹出的快捷菜单中执行“设计”命令，如图 6-2（a）所示，弹出表设计器窗口，如图 6-2（b）所示。

（2）在表设计器窗口中修改 XM 列名数据类型为 varchar(20)后，单击工具栏中的“保存”按钮。

（3）若弹出不允许保存更改的“保存”对话框［见图 6-2（c）］，则须执行“工具”→“选项”→“设计器”→“表设计器和数据库设计器”命令，取消选中“阻止保存要求重新创建表的更改”复选框，如图 6-2（d）所示，然后重新修改即可。

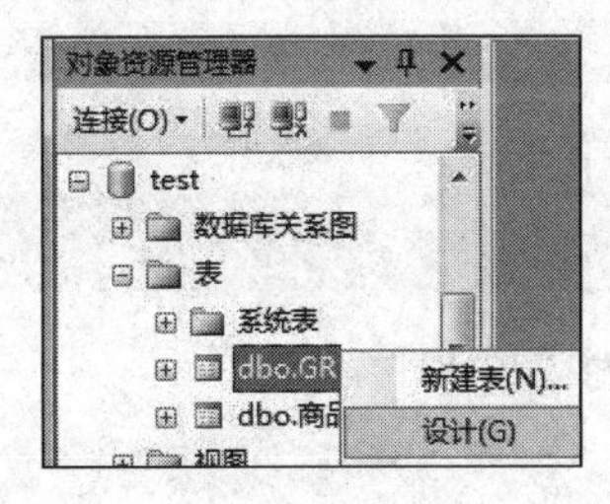

（a）右击 dbo.GR 结点并执行“设计”命令

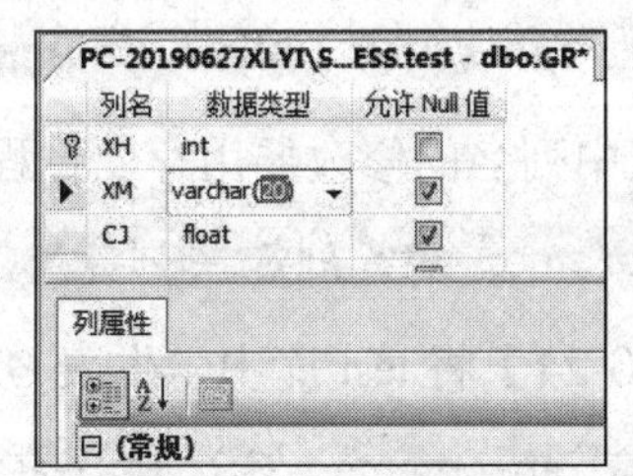

（b）表设计器修改 XM 列数据类型

图 6-2　SSMS 交互方式修改表

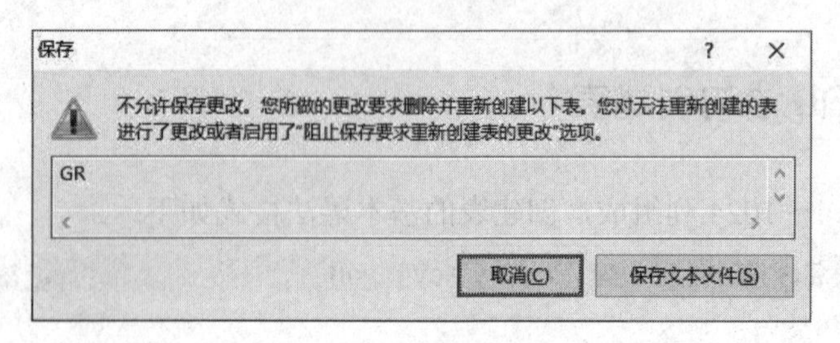

（c）“保存”对话框

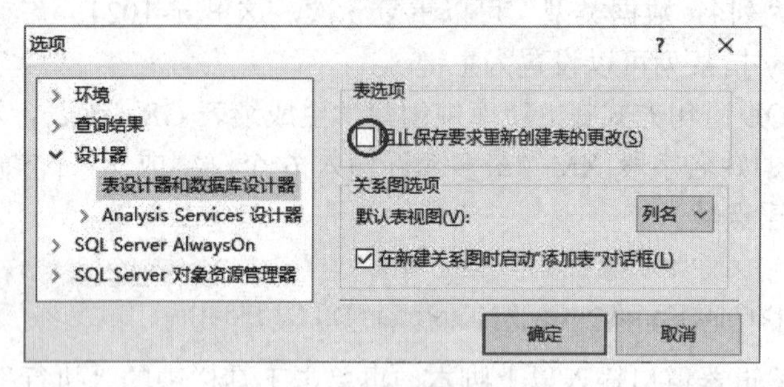

（d）取消选中“阻止保存要求重新创建表的更改”复选框

图 6-2　SSMS 交互方式修改表（续）

6.2.4　用 SQL 语句修改表

对列的增删改也可以用 SQL 语句进行，语法格式如下：

```
Alter Table 表名
{Add 列名 数据类型|Drop Column 列名|Alter Column 列名 数据类型}
```

语法格式中 3 个选项任选一个，其中 Add 子句用于增加一个列，Drop 子句用于删除一个列，Alter Column 子句用于修改列属性。

【例 6-18】给 test 库中学生成绩表 GR 增加一个出生字段 CS，日期时间类型。

```
Alter Table GR Add CS DateTime;
```

【例 6-19】将 test 库中学生表 GR 的 CS 字段删除。

```
Alter Table GR Drop Column CS;
```

【例 6-20】将 test 库中学生表 GR 的姓名字段 XM 改为最多允许输入 10 个汉字或 20 个字母。

```
Alter  Table  GR  Alter  Column  XM  VarChar(20);
```

对表中列名的修改要用存储过程实现，语法格式如下：

```
sp_rename  '表名.列名','新列名','COLUMN'
```

【例 6-21】将 test 库中学生表 GR 的 XM 字段改名为“姓名”。

```
EXEC  sp_rename  'GR.XM','姓名','COLUMN'
```

对表名进行修改的语法格式如下：

```
sp_rename  '表名','新表名'
```

【例 6-22】将 test 库中学生表 GR 改名为“学生”。

```
EXEC  sp_rename  'GR','学生'
```

6.2.5　删除表

删除表的语法格式如下：

```
Drop table 表名[,…n]
```

当删除一张表时，引用该表的所有索引和约束也被删除，且所有依赖于该表的视图将变成无效，直到创建一个含有同样名称的表或视图；若依赖于该表的视图引用到具体的列，则新建的表或视图也应该有相应的列。

当删除多个表，且这些表之间存在外键约束时，则必须先列出包含外键的表，然后再列出包含被引用的表。例如，选修表 XX 的学号 XH 引用学生表 XS 的学号 XH，选修表 XX 的课号 KH 引用课程名表 C 的课号 KH，则要删除这 3 个表，必须先列出选修表 XX，语句如下：

```
Drop table XX,XS,C
```

6.3　约　　束

约束是用来强制列中数据完整性的方式，主要有 6 种类型：主键约束、外键约束、唯一约束、检查约束、默认值、非空约束。

6.3.1　主键约束

主键是表中用于唯一标识不同记录的一列或几列，用于强制表的实体完整性。主建可以在创建表时定义，也可以在建表后进行增删改。

1．创建表时定义主键

主键有两种类型：列级主键和表级主键。列级主键是指将表中某一列（属性）指定为主键，表级主键是指将表中某几列（属性）指定为主键。

创建列级主键的语法格式如下：

```
Create Table 表名
(列名 1 数据类型 Constraint 主键约束名 Primary Key[,…n])
```

创建表级主键的语法格式如下：

```
Create Table 表名
(列名 1 数据类型[,…n],
 Constraint 主键约束名 Primary Key(列名,…)
)
```

【例 6-23】创建选修表 XX，该表含学号字段 XH（整型）、课号字段 KH（整型）和成绩字段 CJ（双精度浮点数），主键为 XH 和 KH，约束名为 PK_XHKH。

```
Create Table XX
(XH int,KH int,CJ Float,
 Constraint PK_XHKH primary key(XH,KH)
)
```

2．创建表后添加主键

创建表后添加主键的语法格式如下：

```
Alter Table 表名 ADD Constraint 主键约束名 Primary Key(列名,…)
```

需要注意的是，要设置为主键的列必须为非空（Not Null）。

【例 6-24】假设已有学生表 XS(XH int,XM Varchar(12))，现在要求给学生表 XS 的学号字段 XH 添加主键，约束名为 PK_XH。

```
Alter Table XS Alter Column XH Varchar(12) Not Null;
GO --有的版本可能不需要
Alter Table XS Add Constraint PK_XH   Primary Key(XH);
```

3．删除主键

删除主键的语法格式如下：

```
Alter Table 表名 Drop Constraint 约束名
```

【例 6-25】假设已经创建了学生表 XS，且该表的学号字段 XH 为主键，约束名为 PK_XH，现在要删除该主键。

```
Alter Table XS Drop Constraint PK_XH
```

当创建表的主键时，若没有指定约束名，系统将自动生成一个随机的主键约束名，通过 SSMS 的对象资源管理器中相应表的键结点可以查看到，如图 6-3 所示，随机约束名为 PK__Xs__32134EACB575D83B。

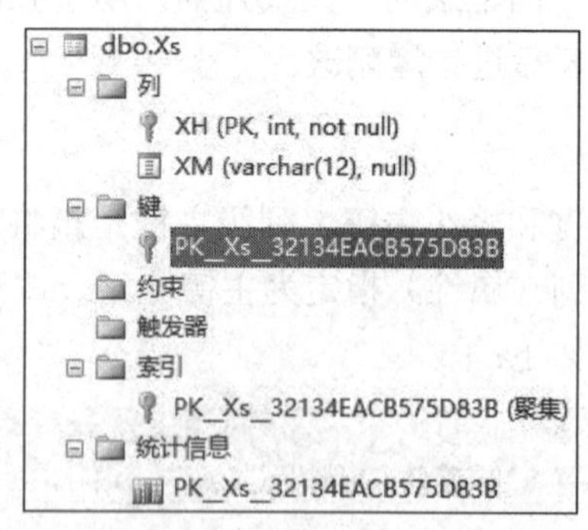

图 6-3 自动生成的随机主键约束名

主键约束名也可以通过 SQL 语句查询到，代码如下：

```
Select Distinct Cast(Constraint_Name As Char)As 约束名
 From Information_Schema.Key_Column_Usage
 Where IndexProperty(Object_Id('XS'),Constraint_Name,'Isclustered')=1 And Table_Name='XS'
```

运行结果显示：

```
约束名
------------------------------------------
PK__Xs__32134EACB575D83B
```

其中 IndexProperty(…)返回 XS 对象 Constraint_Name 约束名是否有聚簇属性。

6.3.2　外建约束

外键约束指当前表中某些列的值引用被引用表中的主建值，意味着当前表的这些列的值在被引用表中必须存在且是唯一的。外建可以在建表时添加，也可以在建表后添加或删除。

1．创建表时定义外键

列级外键的语法格式如下：

```
Create Table 表名
(列名 数据类型 Constraint 外键约束名 Foreign Key References 被引用表(列名)
[On Delete Cascade] [On Update Cascade]
[,…n]
)
```

其中 On Delete Cascade 表示带级联删除，若指定了此子句，则若父表即被引用表中删除一行，将在从属表中自动删除相应行；若没有指定此子句，则若删除父表中的一行，将导致从属表中的相应行成为“孤行”，因此，不能删除从属表中已经有关联的父表记录。

例如，选修表 XX 创建外键学号 XH 引用学生表 XS 的学号 XH，则学生表 XS 为父表，选修表 XX 为从属表；若带级联删除，且父表 XS 中删除 1 号记录，则将在从属表 XX 中自动删除与 1 号相关的所有记录，如图 6-4（a）所示；若没有指定级联删除，且要删除父表 XS 的 1 号记录，则必须先手工删除从属表 XX 中与 1 号有关的所有行，否则无法删除父表中 1 号记录，如图 6-4（b）所示。

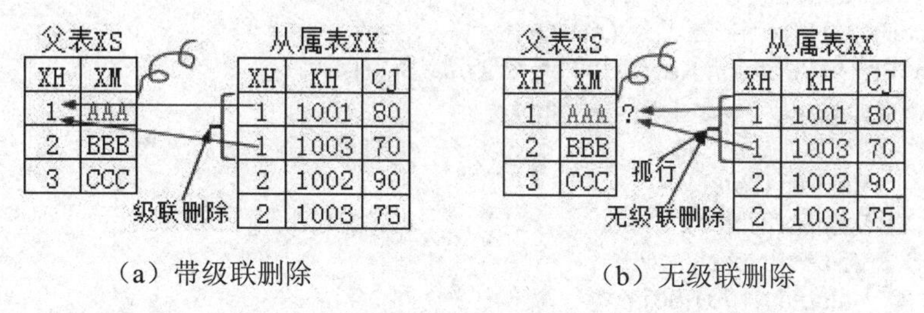

（a）带级联删除　　（b）无级联删除

图 6-4　级联删除

其中 On Update Cascade 表示带级联修改，若指定了此子句，则若父表中修改主键值，将在从属表中自动修改相应列的值；若没有指定此子句，则若要修改父表中某主键值，将导致从属表中的相应行成为“孤行”，因此，不能修改从属表中已经有关联的父表记录。

例如，选修表 XX 创建外键学号 XH 引用学生表 XS 的学号 XH，则学生表 XS 为父表，选修表 XX 为从属表；若带级联修改，且父表 XS 中修改了某记录的学号，则将在从属表 XX 中自动修改相应的学号，如图 6-5（a）所示；若没有指定级联修改，且要修改父表 XS 的学号 1 号，则必须先手工修改从属表 XX 中学号 1 号的值，否则无法修改父表的学号，如图 6-5（b）

所示。

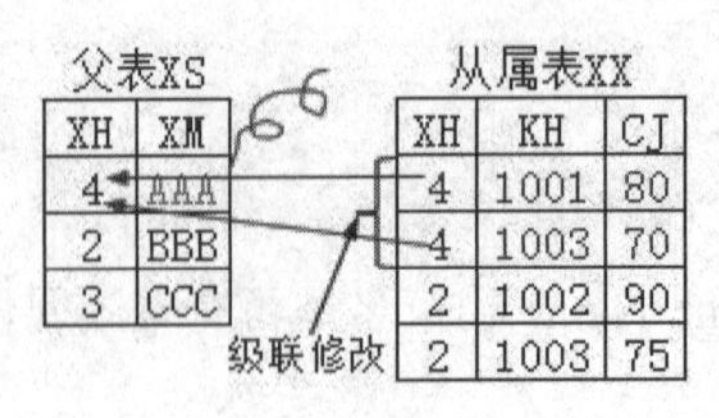

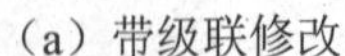
（a）带级联修改

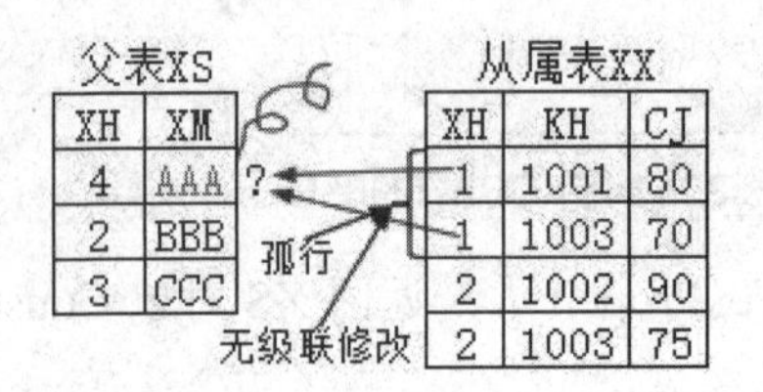

（b）无级联修改

图 6-5　级联修改

表级外键的语法格式如下：

```
Create Table 表名
(列名 1 数据类型[,…n] ,
 Constraint 外键约束名 Foreign Key(列名,…) References 引用表(列名,…) [On Delete Cascade]
[On Update Cascade]
)
```

【例 6-26】创建学生表 XS，该表含学号字段 XH（整型，主键）、姓名字段 XM（最多允许输入 6 个汉字或 12 个字母）；创建选修表 XX，该表含学号字段 XH（整型）、课号字段 KH（整型）、成绩字段 CJ（双精度浮点数），主键为 XH 和 KH，约束名为 PK_XHKH，外键学号 XH 引用学生表 XS 的学号字段 XH，约束名为 FK_XH，带级联删除和修改；将学生表 XS 的学号 1 改为 4，观察选修表 XX 的学号；删除学生表 XS 学号为 4 的记录，观察选修表 XX 的情况。

```
Set NoCount On
If Object_ID('XX') is not null Drop Table XX
If Object_ID('XS') is not null Drop Table XS
Create Table XS(XH int Primary Key,XM Varchar(12));
Create Table XX
(XH int,KH int,CJ Float,
 Constraint PK_XHKH primary key(XH,KH),
 Constraint FK_XH Foreign Key(XH) References XS(XH)
 On Delete Cascade On Update Cascade
)
Insert Into XS Values(1,'aaa');
Insert Into XS Values(2,'bbb');
Insert Into XS Values(3,'ccc');
Insert Into XX Values(1,1001,80);
Insert Into XX Values(1,1003,70);
Insert Into XX Values(2,1002,90);
Insert Into XX Values(2,1003,75);
Update XS Set XH=4 Where XH=1;          --XX 表学号为 1 的记录被级联更新为 4
Select * From XX;
Delete From XS Where XH=4;              --XX 表学号为 4 的记录被级联删除
Select * From XX;
```

运行结果显示：

```
XH          KH          CJ
```

```
---------------- ---------------- ---------------------
2              1002             90
2              1003             75
4              1001             80
4              1003             70

XH              KH              CJ
---------------- ---------------- ---------------------
2              1002             90
2              1003             75
```

由以上程序运行结果可知，当学生表 XS 的学号由 1 改为 4，则选修表 XX 被级联修改为 4；当删除学生表 XS 学号为 4 的记录，则选修表 XX 被级联删除。

若以上程序不带级联修改子句，则可以发现无法将学号 1 改为 4，且提示以下错误：

```
消息 547，级别 16，状态 0，第 1 行
UPDATE 语句与 REFERENCE 约束"FK_XH"冲突。该冲突发生于数据库"test"，表"dbo.xx", column 'xh'。
语句已终止。
```

若以上程序不带级联删除子句，则可以发现无法将学号为 1 的记录删除，且提示以下错误：

```
消息 547，级别 16，状态 0，第 1 行
DELETE 语句与 REFERENCE 约束"FK_XH"冲突。该冲突发生于数据库"test"，表"dbo.xx", column 'xh'。
语句已终止。
```

2．创建表后添加外键

创建表后添加外键的语法格式如下：

```
Alter Table 表名 ADD Constraint 外键约束名 Foreign Key(列名,…) References 引用表(列名,…)
[On Delete Cascade] [On Update Cascade]
```

3．删除外键

删除外键的语法格式如下：

```
Alter Table 表名 Drop Constraint 外键约束名
```

6.3.3　唯一约束

唯一约束是指表中某一列或某几列在不同行的取值是不同的。主键约束也是唯一约束，但取值不能为空，唯一约束允许有一条记录为空。唯一约束的创建与修改类似主键。唯一约束可以在创建表时定义，也可以在建表后进行增删改。

1．创建表时定义唯一约束

唯一约束有两种类型：列级唯一约束和表级唯一约束。列级唯一约束是指将表中某一列（属性）指定为唯一约束，表级唯一约束是指将表中某几列（属性）指定为唯一约束。

创建列级唯一约束的语法格式如下：

```
Create Table 表名
(列名 1 数据类型 Constraint 唯一约束名 Unique [,…n])
```

创建表级唯一约束的语法格式如下：

```
Create Table 表名
(列名 1 数据类型[,…,n],
 Constraint 唯一约束名 Unique (列名,…)
)
```

【例 6-27】创建学生电话表 DH，该表含学号字段 XH（整型，主键）、姓名字段 XM（允许输入 6 个汉字或 12 个字母）、电话字段 DH（允许输入 11 个汉字或 11 个字母），且各记录的电话是唯一的，约束名为 UQ_DH。

```
Create Table DH(XH int Primary Key,XM Char(12),DH NChar(11) Constraint UQ_DH Unique);
```

创建完该表后电话列只能是不同的值，也可以其中一条记录的电话为空。以下插入语句将提示唯一约束错误，因为张三和李四的电话号码相同。

```
Insert Into DH Values(1,'张三','15280579580'),(2,'李四','15280579580');
```

运行结果显示：

```
消息 2627，级别 14，状态 1，第 1 行
违反了 UNIQUE KEY 约束“UQ_DH”。不能在对象“dbo.DH”中插入重复键。重复键值为(15280579580)。
语句已终止。
```

2．创建表后添加唯一约束

创建表后添加唯一约束的语法格式如下：

```
Alter Table 表名 ADD Constraint 唯一约束名 Unique (列名,…)
```

6.3.4 检查约束

检查约束是指表中某一列或某几列的值代入检查表达式计算结果不为 False 的约束，即可以为 True 或 Null，它要求记录在增删改之前必须满足的条件。检查约束有两种类型：列级检查约束和表级检查约束。检查约束可以在创建表时定义，也可以在建表后进行增删改。

1．创建表时定义检查约束

创建列级检查约束的语法格式如下：

```
Create Table 表名
(列名 1 数据类型 Constraint 检查约束名 Check(逻辑表达式) [,…n])
```

创建表级检查约束的语法格式如下：

```
Create Table 表名
(列名 1 数据类型[,…n],
 Constraint 检查约束名 Check(逻辑表达式)
)
```

【例 6-28】创建学生表 GR，该表含学号字段 XH（整型，主键）、姓名字段 XM（最多允许输入 6 个汉字或 12 个字母）、成绩字段 CJ（双精度浮点数），且各记录的成绩只能在[0,100]之间，约束名为 CK_CJ。

```
Create Table GR(XH int Primary Key,XM Varchar(12),
```

```
CJ Float Constraint CK_CJ Check(CJ>=0 and CJ<=100));
```

创建完该表后成绩列只能为 0～100 的值，也可以为空。

2．创建表后添加检查约束

创建表后添加检查约束的语法格式如下：

```
Alter Table 表名 ADD Constraint 检查约束名 Check(逻辑表达式)
```

6.3.5　非空约束

非空约束指表中某列不允许为空（Not Null）。可以在创建表时指定某列是否允许为空，也可以创建表后修改某列是否允许为空。

1．创建表时指定某列是否允许为空

创建表时指定某列是否允许为空的语法格式如下：

```
Create Table 表名
(列名 1 数据类型 [[Not] Null][,…n])
```

【例 6-29】创建学生表 GR，该表含学号字段 XH（整型，主键）、姓名字段 XM（最多允许输入 6 个汉字或 12 个字母）、成绩字段 CJ（双精度浮点数），且成绩不允许为空。

```
Create Table GR(XH int Primary Key,XM Varchar(12),CJ Float Not Null);
```

创建完该表后成绩列不允许为空。

2．创建表后修改某列是否允许为空

创建表后修改某列是否允许为空的语法格式如下：

```
Alter Table 表名 Alter Column 列名 数据类型 [[Not] Null]
```

6.3.6　默认值

在插入记录时，可以指定某列具有某个默认值。可以在表结构中用 Default 关键字为某列定义默认值，也可以先创建一个默认名，并为该默认名指定一个默认值，然后将该默认名绑定到表的某列。两种方法都可以实现插入记录时，让该列具有指定的默认值。

创建表时用 Default 关键字为某列定义默认值的语法格式如下：

```
Create Table 表名
(列名 1 数据类型 Default 默认值表达式[,…n])
```

【例 6-30】创建学生成绩表 D_GR(Xh,Xm,Cj)，并为 Cj 列指定默认值为-1。

```
If Object_ID('D_GR')is not null   Drop Table D_GR
Create Table D_GR(Xh Int Primary Key,Xm Char(10),Cj Int Default -1)
Insert Into D_GR(Xh,Xm) Values(1,'AAA');
Select * From D_GR;
```

运行结果显示：

```
Xh          Xm       Cj
----------- ---------- -----------
1           AAA      -1
```

由运行结果可知，Insert 语句插入数据时没有指定 Cj 列的值，但查询后发现系统已经为该列添加了默认值-1。

创建默认名并指定默认值的语法格式如下：

```
Create Default  默认名
As
默认值
```

将默认值绑定某列的语法格式如下：

```
Exec sp_Bindefault 默认名,'表名.列名'
```

解除某列默认值绑定的语法格式如下：

```
Exec sp_UnBindefault '表名.列名'
```

【例 6-31】创建一默认名 CJ_Def，并指定默认值为 0，然后绑定到 D_GR 表的 Cj 列。

```
If Object_ID('D_GR')is not null   Drop Table D_GR
Create Table D_GR(Xh Int Primary Key,Xm Char(10),Cj Int)
GO
Create Default CJ_Def
As   0
GO
--绑定后，给学生表 D_GR 插入记录，若没有指定成绩，则成绩默认值为 0
Exec sp_Bindefault CJ_Def,'D_GR.Cj'
Insert Into D_GR(Xh,Xm) Values(1,'AAA');
Select * From D_GR;
--解除绑定并删除默认名
Exec sp_UnBindefault 'D_GR.Cj'
Drop Default CJ_Def
```

运行结果显示：

```
Xh              Xm              Cj
--------------- --------------- -----------
1               AAA             0
```

6.3.7　临时禁止与强制约束

在编辑数据之前可以临时禁止或强制某个约束，语法格式如下：

```
Alter Table  表名  {Check|NoCheck} Constraint {ALL|约束名[,...n]}
```

例如，在例 6-28 创建完带检查约束的学生表 GR 后，现在想插入一行不满足检查约束的记录，可以执行如下语句：

```
Alter Table GR NoCheck Constraint CK_CJ
```

若想要再次强制约束，可以执行如下语句：

```
Alter Table GR Check Constraint CK_CJ
```

禁止或允许约束时，可以指定 ALL 关键字代替约束名称。

6.4　创建分组表

创建分组表的目的是根据数据表的不同，将不同数据表的记录存储于不同的文件组中。

一般情况下，一个数据文件和一个日志文件就足以存储所有数据了。当数据量非常大或有多个物理磁盘时，可以定义多个文件组，以便创建表时指定不同的表存于不同的文件组中，再根据不同文件组的文件存于不同磁盘中，以提高数据访问的效率。创建分组表的语法格式如下：

```
Create Table 表名({列定义|计算列定义|列集定义}[表约束][,...n]) ON 文件组名;
```

若指定的文件组是主文件组，则 Primary 必须用中括号或双引号进行限定，如[Primary]。

【例 6-32】创建名为 tmg 的数据库，主文件组第一个数据文件为 D:\PRItmg1.mdf，逻辑名为文件主名，即 PRItmg1（以下逻辑名命名与此相同），第二个数据文件为 E:\PRItmg2.mdf；辅助文件组 FG2 第一个数据文件为 F:\FG2tmg1.mdf，第二个数据文件为 G:\FG2tmg2.mdf；辅助文件组 FG3 第一个数据文件为 H:\FG3tmg1.mdf，第二个数据文件为 I:\FG3tmg2.mdf；日志存于 J:\tmg.LDF，逻辑名为 tmgL；数据文件初值为 3MB（SQL 2012 第一个数据文件要改为 4160KB），最大值不限，增量为 1MB，日志文件初值为 1MB，最大值为 2TB，增量为 10%，其他值默认；创建学生表 xs(xh,xm)存于主文件组，创建课程名表 C(kh,km)存于 FG2 组，创建选修表 xx(xh,kh,CJ)存于 FG3 组，其中 xh、kh 为 int 类型，xm、km 为 char(400)类型，CJ 为 real 类型，编程生成 1 万条学生记录、1 万条课程名记录及 1 亿条可能的选修记录，观察各数据文件和日志文件的存储容量变化情况（为方便演示，以下程序没有把数据文件放在不同盘，而是统一放在 E:\）。

```
Create Database tmg   on Primary
(Name='PRItmg1',FileName='E:\PRItmg1.mdf' ,Size=3MB,MaxSize=UNLIMITED,FileGrowth=1MB)
,(Name='PRItmg2',FileName='E:\PRItmg2.mdf' ,Size=3MB,MaxSize=UNLIMITED,FileGrowth=1MB)
,FileGroup FG2
(Name='FG2tmg1',FileName='E:\FG2tmg1.mdf' ,Size=3MB,MaxSize=UNLIMITED,FileGrowth=1MB)
,(Name='FG2tmg2',FileName='E:\FG2tmg2.mdf' ,Size=3MB,MaxSize=UNLIMITED,FileGrowth=1MB)
,FileGroup FG3
(Name='FG3tmg1',FileName='E:\FG3tmg1.mdf' ,Size=3MB,MaxSize=UNLIMITED,FileGrowth=1MB)
,(Name='FG3tmg2',FileName='E:\FG3tmg2.mdf' ,Size=3MB,MaxSize=UNLIMITED,FileGrowth=1MB)
 LOG ON
(Name='tmgL',FileName='E:\tmg.LDF',Size=1MB,MaxSize=2TB,FileGrowth=10%)
Go
use tmg
Create Table xs(xh int primary key,xm char(1200)) ON [Primary];
Create Table C(kh int primary key,km char(1200)) ON FG2;
```

```
Create Table xx(xh int,kh int,CJ Float,Constraint PK_XHKH primary key(xh,kh)) ON FG3;
Go --以下添加 10000 条记录，观察 PRItmg1.mdf 和 PRItmg2.mdf 文件大小的变化
declare @i int
Select @i=10000
While @i<20000
Begin
Insert Into xs(xh,xm)
 Values(@i,char(26*rand()+65)+char(26*rand()+65)+char(26*rand()+65))
Set @i=@i+1
End
Go --以下添加 10000 条记录，观察 FG2tmg1.mdf 和 FG2tmg2.mdf 文件大小的变化
declare @i int
Select @i=90000
While @i<100000
Begin
Insert Into C(kh,km)
 Values(@i,'C_'+char(26*rand()+65)+char(26*rand()+65)+char(26*rand()+65))
Set @i=@i+1
End
Go
--以下添加 100 万条记录，观察 FG3tmg1.mdf 和 FG3tmg2.mdf 文件大小的变化
--若要添加 1 亿条记录，日志文件约需 21.3GB，数据文件约需 2.6GB，运行时间约需 24 分钟
Insert Into xx(xh,kh,CJ)
Select Top 1000000 xs.xh,C.kh,CJ=floor(100*RAND(xs.xh+C.kh)) From xs,C
```

6.5　创建分区表

创建分区表的目的是根据数据表中某列的值的不同，将记录存储于不同的文件组中。要实现此功能，必须创建一个分区函数和一个分区架构。

分区函数根据给定的 n 个分区边界值定义 $n+1$ 个分区区间；创建分区架构时，指定一个分区函数和 $n+1$ 个文件组，将分区函数定义的 $n+1$ 个分区区间映射到 $n+1$ 个文件组；创建分区表时，指定一个分区架构和作为分区依据的列，若某记录该列的值落入分区函数第 i 个分区区间（i=1～n+1），则将该记录存入分区架构指定的第 i 个文件组（i=1～n+1）。

6.5.1　创建分区函数

创建分区函数的语法格式如下：

```
Create Partition Function 分区函数名(分区参数类型)
As Range [Left|Right] For Values([分区边界值[,...n]])
```

参数说明如下。

（1）分区函数名：在数据库中必须是唯一的，并且符合标识符规则。

（2）分区参数类型指用于指定分区列的数据类型。

（3）Left|Right：指定分区在分区边界值的哪一侧（左侧还是右侧），默认值为 Left。

（4）分区边界值：为每个分区指定边界值。

【例 6-33】创建名为 xsPFun 的分区函数，建立(-∞,0]、(0,200]、(200,400]、(400,+∞) 4 个分区区间。

```
--创建(-∞,0]、(0,200]、(200,400]、(400,+∞)4 个分区区间
Create Partition Function xsPFun(int) As Range Left For Values(0,200,400)
```

若将参数 Left 改为 Right，则创建的区间为(-∞,0)、[0,200)、[200,400)、[400,+∞)。

```
--创建(-∞,0)、[0,200)、[200,400)、[400,+∞) 4 个分区区间
Create Partition Function xsPFun(int) As Range Right For Values(0,200,400)
```

创建完分区函数后可通过 sys.partition_functions 表查询分区函数的信息，例如：

```
Select name as 分区函数名,function_id as 函数 id,type as 类型,type_desc as 类型描述,
 fanout as 分区数,boundary_value_on_right as 分区在边界值右侧,
 create_date as 创建日期, modify_date as 修改日期
 From sys.partition_functions
```

运行结果显示：

分区函数名	函数 id	类型	类型描述	分区数	分区在边界值右侧	创建日期	修改日期
xsPFun	65536	R	RANGE	4	0	15:15.3	15:15.3

分区函数对应的分区边界值可通过 sys.partition_range_values 表查询，例如：

```
Select * From sys.partition_range_values;
```

运行结果显示：

function_id	boundary_id	parameter_id	value
65536	1	1	0
65536	2	1	200
65536	3	1	400

需要说明的是，只能在企业版的 SQL Server 中创建分区函数，否则（如 Express 版）会提示以下错误：

```
只能在 SQL Server Enterprise Edition 中创建分区函数。只有 SQL Server Enterprise Edition 支持分区。
```

通过@@Version 变量可以查询当前版本，例如：

```
Select @@Version
```

2008 R2 精简版运行结果显示：

```
Microsoft SQL Server 2008 R2 (RTM) - 10.50.1600.1 (X64)
    Apr  2 2010 15:48:46
    Copyright (c) Microsoft Corporation
    Express Edition with Advanced Services (64-bit) on Windows NT 6.1 <X64> (Build 7601:
Service Pack 1) (Hypervisor)
```

2012 企业版运行结果显示：

```
Microsoft SQL Server 2012 - 11.0.2100.60 (X64)
    Feb 10 2012 19:39:15
    Copyright (c) Microsoft Corporation
    Enterprise Edition (64-bit) on Windows NT 6.2 <X64> (Build 9200: ) (Hypervisor)
```

6.5.2 创建分区架构

在当前数据库中创建一个将已分区表或已分区索引的分区映射到文件组的方案。已分区表或已分区索引的分区的个数和域在分区函数中确定。创建分区架构的语法格式如下：

```
Create Partition Scheme  分区架构名
As Partition  分区函数名  [All] To ({文件组名|[Primary]}[,...n])
```

参数说明如下。

（1）分区架构名：在数据库中必须是唯一的，并且符合标识符规则。

（2）分区函数名：分区函数根据分区列将记录映射到分区架构中指定的文件组。

（3）ALL：指定所有分区都映射到指定的一个文件组或主文件组（主文件组 Primary 必须用中括号或双引号进行限定，即写成[Primary]或"Primary"）。指定了 ALL，则只能指定一个文件组。

6.5.3 创建分区架构表

创建完分区架构后，要创建一个分区表并与之关联，以便根据数据表中某列的值的不同，将记录存储于不同的文件组中。创建分区表的语法格式如下：

```
Create Table  表名({列定义}[表约束][,...n]) [ON {分区架构名(分区列名)}]
```

【例 6-34】 创建名为 tmg 的数据库，主文件组数据文件为 E:\db\tmg1.mdf，逻辑名为文件主名，即 tmg1（以下逻辑名命名与此相同）；辅助文件组 FG2 数据文件为 E:\db\FG2tmg1.mdf；辅助文件组 FG3 数据文件为 E:\db\FG3tmg1.mdf；辅助文件组 FG4 数据文件为 E:\db\FG4tmg1.mdf；日志存于 E:\db\tmg.LDF，逻辑名为 tmgL；在 SQL 2012 中主数据文件初值为 4160KB（在 SQL 2008 中 tmg1.mdf 只要 2304KB），辅助数据文件初值为 512KB，最大值不限，增量为 8KB，日志文件按默认值设置；创建学生表 xs(xh int primary key,xm char(8000),xb char(48))，xh∈(-∞,0]时记录存于主文件组，xh∈(0,200]时记录存于 FG2 组，xh∈(200,400]时记录存于 FG3 组，xh∈(400, +∞)时记录存于 FG4 组，创建相应的分区函数和分区架构实现以上功能；插入 xh=[-223,-1]记录和 xh=0 记录时，观察主数据文件存储容量的变化；插入 xh=[1,47]记录和 xh=200 记录时，观察FG2 组数据文件（'E:\db\FG2tmg1.mdf'）存储容量的变化；插入 xh=[201,247]记录和 xh=400 记录时，观察 FG3 组数据文件（'E:\db\FG3tmg1.mdf'）存储容量的变化；插入 xh=[401,448]记录和 xh=500 记录时，观察 FG4 组数据文件（'E:\db\FG4tmg1.mdf'）存储容量的变化（以下程序运行环境为 Windows 7/XP+SQL 2008/SQL 2012，不同运行环境数据文件存储容量初值可能不同，要存储多少条记录数据文件存储容量才会按增量递增的时机不同，为方便运行演示，相关文件文件夹由 E:\db\改为 D:\）。

```
--use master
--drop database tmg
Set NoCount ON
Create Database tmg ON
 Primary (Name='tmg1',FileName='D:\tmg1.mdf',Size=4160KB,FileGrowth=8KB)
```

```
,FileGroup FG2 (Name='FG2tmg1',FileName='D:\FG2tmg1.mdf',Size=512KB,FileGrowth=8KB)
,FileGroup FG3 (Name='FG3tmg1',FileName='D:\FG3tmg1.mdf',Size=512KB,FileGrowth=8KB)
,FileGroup FG4 (Name='FG4tmg1',FileName='D:\FG4tmg1.mdf',Size=512KB,FileGrowth=8KB)
LOG ON (Name='tmgL',FileName='D:\tmg.LDF')
GO
use tmg
GO
Create Partition Function xsPFun(int)
As Range Left For Values(0,200,400)--创建(-∞,0]、(0,200]、(200,400]、(400,+∞) 4 个区间
GO
Create Partition Scheme xsPSch --创建分区架构将 4 个分区区间与 4 个文件组对应
As Partition xsPFun To ("Primary",FG2,FG3,FG4)
GO --创建表用分区架构 xsPSch，xh 列作为分区依据，xh 值落入 4 个分区区间，记录存入相应文件组
Create Table xs(xh int primary key,xm char(8000),xb char(48)) ON xsPSch(xh);
GO                                    --一条记录最多 8060 字节= 4B(xh) + 8000B(xm) + 48B(xb) + 8B(PK)
Create View ShowStoreSize As
Select '文件组 ID'=a.Groupid,'总空间(KB)'=Sum(Size)*8,'可用空间(KB)'=(Sum(Size)
 -(Select Sum(total_pages) From sys.allocation_units b
  where b.data_space_id=a.Groupid))*8
  From sysfiles a where a.Groupid>0 Group By a.Groupid
GO
Print '插入记录前各文件组存储空间'
Select * From ShowStoreSize
GO
declare @i int
Select @i=-223
While @i<0
Begin
Insert Into xs(xh,xm,xb) Values(@i,'PriXM','女')
Set @i=@i+1
End
GO
Insert Into xs(xh,xm,xb) Values(0,'PriXM','女');--插入此记录后 tmg1.mdf 由 4160KB 变为 4224KB
Print '插入 xh=[-223,-1]记录和 xh=0 记录后各文件组存储空间'
Select * From ShowStoreSize                          --说明 xh=0 是(-∞,0]分区的最后一条记录
GO
declare @i int
Select @i=1
While @i<48
Begin
Insert Into xs(xh,xm,xb) Values(@i,'FG2xm','女')
Set @i=@i+1
End
GO
Insert Into xs(xh,xm,xb) Values(200,'FG2xm','男')--插入记录后 FG2tmg1.mdf 由 512KB 变为 576KB
Print '插入 xh=[1,47]记录和 xh=200 记录后各文件组存储空间'
Select * From ShowStoreSize                            --说明 xh=200 是(0,200]分区的最后一条记录
GO
declare @i int
Select @i=201
While @i<248
```

```
Begin
Insert Into xs(xh,xm,xb) Values(@i,'FG3xm','女')
Set @i=@i+1
End
GO
Insert Into xs(xh,xm,xb) Values(400,'FG3xm','男')--插入记录后 FG3tmg1.mdf 由 512KB 变为 576KB
Print '插入 xh=[201,247]记录和 xh=400 记录后各文件组存储空间'
Select * From ShowStoreSize                    --说明 xh=400 是(200,400]分区的最后一条记录
GO
declare @i int
Select @i=401
While @i<449
Begin
Insert Into xs(xh,xm,xb) Values(@i,'FG4xm','女')
Set @i=@i+1
End
Print '插入 xh=[401,448]记录后各文件组存储空间'
Select * From ShowStoreSize
GO--插入记录后 FG4tmg1.mdf 由 512KB 变为 576KB
```

运行结果显示：

```
插入记录前各文件组存储空间
文件组 ID      总空间(KB)      可用空间(KB)
------        -----------     --------------------
1             4160            2024
2             512             512
3             512             512
4             512             512

插入 xh=[-223,-1]记录和 xh=0 记录后各文件组存储空间
文件组 ID      总空间(KB)      可用空间(KB)
------        -----------     --------------------
1             4224            224
2             512             512
3             512             512
4             512             512

插入 xh=[1,47]记录和 xh=200 记录后各文件组存储空间
文件组 ID      总空间(KB)      可用空间(KB)
------        -----------     --------------------
1             2368            120
2             576             120
3             512             512
4             512             512

插入 xh=[201,247]记录和 xh=400 记录后各文件组存储空间
文件组 ID      总空间(KB)      可用空间(KB)
------        -----------     --------------------
1             2368            120
2             576             120
3             576             120
```

```
4               512             512

插入 xh=[401,448]记录后各文件组存储空间
文件组 ID        总空间(KB)       可用空间(KB)
------          -----------     --------------------
1               2368            120
2               576             120
3               576             120
4               576             120
```

6.6 视　　图

当一个 Select 查询要多次引用时，可以将其创建为视图。视图是虚拟表，是对若干基本表（实体表）或视图的映射，类似真实表，包含行和列数据，但本身并不存储数据。在引用视图时，视图的数据由创建视图的 Select 语句动态生成。

6.6.1 创建视图

创建视图的语法格式如下：

```
GO
Create View 视图名[(列名[,...n])]
[With Encryption]
AS
Select 语句
[With Check Option]
GO
```

参数说明如下。

（1）视图名：必须符合标识符的命名规则，创建时不可指定视图所属的数据库及所有者。

（2）视图名之后的(列名[,...*n*])是可选项，若省略，则用 Select 语句产生的列名作为视图列名，否则用列名[,...*n*]替换 Select 语句产生的列名。

（3）With Encryption 可选项：若选择此可选项，则表示对创建视图的文本进行加密，这样就无法通过 sys.syscomments 表的 text 等字段查询创建视图的文本。

（4）With Check Option 可选项：强制针对视图执行的数据修改语句和数据插入语句必须符合 Select 语句中设置的条件。With Check Option 选项可确保，通过视图对行进行修改后，仍可在视图中看到这些行；对视图插入新行后，一定可以在视图中看到这些新行。

注意：

（1）创建视图语句只能存在于一个单独的批处理中，若有多条 SQL 语句，则创建视图语句前后都要加 GO。

（2）在创建视图的 Select 语句中可以使用其他数据库的表和视图。

（3）在同一个数据库中，对于同一个所有者，视图名不能与基本表名或视图名相同。

【例 6-35】已知 Stu 表含 Xh、Xm、Cj、City 字段（详见 4.5.1 节），创建该表汉化版的视图学生(学号,姓名,成绩,城市)并查询该视图。

```
Set NoCount On;
If Object_ID('学生') is not null Drop View 学生;
GO  --   一定要有这一语句
Create View 学生(学号,姓名,成绩,城市) AS Select * From Stu
GO  --   一定要有这一语句
Select * From 学生
```

运行结果显示：

```
学号          姓名          成绩            城市
------------- ------------- --------------- ----------
1             曹彦波        73              三明
2             余柳芳        87              福州
3             张磊          83              三明
4             冯李明        73              泉州
5             陈张鑫        56              泉州
6             谭云张        45              泉州
7             李张          NULL            泉州
```

以上程序中若省略 GO，将会提示以下错误：

```
服务器: 消息 111，级别 15，状态 1，行 5
'CREATE VIEW' 必须是批查询中的第一条语句。
```

没有加密的视图脚本可通过 Sys.SysComments 表或 sp_HelpText 存储过程进行查看。

【例 6-36】查看以上例子中所创建的学生视图的文本。

```
Select Text From Sys.SysComments Where ID=Object_ID('学生')
```

或

```
EXEC SP_HelpText  学生
```

运行结果显示：

```
Text
--------------------------------------------------
Create View 学生(学号,姓名,成绩,城市) AS Select * From Stu
```

6.6.2　创建加密视图

创建加密视图就是在创建视图时带有 With Encryption 可选项，以防止对创建视图的源程序进行查看。

【例 6-37】对学生表 Stu(Xh,Xm,Cj,City)创建汉化版的加密视图学生加密(学号,姓名,成绩,城市)，然后查询该视图内容和文本。

```
GO
Create View 学生加密(学号,姓名,成绩,城市)
 With Encryption
 AS
```

```
 Select * From Stu
GO
Select * From 学生加密
Select Text From Sys.SysComments Where ID=Object_ID('学生加密')
```

运行结果显示：

```
学号          姓名         成绩            城市
----------- ----------- ------------- ----------
1           曹彦波        73             三明
2           余柳芳        87             福州
3           张磊          83             三明
4           冯李明        73             泉州
5           陈张鑫        56             泉州
6           谭云张        45             泉州
7           李张          NULL           泉州
Text
--------------------------------
NULL
```

以上程序说明，加密的视图不影响视图数据，但视图文本即源程序无法通过 Sys.SysComments 表的 Text 字段查看。

6.6.3　创建检查视图

创建检查视图就是在创建视图时带有 With Check Option 可选项，以防止对视图执行不满足原始视图条件的更新或插入操作。

【例 6-38】对学生表 Stu(Xh,Xm,Cj,City)以带检查选项创建视图学生及格(学号,姓名,成绩,城市)，该视图只包含成绩及格学生的信息，然后查询该视图内容，最后将成绩 73 改为 50，观察运行结果；若不带检查选项，完成以上同样过程，观察运行结果。

```
Set NoCount On;
If Object_ID('学生及格') is not null Drop View 学生及格;
GO
Create View 学生及格(学号,姓名,成绩,城市)
 AS
 Select * From Stu Where Cj>=60
 With Check Option
GO
Select * From 学生及格
Update 学生及格 Set 成绩=50 Where 成绩=73
```

运行结果显示：

```
学号          姓名         成绩            城市
----------- ----------- ------------- ----------
1           曹彦波        73             三明
2           余柳芳        87             福州
3           张磊          83             三明
4           冯李明        73             泉州
```

```
消息 550，级别 16，状态 1，第 2 行
试图进行的插入或更新已失败，原因是目标视图或者目标视图所跨越的某一视图指定了 WITH CHECK OPTION，而该操作的一个或多个结果行又不符合 CHECK OPTION 约束。
语句已终止。
```

以上运行结果说明，原成绩为 73 分的记录执行更新操作改为 50 分后，不满足学生及格视图成绩应该大于等于 60 的要求，在学生及格视图带强制检查选项情况下，无法修改。

当不带检查选项时，源程序改为如下：

```
Set NoCount On;
if Object_ID('学生及格') is not null Drop View 学生及格;
GO
Create View 学生及格(学号,姓名,成绩,城市)
 AS
 Select * From Stu Where Cj>=60
GO
Select * From 学生及格
Update 学生及格 Set 成绩=50 Where 成绩=73
Select * From 学生及格
Select * From Stu
```

运行结果显示：

```
学号         姓名        成绩         城市
---------- --------- ---------- ---------
1          曹彦波      73          三明
2          余柳芳      87          福州
3          张磊        83          三明
4          冯李明      73          泉州
学号         姓名        成绩          城市
---------- --------- ---------- ---------
2          余柳芳      87          福州
3          张磊        83          三明

Xh         Xm         Cj          City
---------- --------- ---------- ---------
1          曹彦波      50          三明
2          余柳芳      87          福州
3          张磊        83          三明
4          冯李明      50          泉州
5          陈张鑫      56          泉州
6          谭云张      45          泉州
7          李张        NULL        泉州
```

以上运行结果说明，原成绩为 73 分的记录执行更新操作改为 50 分后，不满足学生及格视图成绩应该大于等于 60 的要求，在学生及格视图不带强制检查选项情况下，修改成功，记录数减少，重新对视图进行查询时不再显示该记录，但对原基本表进行查询时仍可看到该记录。

同样地，以上程序中，在带强制检查选项情况下，执行以下插入操作也是非法的；在不带强制检查选项情况下，以下不满足条件记录也可以通过视图插入，但无法通过视图查询到

该新记录，只能通过原基本表查询到该新记录。

```
Insert Into 学生及格 Values(8,'赵云',30, '厦门');
```

6.6.4　创建集群视图

创建集群视图就是创建一个来自不同服务器、不同数据库、不同表的视图，通过 Union 将不同位置的这些表合并成总视图，也就是要将某个远程服务器上的某个数据库中的某个表（或视图）的数据与当前服务器上的某个数据库中的某个表（或视图）的数据进行联合查询。

要实现这一功能，首先要用 sp_addlinkedserver 注册一个远程服务器的别名，即被链接服务器的别名；其次，要用 sp_addlinkedsrvlogin 注册一个登录远程服务器的账号；最后，分别对不同服务器上的表或视图进行查询，用 Union 将它们合并为一个查询，并以此查询创建视图。

需要注意的是，要能以某个账号访问远程服务器，该远程服务器上必须创建一个账号并授权（详见 9.1.3 节），同时，该远程服务器必须设置允许 SQL Server 和 Windows 身份验证进行登录（详见 9.1.2 节）。

sp_addlinkedserver 语法格式如下：

```
sp_addlinkedserver
[@server= ] '远程服务器别名' --注册被链接的远程服务器别名
[,[@srvproduct=] '产品名称'] --SQL 不能指定为 SQL Server 或 NULL
[,[@provider=] '数据源提供者'] --数据源提供者，SQL 服务器一般为 SQLOLEDB 或 SQLNCLI
[,[@datasrc=] '数据源'] --被链接的远程服务器 IP 和端口号，二者之间用“,”分隔
[,[@location=] '数据库的位置'] --数据库的位置默认值为 NULL
[,[@provstr=] '连接字符串'] --连接字符串默认值为 NULL
[,[@catalog=] '目录'] --建立连接时所使用的目录，默认为数据库名
```

sp_addlinkedsrvlogin 语法格式如下：

```
sp_addlinkedsrvlogin
[@rmtsrvname=]'远程服务器别名' --sp_addlinkedserver 注册的远程服务器别名
[,[@useself=]'True'|'False'|'Null']--此处为 False 时用@rmtuser 和@rmtpassword 登录远程服务器，否则忽略此二参数
[,[@locallogin=]'本地服务器登录'] --本地服务器登录，默认值为 NULL
[,[@rmtuser=]'登录远程服务器的账号'] --指定登录远程服务器的账号
[,[@rmtpassword=]'登录远程服务器的密码'] --指定登录远程服务器的密码
```

跨服务器访问表或视图的语法格式如下，当名称中含有空格、减号等非法字符时，要用中括号加以限定，如[tmg-pc].Test.dbo.tmg_St 表示服务器（或计算机）名为 tmg-pc，库名为 Test，所有者为 dbo，表名或视图名为 tmg_St。

```
[服务器别名].[数据库名].[所有者].[表名或视图名]
```

【例 6-39】假设远程服务器 IP 为 172.21.15.124（为方便演示效果用本地 IP 127.0.0.1 代替），接受服务的端口为 1433，远程登录的账号为 tmg（事先创建），密码为 123456，该服务器有 KSPF 数据库，该库中有个 St124 表，字段名为(XH,XM,CJ)，创建表并添加数据代码如下；本地服务器计算机名称为 XXX，也有一个 KSPF 数据库，该库中有个 St 表，字段名为(XH,XM,CJ)，创建表并添加数据代码如下；创建一个集群视图，名为 Two_St，内容为这两个表的记录，然后查询该视图内容。

创建账号 tmg 并授予管理员角色代码如下：

```
use master
Create Login tmg With Password='123456';--创建登录名 tmg，密码 123456
GO
ALTER SERVER ROLE sysadmin ADD MEMBER tmg;--授予管理员角色
```

撤销管理员角色并删除账号 tmg 代码如下：

```
use master
ALTER SERVER ROLE sysadmin DROP MEMBER tmg;--撤销管理员角色
GO
EXEC   sp_DropLogin 'tmg';--删除登录名 tmg
```

假设远程服务器创建 St124 表并添加数据代码如下：

```
Create Table St124(XH int,XM varchar(6),CJ float)
Insert Into St124 Values(1,'a',80) , (2,'b',90) , (3,'c',70)
```

假设本地服务器创建 St 表并添加数据代码如下：

```
Create Table St(XH int,XM varchar(6),CJ float)
Insert Into St Values(101,'AAA',77) , (102,'BBB',99) , (103,'CCC',88)
```

创建集群视图并查询代码如下：

```
EXEC sp_addlinkedserver
@server='RemoteServer124',  --注册被链接的远程服务器别名
@srvproduct='',             --SQL 不能指定为 SQL Server 或 NULL
@provider='SQLOLEDB',       --数据源提供者，SQL 服务器一般为 SQLOLEDB 或 SQLNCLI
@datasrc='127.0.0.1'        --被链接的远程服务器 IP 和端口号，若用默认端口，则省略",6433"
Go
EXEC sp_addlinkedsrvlogin   --本地注册登录远程服务器的账号
@rmtsrvname='RemoteServer124', --被链接的服务器别名
@useself='false',           --用指定@rmtuser 和@rmtpassword 参数登录远程服务器
@locallogin=NULL,
@rmtuser='tmg',             --指定登录远程服务器的账号
@rmtpassword='123456'       --指定登录远程服务器的密码
Go
Create View Two_St AS
Select XH,XM,CJ,'远程' as 来源 From RemoteServer124.KSPF.dbo.St124
union
Select XH,XM,CJ,'本地' as 来源 From KSPF.dbo.St
Go
Select * from Two_St
```

运行结果显示：

```
XH              XM                                                            CJ                  来源
--------------- ------------------------------------------------------------- ------------------- ------
1               a                                                             80                  远程
2               b                                                             90                  远程
3               c                                                             70                  远程
101             AAA                                                           77                  本地
102             BBB                                                           99                  本地
103             CCC                                                           88                  本地
```

要撤销（删除）以上程序所创建信息，执行以下 3 条语句。

```
Drop View Two_St
EXEC sp_droplinkedsrvlogin RemoteServer124,Null        --删除本地注册的登录远程服务器的账号
EXEC sp_dropserver 'RemoteServer124'                   --删除被链接的远程服务器别名
```

Sp_HelpServer 或 Select srvname From sys.sysServers 可查询在本地服务器上注册的被链接远程服务器的别名等信息，即查询 sp_addlinkedserver 注册过的远程服务器的别名等信息，运行结果显示：

```
srvid   srvname          srvproduct    providername datasource          srvnetname
-------- ---------------- ------------- ------------ ------------------- ------------
0       TMG-PC           SQL Server    SQLOLEDB     TMG-PC              TMG-PC
1       RemoteServer                   SQLOLEDB     218.5.241.22,6433   NULL
```

Select * From sys.Linked_Logins 可查询在本地服务器上注册的登录远程服务器的账号，即查询 sp_addlinkedsrvlogin 在本地服务器上注册的登录远程服务器的账号，运行结果显示：

```
server_id   uses_self_credential remote_name    modify_date
----------- -------------------- -------------- -------------------------
0           1                    NULL           2016-10-09 22:21:48.550
1           0                    tmg            2016-10-22 18:41:11.893
```

【例 6-40】假设 Access 数据库名为 D:\KSTemp\Test1.MDB，该库中有学生表 St，含学号字段 XH、姓名字段 XM 等；本地计算机名称为 XXX，SQL 服务器有一个 KSPF 数据库，该库中也有个 St 表，结构同 Access 库 St 表；创建一个集群视图，名为 SQL_MDB_St，然后查询该视图内容。

```
--设置允许在进程中使用 ACE.OLEDB.12，仅第一次运行需要做这个设置
EXEC master.dbo.sp_MSset_oledb_prop N'Microsoft.ACE.OLEDB.12.0',N'AllowInProcess', 1
reconfigure
GO
EXEC sp_addlinkedserver
@server='TMGCMDB',--注册被链接的 Access 数据库别名
@srvproduct='OLE DB Provider for Jet',
@provider='Microsoft.ACE.OLEDB.12.0',--数据源提供者，此参数务必完全一致!
@datasrc='D:\KSTemp\Test1.mdb' --被链接的远程服务器 Access 路径
GO
Create View SQL_MDB_St AS
Select XH,XM,'Access' as 来源 From TMGCMDB...St
Union
Select XH,XM,'SQL' as 来源 From KSPF.dbo.St
GO
Select * From SQL_MDB_St
Drop View SQL_MDB_St
EXEC sp_dropserver 'TMGCMDB'   --删除被链接的 Access 数据库别名
```

运行结果显示：

```
XH               XM              来源
---------------- --------------- ----------
1001             A               Access
```

```
1002        B        Access
1003        C        Access
101         AAA      SQL
102         BBB      SQL
103         CCC      SQL
```

若提示以下错误信息，说明没有安装 ACCESS 数据库访问接口。

```
消息 7403，级别 16，状态 1，第 9 行
尚未注册 OLE DB 访问接口 "Microsoft.ACE.OLEDB.12.0"。
```

解决的方法是：下载 ACCESS 数据库引擎（accessdatabaseengine_X64.exe，79.5MB）并安装。重新启动后，在 SSMS 的对象资源管理器下的服务器对象下的链接服务器下的访问接口中，可以看到增加的访问接口“Microsoft.ACE.OLEDB.12.0”和“Microsoft.ACE.OLEDB.16.0”，如图 6-6 所示。

图 6-6　安装 Access 数据库引擎后增加的访问接口

需要注意的是，64 位 SQL 必须安装 64 位的 Access 数据库引擎，对应的 Office 也必须是 64 位的。

【例 6-41】Excel 工作薄 D:\KSTemp\St.xls 内容如图 6-7 所示，现用 SQL 登录该工作薄，并查询 Sheet1 工作表。

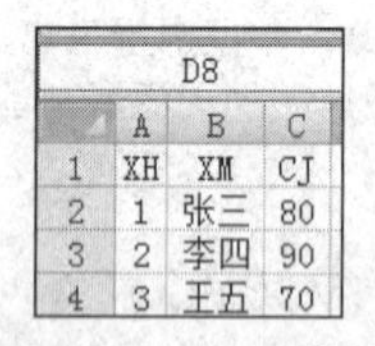
D8

	A	B	C
1	XH	XM	CJ
2	1	张三	80
3	2	李四	90
4	3	王五	70

图 6-7　工作薄内容

```
GO
EXEC sp_addlinkedserver 'TMGExcel','ex','Microsoft.ACE.OLEDB.12.0','D:\KSTemp\St.xls',null,'Excel 5.0'
GO
exec sp_addlinkedsrvlogin 'TMGExcel','false'
GO
Select * From TMGExcel...Sheet1$
GO
Exec sp_droplinkedsrvlogin TMGExcel,Null        --删除本地注册的登录远程服务器的账号
EXEC sp_dropserver 'TMGExcel'                   --删除被链接的远程服务器别名
```

运行结果显示：

```
XH    XM     CJ
----- ---------- -----
1.0   张三   80.0
2.0   李四   90.0
3.0   王五   70.0
```

注意：若驱动程序有问题，可能无法连接 Excel 工作薄。

6.6.5　只读与可修改视图

1．只读视图

若创建视图的 Select 语句中的列是表达式或子查询而不是直接引用基本表的列，则相应列是只读的。如下视图课号列是只读的，而学号和成绩列是可修改的，记录行可删除但不可插入。

```
Create Table xx(xh int,kh int,CJ Float,Constraint PK_XHKH primary key(XH,KH));
Insert Into XX Values(1,1001,80);
Insert Into XX Values(1,1003,70);
GO
Create View XXView(学号,课号,成绩) AS
Select xh,kh+1000,CJ From XX
```

若创建视图的 Select 语句指定了 Distinct 或 Union 或 Group By 或聚合函数（如 Max、Avg 等），则整个视图是只读的，如下整个视图是只读的，不可增删改。

```
Create Table U_Xs1(xh int primary key,xm varchar(12));
Insert Into U_Xs1 Values(1,'A');
Insert Into U_Xs1 Values(2,'B');
GO
Create Table U_Xs2(xh int primary key,xm varchar(12));
Insert Into U_Xs2 Values(11,'AA');
Insert Into U_Xs2 Values(12,'BB');
GO
Create View U_XSView as
Select * From U_Xs1
Union
Select * From U_Xs2
```

若创建视图的 Select 语句指定了多个表或视图，则不能插入和删除（因涉及多个基本表），而更新只能影响一个基本表。如下视图不能使用 Insert 或 Delete 语句，而 Update 语句只能影响相应的一个基本表，如改学号，则只能更新到 xs 表；改课号，则只能更新到 C 表。

```
Set NoCount ON
If Object_ID('Xx') is not null Drop Table Xx,Xs,C
Create Table xs(xh int primary key,xm varchar(12));
Create Table C(kh int primary key,km varchar(12));
Create Table xx(xh int,kh int,CJ Float,Constraint PK_XHKH primary key(XH,KH));
Insert Into xs Values(1,'AAA');
```

```
Insert Into xs Values(2,'BBB');
Insert Into xs Values(3,'CCC');
Insert Into C Values(1001,'C 语言');
Insert Into C Values(1002,'C++');
Insert Into C Values(1003,'VB');
Insert Into C Values(1004,'数据结构');
Insert Into XX Values(1,1001,80);
Insert Into XX Values(1,1003,70);
Insert Into XX Values(2,1002,90);
Insert Into XX Values(2,1003,75);
Go
Create View XS_XX_C AS
Select xs.xh,xs.xm,C.kh,C.km,xx.CJ From xs,xx,C where xs.xh=xx.xh and xx.kh=C.kh
```

2．可修改视图

要改变数据库中表的数据，最好在基本表上执行增删改操作，或在基于单个基本表的简单视图上执行。

6.6.6　修改视图和删除视图

修改视图的语法格式如下：

```
GO
Alter View 视图名[(列名[,...n])]
[With Encryption]
AS
Select 语句
[With Check Option]
GO
```

删除视图的语法格式如下：

```
Drop View 视图名[,...n]
```

要删除的视图名可以用所有者名称限定，但只能删除当前数据库中的视图。当删除一张视图时，所有依赖这张视图的视图都变得无效，直到创建一个具有相同名称的视图。

6.7　索　　引

当基本表定义一个主键或唯一性约束时，SQL 自动为该基本表创建一个内部索引。通过索引键值可快速查询符合条件的记录，当查询条件无相应索引时，SQL 只能逐行判断是否有符合条件的记录，效率比较低。常用查询条件，可以创建相应索引以提高查询效率。

6.7.1　创建索引

创建索引的语法格式如下：

```
Create [Unique] [Clustered|NonClustered] Index 索引名
On 表名|视图名(列名[Asc|Desc][,...n])
```

参数说明如下。

（1）Unique：创建唯一索引。唯一索引不允许两行具有相同的索引键值。

（2）Clustered：创建聚簇索引。聚簇索引使表中的数据与索引一同存储，并使行的物理顺序与索引的顺序保持一致，因此，每一个基本表或视图只允许最多创建一个聚集索引。主键就是一种聚簇索引，这就意味着有主键的表不能创建聚簇索引。若没有指定 Clustered，则创建非聚簇索引。

（3）NonClustered：创建非聚簇索引，默认创建非聚簇索引，最多可以创建 999 个非聚簇索引。对于非聚簇索引，数据行的物理排序独立于索引排序，即数据行不按非聚簇索引的顺序排序和存储。

（4）索引名：同一个表或视图的索引名不能相同，不同表或视图的索引名可以相同。

（5）列名[,...*n*]：最多 16 列（*n*=1～16）。

（6）Asc|Desc：确定特定索引列的升序或降序排序方向。默认值为 Asc。

【例 6-42】 已知学生表 xs(<u>xh</u>,xm)、课程名表 C(<u>kh</u>,km)、选修表 xx(<u>xh</u>,<u>kh</u>,cj)，其中选修表 xx 主键列为(xh,kh)；给 xs 表添加 10000 条记录，xh 为 10000～19999，xm 随机生成 3 个字母；给 C 表添加 10000 条记录，kh 为 90000～99999，km 随机生成 3 个字母并前缀'C_'；给 xx 表添加 1 亿条记录，xh 为 xs 表的所有 xh，kh 为 C 表的所有 kh，成绩 cj 随机生成 0～99，观察所需运行空间与时间；查询 xx 表最大小 xh 和 kh，观察用时，说明原因；给 xx 表创建索引，索引名为 XX_KH_XH，索引列为(kh,xh)，然后查询 xx 表最大小 xh 和 kh，观察用时，说明原因。

运行环境要求：磁盘空间约需 24GB，文件分配表用 NTFS，不能用 FAT32，因其最大文件为 4GB。

```
if Object_ID('xs') is not null Drop Table xs,xx,C
Create Table xx(xh int,kh int,CJ Float,Constraint PK_XHKH primary key(XH,KH));
go
Select Top 10000 xh=Identity(Int,10000,1),
 xm=char(26*rand()+65)+char(26*rand()+65)+char(26*rand()+65) into XS
 From Syscolumns A,Syscolumns B   --添加 10000 条学生记录
Select Top 10000 Kh=Identity(Int,90000,1),
 Km='C_'+char(26*rand()+65)+char(26*rand()+65)+char(26*rand()+65) into C
 From Syscolumns A,Syscolumns B   --添加 10000 条课程记录

Insert Into xx(xh,kh,CJ)--日志文件约 20.8GB，数据文件约 2.4GB，运行时间约 2 分钟
Select xs.xh,C.KH,CJ=floor(100*RAND(xs.xh+C.KH)) From xs,C

Select min(xh),MAX(xh) From xx      --0 秒
Select min(kh),MAX(kh) From xx      --2 秒

Create Index XX_KH_XH On XX(KH,XH); --数据文件增到 3.9GB，运行时间约 19 秒

Select min(xh),MAX(xh) From xx      --0 秒   重新运行查询，都 0 秒
Select min(kh),MAX(kh) From xx      --0 秒
```

选修表 xx 主键为 PK_XHKH(xh,kh)，使该表记录存储时先按 xh 从小到大排序，xh 相同的再按 kh 从小到大排序，因此求最大、最小 xh 速度很快，因为头尾两条记录就是 xh 最小和最大的记录；这种排序下查找最大、最小 kh 就慢了，因为每一个 xh 下都有可能有一个最大、最小值，这导致必须从头到尾逐条记录比较过去，因此时间约需 2 秒。再创建一个按(kh,xh)排序的索引 XX_KH_XH 后，同样只要判断头尾两条记录即可求最大、最小 kh，因此速度也很快，如图 6-8 所示。

xs

xh	xm
10000	
10001	
10002	
…	
19998	
19999	

C

kh	km
90000	
90001	
90002	
…	
99998	
99999	

xx

xh	kh	cj
10000	**90000**	
10000	**90001**	
10000	**90002**	
10000	**…**	
10000	**99998**	
10000	**99999**	
10001	**90000**	
10001	**90001**	
10001	**90002**	
10001	**…**	
10001	**99998**	
10001	**99999**	
…	…	
19998	**199999**	
19999	**90000**	
19999	**90001**	
19999	**90002**	
19999	**…**	
19999	**99998**	
19999	**99999**	

索引 XX_KH_XH

xh	kh
10000	**90000**
10001	**90000**
…	**90000**
19999	**90000**
10000	**90001**
…	**90001**
19999	**90001**
10000	**90002**
…	**90002**
19999	**90002**
…	…
10000	**99998**
10001	**99998**
…	**99998**
19999	**99998**
10000	**99999**
10001	**99999**
…	**99999**
19999	**99999**
19998	**199999**

图 6-8　选修表 xx 及其索引列

6.7.2　修改索引

修改索引的语法格式如下：

```
Alter Index 索引名|ALL On 表名|视图名 {Rebuild|Disable|ReOrganize}
```

参数说明如下。

（1）Rebuild：指定将使用相同的列、索引类型、唯一性属性和排序顺序重新生成索引。

（2）Disable：将索引标记为禁用，从而不能由数据库引擎使用。已禁用的索引的索引定义保留在没有基础索引数据的系统目录中。禁用聚集索引将阻止用户访问基础表数据。若要启用索引，请使用 Alter Index Rebuild 或 Create Index With Drop_Existing。

（3）ReOrganize：指定将重新组织的索引叶级。此子句等同于 Dbcc Indexdefrag。Alter Index ReOrganize 语句始终联机执行。这意味着不保留长期阻塞的表锁，且对基础表的查询或更新可以在 Alter Index ReOrganize 事务处理期间继续。

6.7.3　删除索引

删除索引的语法格式如下：

```
Drop Index 索引名 On 表名|视图名[,...n]
```

或者

```
Drop Index 表名|视图名.索引名[,...n]
```

【例 6-43】删除选修表 xx 的索引 XX_KH_XH。

```
Drop Index XX_KH_XH On xx
```

或者

```
Drop Index xx.XX_KH_XH
```

删除索引的表名可以用所有者名称限定，但只能删除当前数据库中的索引。

6.7.4　sp_helpindex 查索引

sp_helpindex 可以查询表或视图的索引信息，包含索引名、描述、列名等，具体语法格式如下：

```
sp_helpindex [@objname=]'name'
```

【例 6-44】用 sp_helpindex 查询选修表 xx 的索引信息。

```
sp_helpindex 'xx'
```

运行结果显示：

```
index_name     index_description                                          index_keys
-------------- ---------------------------------------------------------- -----------
PK_XHKH        clustered, unique, primary key located on PRIMARY          xh, kh
XX_KH_XH       nonclustered located on PRIMARY                            kh, xh
```

6.7.5　sys.indexes 查索引

sys.indexes 表可以查询表或视图的索引信息，包含索引名、索引 ID、类型描述、是否主键、是否唯一、是否禁用等，但不包括索引列信息，因此需要 sys.index_columns 表配合才可获得索引列名信息。

【例 6-45】用 sys.indexes 表查询选修表 xx 的索引信息。

```
Select object_id as 表 ID,Name as 索引名,index_id as 索引 ID,type as 类型,
type_desc as 类型描述,is_primary_key as 主键否,
is_unique as 唯一否,is_disabled as 禁用否
 From sys.indexes where Object_ID=Object_ID('xx')
```

运行结果显示：

表 ID	索引名	索引 ID	类型	类型描述	主键否	唯一否	禁用否
581577110	PK_XHKH	1	1	CLUSTERED	1	1	0
581577110	XX_KH_XH	4	2	NONCLUSTERED	0	0	0

【例 6-46】用 sys.index_columns 表查询选修表 xx 的索引列序号与 ID 等信息。

```
Select Object_ID as 表 ID,index_id as 索引 ID,index_column_id as 序号,column_id as
列 ID
  From sys.index_columns where Object_ID=Object_ID('xx')
```

运行结果显示：

表 ID	索引 ID	序号	列 ID
581577110	1	1	1
581577110	1	2	2
581577110	4	1	2
581577110	4	2	1

【例 6-47】用 sys.indexes 表和 sys.index_columns 表查询选修表 xx 的索引信息。

```
Select Object_Name(ic.Object_ID) as 表名,i.Name as 索引名,ic.index_column_id as 序号,
 Col_Name(ic.Object_ID,ic.column_id) as 列名,i.type_desc as 类型描述,
 i.is_primary_key as 主键否,i.is_unique as 唯一否,i.is_disabled as 禁用否
 From sys.index_columns ic Join sys.indexes i
 On ic.index_id=i.index_id and ic.Object_ID=i.Object_ID
  Where ic.Object_ID=Object_ID('xx')
```

运行结果显示：

表名	索引名	序号	列名	类型描述	主键否	唯一否	禁用否
xx	PK_XHKH	1	xh	CLUSTERED	1	1	0
xx	PK_XHKH	2	kh	CLUSTERED	1	1	0
xx	XX_KH_XH	1	kh	NONCLUSTERED	0	0	0
xx	XX_KH_XH	2	xh	NONCLUSTERED	0	0	0

习题 6

6-1 填空题

（1）为使数据库名 GZ 的数据库脱离服务器，不再接受服务，以便于将该数据库的数据文件和日志文件复制到其他磁盘进行备份，应该执行的命令是________。

（2）为将数据库 GZ 的数据文件 D:\GZ.MDF 和日志文件 D:\GZ.LDF 添加到服务器，以便接受服务，应该执行的命令是________。

6-2 选择题

（1）以下叙述不正确的是（　　）。

A．聚簇索引使行的物理顺序与索引的顺序保持一致

B．主键不一定是聚簇索引

C．一个表只能有一个 Identity 列

D．一个基本表有且仅有一个聚簇索引

（2）执行 Update 语句触发的是（　　）触发器。

A．查询　　B．DML　　C．DDL　　D．登录

（3）执行 Create Table 语句触发的是（　　）触发器。

A．查询　　B．DML　　C．DDL　　D．登录

（4）登录 SSMS（SQL Server Management Studio）会触发（　　）触发器。

A．查询　　B．DML　　C．DDL　　D．登录

6-3 程序设计题

（1）使用 SQL 语句创建教师表，表名为 jsb，有如下字段：教师号（tno），整型，主键；姓名（tname），最多允许输入 10 个汉字或 20 个字母，非空；性别（sex），只能输入 1 个汉字或 2 个字母。该表的内容如下：

```
tno          tname                     sex
------------ ------------------------- ----
101          郑晓军                    男
102          张三                      男
103          赵兰                      女
```

请在/*【*/和/*】*/之间的空白处填入适当语句或式子。

```
/***源程序***/
set NOCOUNT ON
/*【*/


/*】*/
select * from jsb;
```

（2）使用 SQL 语句创建学生表，表名为 XS，该表包含学号字段 XH（整型，主键，用大写字母表示）和姓名字段 XM（最多允许输入 6 个汉字或 12 个字母，用大写字母表示），该表的内容如下：

```
         XH XM
----------- ----------
          1 张三
          2 李四
          3 王五
```

请在/*【*/和/*】*/之间的空白处填入适当语句或式子。

```
/***源程序***/
SET NOCOUNT ON
/*【*/


/*】*/
```

（3）使用 SQL 语句创建借阅表，表名为 JY，该表包含书号字段 SH（字符型，最多允许 7 个汉字或 14 个字符）和学号字段 XH（字符型，最多允许 5 个汉字或 11 个字符），以及借阅日期字段 JYRQ 和归还时间字段 GHSJ（都是 DateTime 类型），并添加如下内容（日期格式可能不同，注意字段名大小写）：

```
SH                   XH               JYRQ                        GHSJ
-------------------- ---------------- --------------------------- -----------------------
1                    20120881101 2011-02-21                  2013-04-16
```

请在/*【*/和/*】*/之间的空白处填入适当语句或式子。

```
/***源程序***/
SET NOCOUNT ON
/*【*/


/*】*/
```

（4）使用 SQL 语句创建员工表，表名为 ygb，有如下字段：工号（eno），整型，主键；姓名（ename），最多允许输入 8 个汉字或 16 个字母，非空；性别（sex），只能输入 1 个汉字或 2 个字母。该表的内容如下：

```
eno              ename                       sex
---------------- --------------------------- ----------
101              陈军                        女
102              王丰                        男
103              张兰                        女
```

请在/*【*/和/*】*/之间的空白处填入适当语句或式子。

```
/***源程序***/
set NOCOUNT ON
/*【*/


/*】*/
select * from ygb;
```

（5）已知学生表 XS 有学号、姓名、毕业院校、成绩（CJ）等字段，请编写一个 SQL 语句用于增加一个非 Unicode 备注型字段，字段名为“BZ”（用大写字母表示）。

请在/*【*/和/*】*/之间的空白处填入适当语句或式子。

```
/***源程序***/
SET NOCOUNT ON
/*【*/


/*】*/
```

（6）为课程表（course）增加一个备注字段，字段名为 bz（用小写字母表示），类型为非 Unicode 备注型。

运行结果显示：

```
cno          cname                                      tno          bz
```

请在/*【*/和/*】*/之间的空白处填入适当语句或式子。

```
/***源程序***/
set NOCOUNT ON
go
/*【*/


/*】*/
select * from course;
```

（7）已知学生表 XS 有学号、姓名、毕业院校、成绩（CJ）等字段，请编写一个 SQL 语句用于删除成绩（CJ）字段。

请在/*【*/和/*】*/之间的空白处填入适当语句或式子。

```
/***源程序***/
SET NOCOUNT ON
/*【*/


/*】*/
```

（8）已知学生表 XS 有学号、姓名、毕业院校、成绩（CJ）等字段，请编写一个 SQL 语句用于将 int 类型字段名“CJ”改为“成绩”。

请在/*【*/和/*】*/之间的空白处填入适当语句或式子。

```
/***源程序***/
SET NOCOUNT ON
/*【*/


/*】*/
```

（9）已知学生表 XS 有学号、姓名、出生（CS）、毕业院校、成绩（CJ）等字段，请编写一个 SQL 语句用于将 datetime 类型字段名“CS”改为“出生”。

请在/*【*/和/*】*/之间的空白处填入适当语句或式子。

```
/***源程序***/
SET NOCOUNT ON
/*【*/


/*】*/
```

（10）已知学生表 XS 有学号、姓名、毕业院校、成绩（CJ）等字段，请编写一个 SQL 语句用于将成绩（CJ）字段类型改为浮点型（Float）。

请在/*【*/和/*】*/之间的空白处填入适当语句或式子。

```
/***源程序***/
SET NOCOUNT ON
```

```
/*【*/

/*】*/
```

（11）已知学生表XS有学号（12个字符）、姓名、毕业院校、成绩（CJ）等字段，请编写若干SQL语句用于增加一个主键约束，约束名为“PK_XH”，约束字段为“学号”字段。

注意：用SQL实现时，应先将“学号”字段改为不允许空的列（Not Null），再执行GO，最后才能添加主键约束。

请在/*【*/和/*】*/之间的空白处填入适当语句或式子。

```
/***源程序***/
SET NOCOUNT ON
/*【*/

/*】*/
```

（12）已知选修表（XX）有学号（XH）、课号（KH）、成绩（CJ）等字段，请编写一个SQL语句用于删除选修表（XX）主键约束，约束名为“PK_XHKH”。

请在/*【*/和/*】*/之间的空白处填入适当语句或式子。

```
/***源程序***/
SET NOCOUNT ON
/*【*/

/*】*/
```

（13）已知选修表XX有XH、KH、CJ等字段，请编写一个SQL语句用于给选修表XX的KH字段增加外键约束，约束名为“FK_KH”，引用字段为课程表C的KH字段，要求外键没有级联删除功能。

请在/*【*/和/*】*/之间的空白处填入适当语句或式子。

```
/***源程序***/
SET NOCOUNT ON
/*【*/

/*】*/
```

（14）已知选修表XX有XH、KH、CJ等字段，请编写一个SQL语句用于给选修表XX的KH字段增加外键约束，约束名为“FK_KH”，引用字段为课程表C的KH字段，要求外键具有级联删除功能。

请在/*【*/和/*】*/之间的空白处填入适当语句或式子。

```
/***源程序***/
SET NOCOUNT ON
/*【*/
```

```
/*】*/
```

（15）已知选修表 xx(xh,kh,CJ)，列名分别表示学号、课程号、成绩，主键(xh,kh)，当学生要查询成绩则效率比较高，因为各选修记录是先按学号排列，学号相同的再按课程号排列，所以同一个同学各门成绩对应的记录都是相邻的。但这种排序不利于教师查询和登录成绩，因为教师是根据课程号查询和登录成绩的，意味着教师指定某一课程号时，必须从头到尾进行检索，效率很低。请设计并添加一个索引以提高效率，索引名为 TeacherIndex，其他信息请根据需要进行选择。运行结果显示如下信息：

```
索引名
------------------
TeacherIndex
```

请在/*【*/和/*】*/之间的空白处填入适当语句或式子。

```
/***源程序***/
set NOCOUNT ON
Create Table xx(xh int,kh int,CJ Float,Constraint PK_XHKH primary key(xh,kh));
/*【*/


/*】*/
 Select Cast(Name as Varchar(13)) as 索引名 From sys.indexes
 where Object_ID=Object_ID('xx') and index_id>1
```

（16）创建名为 TestDB 的数据库，日志存于 D:\TestDB.LDF，逻辑名为 TestDBL；主文件组（Primary）文件名为 D:\TestDB1.mdf，逻辑名为 TestDB1；辅助文件组 FileGroup2 文件名为 D:\FG2.mdf，逻辑名为 FG2；辅助文件组 FileGroup3 文件名为 D:\FG3.mdf，逻辑名为 FG3；文件初值、最大值、增量按默认值处理。运行结果显示如下：

```
已将数据库上下文更改为 'TestDB'。
GroupID 组名           逻辑名          文件名
---------- ---------------- ------------------ ---------------------
0         NULL         testdbl         d:\testdb.ldf
1         primary      testdb1         d:\testdb1.mdf
2         filegroup2 fg2               d:\fg2.mdf
3         filegroup3 fg3               d:\fg3.mdf
已将数据库上下文更改为 'KSPF'。
```

请在/*【*/和/*】*/之间的空白处填入适当语句或式子。

```
/***源程序***/
set NOCOUNT ON
/*【*/


/*】*/
GO
Use TestDB
Select GroupID,CAST(Lower(FILEGROUP_NAME(GroupID)) as Varchar(10)) as 组名,
CAST(Lower(name) as Varchar(10)) as 逻辑名,
```

```
CAST(Lower(filename) as Varchar(15)) as 文件名
 From sysfiles Order By GroupID
Use KSPF
drop database TestDB
```

（17）已知名为 tmg20170110 的数据库有 Primary、FG2、FG3、FG4 等 4 个数据文件组，现要求创建学生表 xs(xh int primary key,xm char(8000),xb char(48))，当插入记录的学号(xh)值介于(-∞,0]时记录存于主文件组，介于(0,100]时记录存于 FG2 组，介于(100,200]时记录存于 FG3 组，介于(200, +∞)时记录存于 FG4 组，创建相应的分区函数和分区架构以实现以上功能。运行结果显示如下：

```
已将数据库上下文更改为 'tmg20170110'。
插入 xh=0 记录后文件组存储空间变了
插入 xh=100 记录后文件组存储空间变了
插入 xh=200 记录后文件组存储空间变了
插入 xh=201 记录后文件组存储空间变了
已将数据库上下文更改为 'KSPF'。
```

请在/*【*/和/*】*/之间的空白处填入适当语句或式子。

```
/***源程序***/
set NOCOUNT ON
use tmg20170110
GO
/*【*/


/*】*/
GO
declare @Free int
Select @Free=Free From GroupSize where GID=1
Insert Into xs(xh,xm,xb) Values(0,'PriXM','女');
Select @Free=@Free-Free From GroupSize where GID=1
if @Free<>0
Print '插入 xh=0 记录后文件组 1 存储空间变了'
GO
declare @Free int
Select @Free=Free From GroupSize where GID=2
Insert Into xs(xh,xm,xb) Values(100,'FG2XM','女');
Select @Free=@Free-Free From GroupSize where GID=2
if @Free<>0
Print '插入 xh=100 记录后文件组 2 存储空间变了'
GO
declare @Free int
Select @Free=Free From GroupSize where GID=3
Insert Into xs(xh,xm,xb) Values(200,'FG3XM','女');
Select @Free=@Free-Free From GroupSize where GID=3
if @Free<>0
Print '插入 xh=200 记录后文件组 3 存储空间变了'
GO
declare @Free int
```

```
Select @Free=Free From GroupSize where GID=4
Insert Into xs(xh,xm,xb) Values(201,'FG4XM','女');
Select @Free=@Free-Free From GroupSize where GID=4
if @Free<>0
Print '插入 xh=201 记录后文件组 4 存储空间变了'
GO
Use KSPF
drop database tmg20170110
```

（18）已知名为 tmg20170110 的数据库有 Primary、FG2、FG3、FG4 等 4 个数据文件组，现要求创建 4 个学生表，表名分别为 xs1、xs2、xs3、xs4，结构都是（xh int primary key,xm char(8000),xb char(48)），当学生表 xs1 表插入记录时存于主文件组，xs2 表插入记录时存于 FG2 组，xs3 表插入记录时存于 FG3 组，xs4 表插入记录时存于 FG4 组，请实现以上功能。运行结果显示如下：

```
已将数据库上下文更改为 'tmg20170110'。
xs1 表插入记录后文件组 1 存储空间变了
xs2 表插入记录后文件组 2 存储空间变了
xs3 表插入记录后文件组 3 存储空间变了
xs4 表插入记录后文件组 4 存储空间变了
已将数据库上下文更改为 'KSPF'。
```

请在/*【*/和/*】*/之间的空白处填入适当语句或式子。

```
/***源程序***/
set NOCOUNT ON
use tmg20170110
GO
/*【*/

/*】*/
GO
declare @Free int
Select @Free=Free From GroupSize where GID=1
Insert Into xs1(xh,xm,xb) Values(0,'xs1XM','女');
Select @Free=@Free-Free From GroupSize where GID=1
if @Free<>0
Print 'xs1 表插入记录后文件组 1 存储空间变了'
GO
declare @Free int
Select @Free=Free From GroupSize where GID=2
Insert Into xs2(xh,xm,xb) Values(0,'xs2XM','女');
Select @Free=@Free-Free From GroupSize where GID=2
if @Free<>0
Print 'xs2 表插入记录后文件组 2 存储空间变了'
GO
declare @Free int
Select @Free=Free From GroupSize where GID=3
Insert Into xs3(xh,xm,xb) Values(0,'xs3XM','女');
Select @Free=@Free-Free From GroupSize where GID=3
if @Free<>0
Print 'xs3 表插入记录后文件组 3 存储空间变了'
```

```
GO
declare @Free int
Select @Free=Free From GroupSize where GID=4
Insert Into xs4(xh,xm,xb) Values(0,'xs4XM','女');
Select @Free=@Free-Free From GroupSize where GID=4
if @Free<>0
Print 'xs4 表插入记录后文件组 4 存储空间变了'
GO
Use KSPF
drop database tmg20170110
```

（19）给学生表创建不及格视图（CJ<60）和优秀视图（CJ>=85）。运行结果显示如下：

```
         XH XM             CJ
---------------- ----------- -------------
          2 李四           46
          5 王五           27

         XH XM             CJ
---------------- ----------- -------------
          3 张 3           98
          4 李 4           86
```

注意：应在创建每个视图语句前后各加入一个 GO 语句。

请在/*【*/和/*】*/之间的空白处填入适当语句或式子。

```
/***源程序***/
SET NOCOUNT ON
go
Create Table 学生(XH int Primary Key,XM varchar(6),CJ int);
/*【*/



/*】*/
Insert Into 学生 Values(1,'张三',75);
Insert Into 学生 Values(2,'李四',46);
Insert Into 学生 Values(3,'张 3',98);
Insert Into 学生 Values(4,'李 4',86);
Insert Into 学生 Values(5,'王五',27);
Select * from 不及格;
Select * from 优秀;
```

（20）对学生表 Stu(XH,XM,CJ)创建加密视图学生加密(学号,姓名,成绩)。运行结果显示如下：

```
学号             姓名           成绩
---------------- --------------- ---------------------
1                AAA            56
2                BBB            80
3                CCC            70
Text
------------------------------------------
NULL
```

请在/*【*/和/*】*/之间的空白处填入适当语句或式子。

```
/***源程序***/
SET NOCOUNT ON
go
Create Table Stu(XH int Primary Key,XM Varchar(8),CJ Float);
Insert Into Stu Values(1,'AAA',56);
Insert Into Stu Values(2,'BBB',80);
Insert Into Stu Values(3,'CCC',70);
/*【*/


/*】*/
Select * From 学生加密
Select Text From Sys.SysComments Where ID=Object_ID('学生加密')
```

（21）对学生表 Stu(XH,XM,CJ)以带检查选项创建视图学生及格(学号,姓名,成绩)，该视图只包含成绩及格学生的信息，然后查询该视图内容，最后将成绩 70 改为 50。运行结果显示如下：

```
学号           姓名           成绩
-------------- -------------- --------------------
2              BBB            80
3              CCC            70
E_No Lever State  错误信息
------- -------- ------- ------------------------------------------------------------------------------------------
550   16     1       试图进行的插入或更新已失败，原因是目标视图或者目标视图所跨越的某一视图指定了 WITH CHECK OPTION
```

请在/*【*/和/*】*/之间的空白处填入适当语句或式子。

```
/***源程序***/
SET NOCOUNT ON
go
Create Table Stu(XH int Primary Key,XM Varchar(8),CJ Float);
Insert Into Stu Values(1,'AAA',56);
Insert Into Stu Values(2,'BBB',80);
Insert Into Stu Values(3,'CCC',70);
/*【*/


/*】*/
Begin Try
Select * From 学生及格
Update 学生及格 Set 成绩=50 Where 成绩=70
End Try
Begin Catch
    Select
        Convert(varchar(4),Error_Number()) As E_No,
        Convert(varchar(5),Error_Severity()) As Lever,
        Convert(varchar(1),Error_State()) As State,
        Convert(varchar(95),Error_Message()) As 错误信息;
End Catch;
```

（22）已知@MDB 变量保存有 Access 数据库名"Test1.MDB"，该库中有学生表 Stu，包含学号字段（XH）、姓名字段（XM）等，注册被链接的 Access 数据库别名为'TMG_MDB'；本地计算机名称为 XXX，SQL 服务器也有一个 Stu 表，结构同 Access 库 Stu 表；请根据@MDB 变量指定的数据库名（注意：数据库名要引用@MDB），创建一个集群视图，名为 SQL_MDB_Stu，包含两个 Stu 表的数据，并查询该视图内容。

运行结果显示如下：

```
XH               XM              Access_SQL
---------------- --------------- ------
1001             A               Access
1002             B               Access
1003             C               Access
101              AAA             SQL
102              BBB             SQL
103              CCC             SQL
```

请在/*【*/和/*】*/之间的空白处填入适当语句或式子。

注意：部分环境可能不能运行，可能是因为 Office 2007 或更高版本冲突。

```
/***源程序***/
SET NOCOUNT ON
go
Declare @MDB varchar(20)
Select @MDB=MDB From InputX
Create Table Stu(XH int Primary Key,XM Varchar(8),CJ Float);
Insert Into Stu Values(101,'AAA',56);
Insert Into Stu Values(102,'BBB',80);
Insert Into Stu Values(103,'CCC',70);
/*【*/
    Select @MDB='D:\kstemp\'+@MDB --若没有 D:盘，请改为 C 盘



/*】*/
GO
Select * From SQL_MDB_Stu
Drop View SQL_MDB_Stu
GO
EXEC sp_dropserver 'TMG_MDB'   --删除被链接的 Access 数据库别名
```

第 7 章　数据操纵语言 DML

SQL 的数据操纵语言主要有插入（Insert）、删除（Delete）、修改（Update）、查询（Select）等语句。

7.1　查询语句（Select）

Select 语句用于从数据库中检索出数据，并允许从若干个表中选择若干个行（记录）和列（字段）。其基本语法结构如下：

```
Select [All|Distinct]  [Top n [Percent] [With Ties]]
 选择列或表达式清单|*|表或视图别名.* [Into 新表名]
  [From 表或视图 [as 别名][,…N]
   [Where 检索条件]
    [Group By 分组列或表达式清单
     [Having 分组结果检索条件]]
      [Order By 排序列或表达式清单 [ASC|DESC]]
```

参数说明如下。

（1）All：指结果集中可以输出重复行。All 是默认设置。

（2）Distinct：指结果集中剔除重复的行。若结果集有多行值为 Null，则只返回一个值为 Null 的行。

（3）Top *n* [Percent]：指结果集中输出前 *n* 行，*n* 为无符号整数；若还指定了 Percent，则结果集中输出前 *n*%行，*n* 为 0～100 的整数。

若查询时包含 Order By 子句，则输出由 Order By 子句排序的前 *n* 或 *n*%行。若查询时没有 Order By 子句，则行的顺序任意。

（4）With Ties：指结果集中返回带绑带的前 *n*[%]行，当第 *n*[%]行排序列的值与之后的若干行相同时，则之后的若干行一并输出，即排列时输出所有并列第 *n*[%]名。

（5）选择列或表达式清单|*|表或视图别名.*：选择列或表达式清单指为结果集选择的列名或要计算的表达式，各部分之间用逗号分隔；*指返回所有列；“表或视图别名.*”指仅返回指定表或视图的所有列。

表达式可以是列名、常量、函数以及由运算符连接的列名、常量和函数的任意组合，或者是子查询。

列或表达式可以分别指定别名，如 CJ as 成绩、语文+数学 as 总分。

别名的命名必须符合标识符的命名规则，否则必须用双引号或中括号进行限定，如 CJ as [70%以上]。

别名可用于 Order By 子句，但不能用于 Where、Group By 或 Having 子句。

当 From 子句中的两个表中含有相同的列名时，列名必须前缀表名、视图名或其对应的别名，如同时查询学生表 Xs 和选修表 Xx，且二者都有学号列 Xh，则应分别指定为 Xs.Xh 和 Xx.Xh。

（6）Into 新表名：创建一个新表并将结果集保存到新表中。

若要执行带 Into 的 Select 语句，用户必须具有 Create Table（创建表）权限。

（7）From 表或视图[as 别名][,…*N*]：指定 *N* 个表或视图作为数据来源，同时可以分别为各个表或视图指定别名。

（8）Where 检索条件：指定输出行的条件。

（9）Group By 分组列或表达式清单：指定按分组列或表达式将结果集进行分组，以便进一步做统计。

若指定多个分组列或表达式，则各部分之间用逗号分隔，再依次按各个值分组。

（10）Having 分组结果检索条件：指定将分组结果按 Having 指定的条件进一步筛选出符合条件的行。

（11）Order By 排序列或表达式清单[ASC|DESC]：指定结果集按排序列或表达式进行排序后输出，若指定 ASC 则按升序排序（默认），若指定 DESC 则按降序排序。若指定多个排序列或表达式，则各部分之间用逗号分隔，再依次按各个值排序。

7.1.1 无表查询

无表查询主要用于表达式计算。

【例 7-01】将 0xB0A1 转换为 GBK 汉字，将 0x004E 转换为 Unicode 汉字。

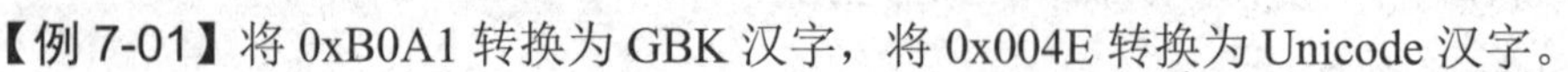

```
Select Cast(0xB0A1 as char) as GBK,Cast(0x004E as nchar) as Unicode
```

运行结果显示：

```
GBK                                       Unicode
----------------------------------------- ---------------------------
啊                                        一
```

7.1.2 指定要检索的列

在 Select 后面使用*，表示输出全部列，否则要指定检索的列，并用逗号分开。

【例 7-02】已知学生表 Stu 包含学号列 Xh、姓名列 Xm、成绩列 Cj、城市列 City 且含 7 条记录（详见 4.5.1 节），查询学生表 Stu 所有列信息。

```
Select * From Stu;
```

运行结果显示：

```
Xh               Xm             Cj                City
---------------- -------------- ----------------- ----------
1                曹彦波         73                三明
2                余柳芳         87                福州
3                张磊           83                三明
4                冯李明         73                泉州
5                陈张鑫         56                泉州
```

```
6              谭云张      45          泉州
7              李张        NULL        泉州
```

【例 7-03】显示学生表 Stu 中所有学生的姓名（XM）、成绩（CJ）及成绩的十位和个位等信息。

```
Select Xm,Cj,Cj/10 as 十位,Cj%10 as 个位 From Stu;
```

运行结果显示：

```
Xm            Cj               十位                 个位
-------------- ----------------- -------------------- ----------
曹彦波        73               7                    3
余柳芳        87               8                    7
张磊          83               8                    3
冯李明        73               7                    3
陈张鑫        56               5                    6
谭云张        45               4                    5
李张          NULL             NULL                 NULL
```

7.1.3　剔除重复行 Distinct

当查询的列表不包含主键时，结果集可能包含重复的行。要剔除重复的行，可以使用关键字 Distinct。

【例 7-04】查询学生表 Stu 中的学生都来自哪些城市（可重复显示城市）。

```
Select City From Stu;
```

运行结果显示：

```
City
----------
三明
福州
三明
泉州
泉州
泉州
泉州
```

由运行结果可知，有 2 个学生来自三明，4 个学生来自泉州，重复显示了。

【例 7-05】查询学生表 Stu 中的学生都来自哪些城市（不可重复显示城市）。

```
Select Distinct City From Stu;
```

运行结果显示：

```
City
----------
福州
泉州
三明
```

7.1.4　查询结果另存

Select 语句可以将检索到的行另存到一个新表，新表名由 Into 子句指定，紧跟在列或表达式清单之后。

【例 7-06】查询学生表 Stu 中的信息，并将结果信息另存为 St2 表。

```
Select * Into St2 From Stu;
```

运行结果在当前数据库中增加了一个 St2 表，该表结构和内容同 Stu 表。

7.2　条件子句（Where）

查询语句的 Where 子句用于指定搜索条件，可以是用关系运算符组成的关系表达式，也可以是用逻辑运算符（and、or、not）组成的逻辑表达式。搜索条件的计算结果有 3 个值：真、假或空（Null）。

注意：Text、Ntext 和 Image 数据类型只能用在 Like 条件中和允许使用 Text 和 Image 参数的函数。Text 和 Image 数据类型不能用在子查询的选择列表中。

7.2.1　基本条件

基本条件一般的语法格式如下：

```
Where 表达式 1⊙表达式 2
```

其中⊙指定关系运算符，用来比较两个值，常用的 6 种关系运算符如下：=，<>或!=，<，<=或!>，>=或!<，>。它们分别表示相等、不相等、小于、小于等于、大于等于、大于。

【例 7-07】查询学生表 Stu 中不及格学生的信息。

```
Select * From Stu Where Cj<60;
```

运行结果显示：

```
Xh               Xm            Cj               City
---------------- ------------- ---------------- ----------
5                陈张鑫        56               泉州
6                谭云张        45               泉州
```

测试表达式还可能跟标量值进行比较运算，标量值指 Select 子查询只返回一行一列一个值的结果集，语法格式如下：

```
Where 测试表达式⊙(Select 子查询)
```

【例 7-08】查询学生表 Stu 中成绩高于全班平均成绩的学生信息。

```
Select * From Stu Where Cj>(Select Avg(Cj) From Stu);
```

运行结果显示：

```
Xh          Xm        Cj          City
----------- --------- ----------- ----------
1           曹彦波     73          三明
2           余柳芳     87          福州
3           张磊       83          三明
4           冯李明     73          泉州
警告: 聚合或其他 SET 操作消除了 Null 值。
```

注意：

（1）子查询必须用圆括号括起来。

（2）Avg(Cj)求平均时发现表中有一条记录成绩为 Null，故显示警告信息。

【例 7-09】查询学生表 Stu 中每个城市最高分的学生信息。

```
Select * From Stu as Cur Where CJ=(Select Max(CJ) From Stu as Sub Where
Sub.City=Cur.City);
```

运行结果显示：

```
Xh          Xm        Cj          City
----------- --------- ----------- ----------
3           张磊       83          三明
4           冯李明     73          泉州
2           余柳芳     87          福州
```

7.2.2　Null 条件

根据 ANSI 标准，用关系运算符比较两个值时，若其中一个值或两个值为空，则比较的结果为空（Null）。

【例 7-10】查询学生表 Stu 中成绩不为空的学生信息。

```
Select * From Stu Where Cj!=NULL;
```

运行结果显示没有记录：

```
Xh          Xm        Cj          City
----------- --------- ----------- ----------
```

若将查询条件改为查询成绩为空的记录，如下所示：

```
Select * From Stu Where Cj=NULL;
```

运行结果仍然显示没有记录：

```
Xh          Xm        Cj          City
----------- --------- ----------- ----------
```

因为条件表达式中有一个值为 Null，所以比较的结果始终都为 Null，故始终不会有符合条件的记录。

因此，Null 条件一般用 is 进行判断，语法格式如下：

```
Where 测试表达式 Is [Not] Null
```

例 7-10 正确的语句如下：

```
Select * From Stu Where Cj is not NULL;
```

运行结果显示：

```
Xh              Xm              Cj              City
--------------- --------------- --------------- -------------
1               曹彦波          73              三明
2               余柳芳          87              福州
3               张磊            83              三明
4               冯李明          73              泉州
5               陈张鑫          56              泉州
6               谭云张          45              泉州
```

当 ANSI_NULLS 选项关闭（SET ANSI_NULLS OFF）时，SQL 将 NULL 作为一个实际值，则 NULL=NULL 为真，NULL!=NULL 为假。被比较对象是否为空还可用=或<>判断，此时例 7-09 可以使用如下语句实现：

```
SET ANSI_NULLS OFF
Select * From Stu where Cj!=NULL;
```

运行结果显示：

```
Xh              Xm              Cj              City
--------------- --------------- --------------- -------------
1               曹彦波          73              三明
2               余柳芳          87              福州
3               张磊            83              三明
4               冯李明          73              泉州
5               陈张鑫          56              泉州
6               谭云张          45              泉州
```

7.2.3 Between 条件

Between 条件用于检索测试表达式的值介于或不介于两个值之间的记录。语法格式如下：

```
Where 测试表达式 [Not] Between 值 1 and 值 2
```

【例 7-11】查询学生表 Stu 中成绩为 70 分数段的学生信息。

```
Select * From Stu Where Cj Between 70 and 79;
```

运行结果显示：

```
Xh              Xm              Cj              City
--------------- --------------- --------------- -------------
1               曹彦波          73              三明
4               冯李明          73              泉州
```

【例 7-12】查询学生表 Stu 中成绩不是中等（70 分数段）与良好（80 分数段）的学生信息。

```
Select * From Stu Where Cj Not Between 70 and 89;
```

运行结果显示：

```
Xh               Xm             Cj               City
---------------- -------------- ---------------- -------------
5                陈张鑫         56               泉州
6                谭云张         45               泉州
```

Between 条件可以用逻辑表达式实现，等价的表示形式如下：

```
Where [Not] (测试表达式>=值 1 and 测试表达式<=值 2)
```

如例 7-12 可以表示为：

```
Select * From Stu Where Not (Cj>=70 and Cj<=89);
```

7.2.4　In 表达式条件

为了简化多个值的相等比较，可以使用 In 条件，语法格式如下：

```
Where 测试表达式 [Not] IN (表达式[,...n])
```

等价于：

```
Where [Not] ( (测试表达式=表达式) OR ... OR (测试表达式=表达式 n) )
```

【例 7-13】查询学生表 Stu 中来自福州和三明的学生信息。

```
Select * From Stu Where City In('福州','三明');
```

运行结果显示：

```
Xh               Xm             Cj               City
---------------- -------------- ---------------- -------------
1                曹彦波         73               三明
2                余柳芳         87               福州
3                张磊           83               三明
```

以上例子等价的表示形式如下：

```
Select * From Stu Where City='福州' or City='三明';
```

In 条件的对象还可以是子查询，详见 7.5 节子查询内容。

7.2.5　Like 条件

Like 条件用于判断测试字符串是否与指定模式相匹配。模式可以包含常规字符和通配符。模式匹配过程中，常规字符必须与测试字符串中对应的字符完全匹配，通配符必须与测试字符串中的字符按要求匹配。若判断对象不是字符串，则 SQL 会将其转换为字符串（如果可能）。

语法格式如下：

```
Where 测试表达式 [Not] Like 模式 [Escape 转义符]
```

Escape 指定的“转义符”放在通配符之前用于指示该通配符应当解释为常规字符而不是

通配符的字符。“转义符”也叫退出字符，只能是一个字符。

模式可以包含如表 7-1 所示的通配符，最大长度可达 8000 字节。

表 7-1　Like 运算符的通配符

通　配　符	含　义
_（下画线）	任何一个字符或汉字
%（百分号）	任意长度的任意字符（0～n）
[字符列表]	存在于字符列表中任一值，若这些字符是通配符，则按常规文字使用
[^字符列表]	不存在于字符列表中任一值
-（减号）	指定字符范围，两边的值分别为其上下限，若无上下限则减号按常规字符使用

需要注意的是，所有匹配默认不区分大小写，详见 7.2.8 节字符串排序规则内容。

一些常见的 Like 运算符表达式如表 7-2 所示。

表 7-2　Like 运算符的表达式

搜索表达式	描　　述
Like 'J%n'	查找以“J”开头并以“n”结尾的值
Like '%Mar%'	在日期时间列中查找三月份（March）的值，与年份无关
Like '%1994%'	在日期时间列中查找 1994 年的值
Like 'Mac_'	查找 4 个字符的值，其中前 3 个字符为“Mac”
Like '[a-c]%'	以 a 到 c 之间的任意一个字符开头的字符串
Like '[-ac]%'	以“-”或“a”或“c”开头的字符串，通配符减号按常规字符使用
Like '80[%]'	80%
Like '[^0-6]'	除 0～6 的一个数字
Like 'sy[wpk]m'	取 wpk 中一个字符组合，如 sywm、sypm、sykm
Like '[a_c]%'	以“a”或“_”或“c”开头的字符串，通配符下画线按常规字符使用
Like '%[[]%'	查找含“[”的字符串，通配符“[”按常规字符使用

【例 7-14】查询学生表 Stu 中学生姓名中有“张”字的学生信息。

```
Select * From Stu Where Xm Like '%张%';
```

运行结果显示：

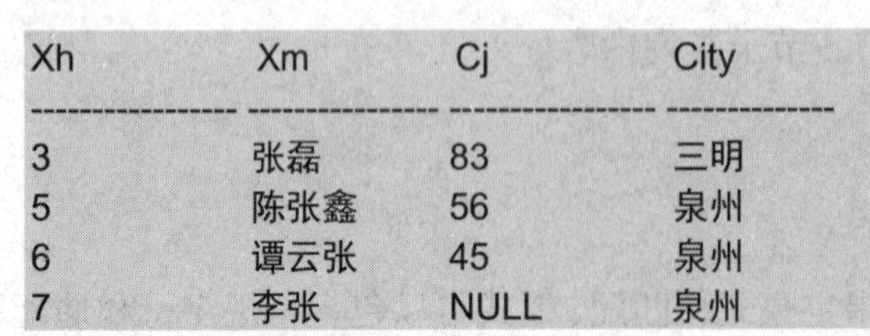

```
Xh              Xm              Cj              City
--------------- --------------- --------------- -------------
3               张磊            83              三明
5               陈张鑫          56              泉州
6               谭云张          45              泉州
7               李张            NULL            泉州
```

【例 7-15】查询学生表 Stu 中学生姓名第二个字为“张”的学生信息。

```
Select * From Stu Where Xm Like '_张%';
```

运行结果显示：

```
Xh              Xm              Cj              City
--------------- --------------- --------------- -------------
```

```
5               陈张鑫      56            泉州
7               李张        NULL          泉州
```

【例 7-16】查询学生表 Stu 中学生姓名第二个字为“张”且有 3 个字的学生信息。

```
Select * From Stu Where Xm Like '_张_';
```

运行结果显示：

```
Xh              Xm          Cj            City
--------------- ----------- ------------- -----------
5               陈张鑫      56            泉州
```

若要匹配%、[、_、-等字符，则要把这种字符放在方括号内。

【例 7-17】查询 TL 表中含有“[”“_”“-”“%”“^”等字符的信息。

```
If Object_ID('TL') is Not Null Drop Table TL;
Create Table TL(Txt varchar(12))
Insert Into TL Values('a')
Insert Into TL Values('b')
Insert Into TL Values('c')
Insert Into TL Values('[')
Insert Into TL Values('-abc')
Insert Into TL Values('80%')
Insert Into TL Values('^')
Insert Into TL Values('_')
Insert Into TL Values('_a')
Insert Into TL Values('_b')
Insert Into TL Values('a_2')
Select * From TL Where Txt Like '%[-[_%^]%'
```

运行结果显示：

```
Txt
------------
[
-abc
80%
^
_
_a
_b
a_2
```

这里需要注意，减号不能放在中括号里两个字符之间，若是这样将表示指定字符范围，如下语句：

```
Select * From TL Where Txt Like '%[[_-%^]%'
```

运行结果显示：

```
Txt
------------
[
^
```

含有“[”和“^”字符或“_”到“%”之间字符。

【例 7-18】查询 TL 表中至少有两个字符，且在第二个到最后一个字符上有一个下画线的信息。

```
Select * From TL Where Txt Like '_%[_]%'
```

运行结果显示：

```
Txt
------------
a_2
```

第一个下画线“_”匹配任何 1 个字符，第一个%匹配 0～n 个字符，[_]只匹配 1 个字符“_”，最后一个%匹配 0～n 个字符。

查询“[”“_、“-”“%”“^”等字符的另一种方法是指定一个退出字符（转义符）。

例 7-18 用退出字符实现如下：

```
Select * From TL Where Txt Like '_%\_%' Escape '\'
```

这里 Escape 子句指定模式中的'\'字符之后的一个字符按常规字符处理。

7.2.6　Exists 条件

Exists 条件是根据子查询的结果集是否记录作为检索的条件，语法格式如下：

```
Where [Not] Exists(子查询)
```

若子查询的结果集中有记录，则 Exists(子查询)为真，否则为假。

【例 7-19】已知学生表 Xs 有学号 Xh 列、姓名 Xm 列，课程名表 C 有课程号 Kh 列、课程名称 Km 列，选修表 Xx 有学号 Xh 列、课程号 Kh 列、成绩 Cj 列。现要查询没有选修的学生信息。

```
Set NoCount ON
If Object_ID('Xx') is not null Drop Table Xx,Xs,C
Create Table Xs(Xh int primary key,Xm varchar(12));
Create Table C(Kh int primary key,Km varchar(12));
Create Table Xx(Xh int,Kh int,Cj Float,Constraint PK_XHKH primary key(Xh,Kh));
Insert Into xs Values(1,'AAA'),(2,'BBB'),(3,'CCC');
Insert Into C Values(1001,'C 语言'),(1002,'C++'),(1003,'VB'),(1004,'数据结构');
Insert Into XX Values(1,1001,80),(1,1003,70),(2,1002,90),(2,1003,75);
Select * From Xs Where Not Exists(Select * From Xx Where Xx.Xh=Xs.Xh);
```

运行结果显示：

```
Xh              Xm
--------------- -----------
3               CCC
```

程序运行到查询语句时，将依次遍历学生表的各条记录，把学生表当前记录的学号 Xs.Xh 值代入子查询 Where 条件子句，若有选修，则子查询有记录，Exists(...)函数返回为真，Not Exists(...)返回为假，当前记录不输出，否则，输出没有选修学生的信息。

7.2.7　限定条件 All 或 ANY

限定条件指表达式的值与子查询结果集的值按限定符（Quantifier）规定进行比较并返回真或假，语法格式如下：

```
Where 表达式⊙限定符(子查询)
```

其中⊙是关系运算符，限定符指 All 或 Any（Some），Some 是 Any 的同义词。

这里，子查询只能有一个列，表达式的值将与结果集该列中的每一个值进行比较。

限定符 All 的条件如下。

（1）若结果集为空，或结果集中所有值的比较结果都为真，则条件为真。

（2）若结果集至少有一个值的比较结果为假，则条件为假。

（3）若结果集至少有一个值的比较结果不能判断，即为空（Null），则条件为空。

限定符 Any（Some）的条件如下。

（1）若结果集至少有一个值的比较结果为真，则条件为真。

（2）若结果集为空，或结果集中所有值的比较结果都为假，则条件为假。

（3）若结果集中所有值的比较结果都不能判断，即为空（Null），则条件为空。

【例 7-20】查询学生表 Stu 中成绩 Cj 大于三明所有学生成绩的学生信息。

```
Select * From Stu Where Cj>All(Select Cj From Stu Where City='三明')
```

运行结果显示：

```
Xh              Xm              Cj              City
---------------- --------------- ---------------- -------------
2               余柳芳          87              福州
```

这里相当于查询成绩大于三明学生最高分（83 分）的学生信息。

此题若改为：查询学生表 Stu 中成绩 Cj 大于厦门所有学生成绩的学生信息。

```
Select * From Stu Where Cj>All(Select Cj From Stu Where City='厦门')
```

运行结果显示：

```
Xh              Xm              Cj              City
---------------- --------------- ---------------- -------------
1               曹彦波          73              三明
2               余柳芳          87              福州
3               张磊            83              三明
4               冯李明          73              泉州
5               陈张鑫          56              泉州
6               谭云张          45              泉州
7               李张            NULL            泉州
```

因为没有厦门学生，子查询结果集为空，表达式与结果集比较没有不满足条件的记录，则都为真，故显示全部记录。

此题若改为：查询学生表 Stu 中成绩 Cj 大于泉州所有学生成绩的学生信息。

```
Select * From Stu Where Cj>All(Select Cj From Stu Where City='泉州')
```

运行结果显示：

```
Xh              Xm             Cj              City
--------------- -------------- --------------- -------------
```

这里，虽然泉州学生最高分为73，但是有一个泉州学生成绩为空，不能判断，条件为空，故不显示记录。

【例7-21】查询学生表Stu中成绩Cj大于三明一些学生成绩的学生信息。

```
Select * From Stu Where Cj>Any(Select Cj From Stu Where City='三明')
```

运行结果显示：

```
Xh              Xm             Cj              City
--------------- -------------- --------------- -------------
2               余柳芳         87              福州
3               张磊           83              三明
```

这里相当于查询成绩大于三明学生最低分（73分）的学生信息。

此题若改为：查询学生表Stu中成绩Cj大于厦门一些学生成绩的学生信息。

```
Select * From Stu Where Cj>Any(Select Cj From Stu Where City='厦门')
```

运行结果显示：

```
Xh              Xm             Cj              City
--------------- -------------- --------------- -------------
```

因为没有厦门学生，子查询结果集为空，表达式与结果集比较没有满足条件的记录，则条件为假，故不显示记录。

此题若改为：查询学生表Stu中成绩Cj大于泉州一些学生成绩的学生信息。

```
Select * From Stu Where Cj>Any(Select Cj From Stu Where City='泉州')
```

运行结果显示：

```
Xh              Xm             Cj              City
--------------- -------------- --------------- -------------
1               曹彦波         73              三明
2               余柳芳         87              福州
3               张磊           83              三明
4               冯李明         73              泉州
5               陈张鑫         56              泉州
警告: 聚合或其他 SET 操作消除了 Null 值。
```

这里，虽然有一个泉州学生成绩为空，但是Any要求，在表达式与结果集比较过程中，只要有一个比较结果为真，则条件为真，故显示大于泉州学生最低分（45分）的学生信息。

此题若改为：查询学生表Stu中成绩Cj大于7号学生成绩的学生信息。

```
Select * From Stu Where Cj>Any(Select Cj From Stu Where Xh=7)
```

运行结果显示：

```
Xh              Xm             Cj              City
--------------- -------------- --------------- -------------
```

因为结果集只有一个 7 号学生，且成绩为空，表达式与结果集中空值比较没有满足条件的记录，则条件为空，故不显示记录。

7.2.8　字符串排序规则

Collate 指定排序规则，规则名称前缀为 Chinese_PRC，然后依次指定是否区分大小写（CaseSensitivity，CS/CI）、是否区分重音（AccentSensitivity，AS/AI）、是否区分平片假名（KanatypeSensitive，KS/KI）、是否区分全半角（WidthSensitivity，WS/WI），如 Chinese_PRC_CS_AS_KS_WS 表示区分大小写、重音、假名、全半角，区分后缀 S（Sensitive），不区分后缀 I（Ignore），具体如下，可能的排序规则如表 7-3 所示。

（1）CI 指定不区分大小写（默认），CS 指定区分大小写。

（2）AI 指定不区分重音，AS 指定区分重音（默认）。

（3）~~KI~~指定不区分平片假名（默认，不指定 KS 即 KI），KS 指定区分平片假名

（4）~~WI~~指定不区分全半角（默认，不指定 WS 即 WI），WS 指定区分全半角。

表 7-3　Collate 可以指定的排序规则

规 则 名 称	排 列 规 则
_BIN	指定使用二进制排序顺序
_BIN2	二进制-码位排序顺序（SQL Server 2005 的新增功能）
_CI_AI	不区分大小写、不区分重音、不区分假名、不区分全半角
_CI_AI_KS	不区分大小写、不区分重音、区分假名、不区分全半角
_CI_AI_KS_WS	不区分大小写、不区分重音、区分假名、区分全半角
_CI_AI_WS	不区分大小写、不区分重音、不区分假名、区分全半角
_CI_AS	不区分大小写、区分重音、不区分假名、不区分全半角
_CI_AS_KS	不区分大小写、区分重音、区分假名、不区分全半角
_CI_AS_KS_WS	不区分大小写、区分重音、区分假名、区分全半角
_CI_AS_WS	不区分大小写、区分重音、不区分假名、区分全半角
_CS_AI	区分大小写、不区分重音、不区分假名、不区分全半角
_CS_AI_KS	区分大小写、不区分重音、区分假名、不区分全半角
_CS_AI_KS_WS	区分大小写、不区分重音、区分假名、区分全半角
_CS_AI_WS	区分大小写、不区分重音、不区分假名、区分全半角
_CS_AS	区分大小写、区分重音、不区分假名、不区分全半角
_CS_AS_KS	区分大小写、区分重音、区分假名、不区分全半角
_CS_AS_KS_WS	区分大小写、区分重音、区分假名、区分全半角
_CS_AS_WS	区分大小写、区分重音、不区分假名、区分全半角

以下案例用到的数据如下：

```
if Object_ID('TB') is not NULL Drop Table TB;
Create Table TB(F1 varchar(12) COLLATE Chinese_PRC_CI_AS primary key);
Insert Into TB(F1) Values('ＡＢ');
Insert Into TB(F1) Values('ａｂｃ');
Insert Into TB(F1) Values('ABCD');
```

```
Insert Into TB(F1) Values('abcde');
Insert Into TB(F1) Values('平あいうえお');
Insert Into TB(F1) Values('片アイウエオ');
Insert Into TB(F1) Values('12āá');
Insert Into TB(F1) Values('34ǎà');
Insert Into TB(F1) Values('１２');
Insert Into TB(F1) Values('①②');
Insert Into TB(F1) Values('㈠㈡');
Insert Into TB(F1) Values('⒈⒉');
Insert Into TB(F1) Values('ⅠⅡ');
```

【例 7-22】区分大小写、区分重音、区分假名、区分全半角查询含字母'a'的记录。

```
Select * From TB Where F1 COLLATE Chinese_PRC_CS_AS_KS_WS Like '%a%';
```

运行结果显示：

```
F1
----------
abcde
```

【例 7-23】不区分大小写、区分重音、区分假名、区分全半角查询含字母'a'的记录。

```
Select * From TB Where F1 COLLATE Chinese_PRC_CI_AS_KS_WS Like '%a%';
```

运行结果显示：

```
F1
----------
ABCD
abcde
```

【例 7-24】区分大小写、不区分重音、区分假名、区分全半角分别查询含字母'a'和数字'1'的记录。

```
Select * From TB Where F1 COLLATE Chinese_PRC_CS_AI_KS_WS Like '%a%';
```

运行结果显示：

```
F1
------------
12āá
34ǎà
abcde
Select * From TB Where F1 COLLATE Chinese_PRC_CS_AI_KS_WS Like '%1%';
```

运行结果显示：

```
F1
-----------
①②
⒈⒉
12āá
```

【例 7-25】区分大小写、区分重音、不区分假名（无 KI）、区分全半角查询含字母'あ'的记录。

```
Select * From TB Where F1 COLLATE Chinese_PRC_CS_AS_WS Like '%あ%';
```

运行结果显示：

```
F1
------------------
片アイウエオ
平あいうえお
```

【例 7-26】区分大小写、区分重音、区分假名、不区分全半角（无 WI）查询含字母'a'的记录。

```
Select * From TB Where F1 COLLATE Chinese_PRC_CS_AS_KS Like '%a%';
```

运行结果显示：

```
F1
------------
 ａｂｃ
abcde
```

7.3　分组与排序子句

Select 语句可以使用 Group By 子句实现对结果集按指定的列或表达式进行分组并进一步统计数据；使用 Order By 子句实现按指定的列或表达式对结果集进行排序。

7.3.1　分组（Group By）

Select 语句对结果集进行分组的语法格式如下：

```
Group By {分组列或表达式[,...n]} [With {Cube|Rollup}] [Having  分组结果检索条件]
```

参数说明如下。

（1）With {Cube|Rollup}：若指定该参数，对结果集按分组列或表达式进行分组后，同时生成汇总行；若指定 Rollup，则统计行和汇总行交替显示；若指定 Cube，则先显示统计行，再显示汇总行。

（2）Having：指定将分组结果按 Having 指定的条件进一步筛选出符合条件的行。

没有 Group By 子句时，使用聚合函数统计的是所有行；有 Group By 子句时，使用聚合函数统计的是各个组。

【例 7-27】求学生表 Stu 中各地区学生人数。

```
Select City,Count(*) as  人数  From Stu Group By City;
```

运行结果显示：

```
City          人数
```

```
--------------- ---------------
福州            1
泉州            4
三明            2
```

【例 7-28】已知学生表 Stu 中有学号列 Xh、姓名列 Xm、成绩列 Cj、城市列 City 等，求各个地区的优秀学生（成绩 Cj 大于所在地区的平均成绩）。

方法一：

```
Select Cur.Xm,Cur.City From Stu As Cur,
 (Select City,Avg(Cj) AS PjCj From Stu Group By City) As CityAvg
  Where Cur.City=CityAvg.City And Cur.Cj>CityAvg.PjCj
```

方法二：

```
Select Xm,City From Stu As Cur
 Where Cur.Cj>(Select Avg(CityAvg.Cj) From Stu As CityAvg Where CityAvg.City=Cur.City)
```

运行结果显示：

```
Xm              City
--------------- ---------------
冯李明          泉州
张磊            三明
警告: 聚合或其他 SET 操作消除了 Null 值。
```

方法一通过子查询生成城市平均成绩临时表 CityAvg，包含城市和城市平均成绩 PjCj，然后通过 Where 条件用城市相等关系与学生表 Stu（别名当前表 Cur）连成一张表，最后查询出当前表成绩大于城市平均成绩（Cur.Cj>CityAvg.PjCj）的学生信息。

方法二根据当前表所在城市（Cur.City）求出该城市的平均成绩 Avg(CityAvg.Cj)，然后判断若当前表成绩（Cur.Cj）大于城市平均成绩，则显示相应学生信息。

【例 7-29】按供应商编号和产地统计商品信息表中各供应商在各城市的商品数，并标记汇总行。

```
Set NoCount ON
Create Table 商品信息(商品编号 Varchar(8) Primary Key,商品名称 Varchar(30),库存编号 Varchar(8),
供应商编号 Varchar(10),产地 Varchar(6),单价 real);
Insert Into 商品信息 Values('1001','Intel D915GVWB 主板','1008','1002','广州市',863.5);
Insert Into 商品信息 Values('1002','Maxtor 40G 硬盘','1006','1003','南京市',514.25);
Insert Into 商品信息 Values('1003','CORSAIR VS512MB 内存','1004','1009','北京市',350);
Insert Into 商品信息 Values('1004','AMD Opteron 146CPU','1002','1004','深圳市',1455);
Insert Into 商品信息 Values('1005','GF4 MX440-8X 显卡','1007','1009','深圳市',205);
Insert Into 商品信息 Values('1006','鼎华新锐移动硬盘','1001','1009','北京市',1004);
Insert Into 商品信息 Values('1007','金视浩海液晶显示器','1008','1005','南京市',1460);
Insert Into 商品信息 Values('1008','CREATIVE SBS 2.1 音箱','1004','1001','福州市',190);
Insert Into 商品信息 Values('1009','HPscanjet3770 扫描仪','1010','1007','广州市',979);
Insert Into 商品信息 Values('1010','MSI945 主板','1001','1006','深圳市',1485);
Insert Into 商品信息 Values('1011','夏普 AR2616 复印机','1008','1009','北京市',6605.5);
Insert Into 商品信息 Values('1012','DRAGONKING 1GB 内存','1005','1001','广州市',805);
Insert Into 商品信息 Values('1013','STAR NX-350 打印机','1002','1009','深圳市',2705);
Insert Into 商品信息 Values('1014','AMD Sempron 3000 CPU','1008','1008','南京市',740);
Insert Into 商品信息 Values('1015','三星 795MB 显示器','1006','1002','南京市',1229.8);
```

```
Insert Into 商品信息 Values('1016','CISCO 1721 路由器','1007','1009','北京市',4963);
Insert Into 商品信息 Values('1017','Maxtor 250G 硬盘','1003','1005','南京市',835);
Insert Into 商品信息 Values('1018','GeForce4MX4000 显卡','1009','1008','广州市',285);
Insert Into 商品信息 Values('1019','佳能 FAX-L360 传真机','1008','1006','南京市',3358);
Insert Into 商品信息 Values('1020','DeLUX MG430 机箱','1003','1004','深圳市',545);
Select 供应商编号,产地,count(*) as 数量,Grouping(产地) as Grouping From 商品信息
 Group By 供应商编号,产地 With RollUp -- Cube --
```

运行结果显示：

```
供应商编号  产地     数量     Grouping
---------------  ----------  -------------  ------------
1001        福州市   1        0
1001        广州市   1        0
1001        NULL     2        1
1002        广州市   1        0
1002        南京市   1        0
1002        NULL     2        1
1003        南京市   1        0
1003        NULL     1        1
1004        深圳市   2        0
1004        NULL     2        1
1005        南京市   2        0
1005        NULL     2        1
1006        南京市   1        0
1006        深圳市   1        0
1006        NULL     2        1
1007        广州市   1        0
1007        NULL     1        1
1008        广州市   1        0
1008        南京市   1        0
1008        NULL     2        1
1009        北京市   4        0
1009        深圳市   2        0
1009        NULL     6        1
NULL        NULL     20       1
```

以上运行结果中，先显示每个供应商和产地的统计信息，再显示每个供应商的汇总信息，最后显示所有供应商的汇总信息；统计记录对应的分组列 Grouping 的值为 0，汇总记录对应的分组列 Grouping 的值为 1。

若用 Cube 进行统计汇总，则语句如下：

```
Select 供应商编号,产地,count(*) as 数量,Grouping(产地) as Grouping From 商品信息
 Group By 供应商编号,产地 With Cube --RollUp --
```

运行结果显示：

```
供应商编号 产地      数量          Grouping
---------------  ----------  ----------------  ------------
1009        北京市   4             0
NULL        北京市   4             0
1001        福州市   1             0
```

```
NULL     福州市  1     0
1001     广州市  1     0
1002     广州市  1     0
1007     广州市  1     0
1008     广州市  1     0
NULL     广州市  4     0
1002     南京市  1     0
1003     南京市  1     0
1005     南京市  2     0
1006     南京市  1     0
1008     南京市  1     0
NULL     南京市  6     0
1004     深圳市  2     0
1006     深圳市  1     0
1009     深圳市  2     0
NULL     深圳市  5     0
NULL     NULL   20     1
1001     NULL    2     1
1002     NULL    2     1
1003     NULL    1     1
1004     NULL    2     1
1005     NULL    2     1
1006     NULL    2     1
1007     NULL    1     1
1008     NULL    2     1
1009     NULL    6     1
```

7.3.2　分组筛选（Having）

Having 子句实现将分组结果按 Having 指定的条件进一步筛选出符合条件的行。一般要用聚合函数作为筛选条件。

【例 7-30】已知学生表 Stu 中有成绩列 Cj、城市列 City 等，求地区平均分大于总平均分的各地区学生人数、平均分。

```
Select City,Count(*) as  人数,Avg(Cj) as  平均  From Stu
 Group By City Having Avg(Cj)>(Select Avg(Cj) From Stu);
```

运行结果显示：

```
City          人数              平均
--------------- ------------------- -----------
福州          1              87
三明          2              78
警告: 聚合或其他  SET  操作消除了  Null  值。
```

可以执行 Set Ansi_Warnings Off 关闭警告。

【例 7-31】已知学生表 Stu 中有成绩列 Cj、城市列 City 等，求学生成绩大于总平均成绩且地区平均成绩大于总平均成绩的各地区学生人数、平均成绩。

```
Select City,Count(*) As  人数,Avg(Cj) As  平均  From Stu
```

```
Where Cj>(Select Avg(Cj) From Stu)
 Group By City Having Avg(Cj)>(Select Avg(Cj) From Stu);
```

运行结果显示：

```
City        人数           平均
-------------- ------------------- -----------
福州        1              87
泉州        1              73
三明        2              78
警告: 聚合或其他 SET 操作消除了 Null 值。
```

7.3.3　排序（Order By）

使用 Order By 子句可以对查询的结果集按升序（Asc，默认）或降序（Desc）进行排序。语法格式如下：

```
Order By {排序列或表达式 [Collate 排序规则名] [Desc|Asc]}[,...n]
```

参数说明如下。

（1）排序列或表达式用于指定要排序的列。对于结果集中无名称的列（由表达式构成且没有别名），可以使用一个选择列表中的相对列号来代替列名，以便按该无名称的列进行排序。为提高可读性，建议给无名称的列取一个别名。

（2）Collate 用于指定按排序规则名进行排序，而不是按表或视图中所定义的列的排序规则进行排序。这个选项仅适用于 char、varchar、nchar 和 nvarchar 数据类型的列。

（3）Asc 指按指定列升序（从最低值到最高值）进行排序。Asc 是默认排序方式。

（4）Desc 指按指定列降序（从最高值到最低值）进行排序。

【例 7-32】 查询学生表 Stu 并按成绩列 Cj 降序显示。

```
Select * From Stu Order By Cj Desc;
```

或者

```
Select * From Stu Order By 3 Desc;
```

运行结果显示：

```
Xh              Xm             Cj              City
---------------- --------------- ---------------- ----------
2               余柳芳         87              福州
3               张磊           83              三明
4               冯李明         73              泉州
1               曹彦波         73              三明
5               陈张鑫         56              泉州
6               谭云张         45              泉州
7               李张           NULL            泉州
```

【例 7-33】 编写一个 SQL 语句，查询学生表 Stu，要求先按城市 City 升序排列，再按成绩列 Cj 降序排列。

```
Select * From Stu Order By City Asc,Cj Desc;
```

或者

```
Select * From Stu Order By 4 Asc,3 Desc;
```

运行结果显示：

```
Xh              Xm             Cj              City
--------------- -------------- --------------- ---------
2               余柳芳         87              福州
4               冯李明         73              泉州
5               陈张鑫         56              泉州
6               谭云张         45              泉州
7               李张           NULL            泉州
3               张磊           83              三明
1               曹彦波         73              三明
```

7.3.4　排序与 Top 子句

使用 Top 子句可以实现筛选排序结果的前 *n* 或 *n*%行。语法格式如下：

```
Top n [Percent] [With Ties]
```

参数说明如下。

（1）没有指定 Percent 情况下，*n* 指筛选排序结果的前 *n* 行（无 With Ties 情况下）；指定 Percent 情况下，*n* 指筛选排序结果的前 *n*%行（无 With Ties 情况下）。

（2）指定 With Ties 情况下，结果集返回前 *n* 或 *n*%行的同时，若第 *n* 或 *n*%行排序列的值与之后的若干行相同时，则之后的若干行一并输出，即输出所有并列第 *n* 或 *n*%名。

【例 7-34】编写一个 SQL 语句，查询学生表 Stu 成绩前 3 名的学生信息。

```
Select Top 3 * From Stu Order By Cj Desc;
```

运行结果显示：

```
Xh              Xm             Cj              City
--------------- -------------- --------------- ---------
2               余柳芳         87              福州
3               张磊           83              三明
4               冯李明         73              泉州
```

这里有一个问题，1 号同学成绩也是 73 分，但没有显示，不合理。

【例 7-35】编写一个 SQL 语句，查询学生表 Stu 成绩前 3 名（含并列第 3 名）的学生信息。

```
Select Top 3 With Ties * From Stu Order By Cj Desc;
```

运行结果显示：

```
Xh              Xm             Cj              City
--------------- -------------- --------------- ---------
2               余柳芳         87              福州
3               张磊           83              三明
4               冯李明         73              泉州
1               曹彦波         73              三明
```

【例 7-36】编写一个 SQL 语句，查询学生表 Stu 成绩前 40%的学生信息。

```
Select Top 40 Percent * From Stu Order By Cj Desc;
```

运行结果显示：

```
Xh              Xm              Cj              City
--------------- --------------- --------------- ----------
2               余柳芳          87              福州
3               张磊            83              三明
4               冯李明          73              泉州
```

这里有一个问题，成绩前 40%的后面一个同学成绩也是 73 分，但没有显示，不合理。

【例 7-37】编写一个 SQL 语句，查询学生表 Stu 成绩前 40%（含与 40%并列）的学生信息。

```
Select Top 40 Percent With Ties * From Stu Order By Cj Desc;
```

运行结果显示：

```
Xh              Xm              Cj              City
--------------- --------------- --------------- ----------
2               余柳芳          87              福州
3               张磊            83              三明
4               冯李明          73              泉州
1               曹彦波          73              三明
```

7.4 多 表 查 询

将两个或多个表中记录连接成新记录所进行的查询称为连接查询（Join），又叫多表查询。根据连接方式的不同可以分为交叉连接（Cross Join）、内连接（[Inner] Join）、外连接（[Outer] Join），其中外连接又分为左外连接（Left [Outer] Join）、右外连接（Right [Outer] Join）、全外连接（Full [Outer] Join）。

7.4.1 交叉连接 Cross Join

交叉连接又称为笛卡儿积，返回第一个表或视图的每一行与第二个表或视图每一行所组合成的所有记录，包含了两个表中所有行的全部组合。语法格式如下：

```
From 表 1 或视图 1 [[as] 别名 1] Cross Join 表 2 或视图 2 [[as] 别名 2] [...n]
```

或者

```
From 表 1 或视图 1 [[as] 别名 1],表 2 或视图 2 [[as] 别名 2] [,...n]
```

当表 1 或视图 1 与表 2 或视图 2 同名时，必须取别名。

当有更多表连接时，操作过程同上。

【例 7-38】用 A、B、C、D、E 5 个字母（记录）代表 5 个人参加 3 个会议（允许一个人参加多个会议），输出各种可能的情况（125 种），并按升序显示，如图 7-1 所示。

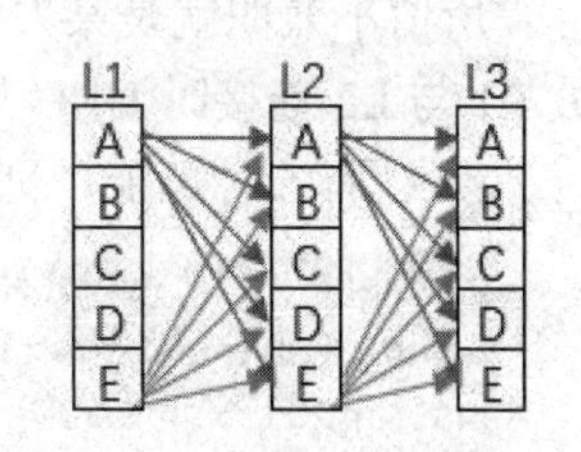

图 7-1　5 个字母笛卡儿积

```
If Object_ID('L') is Not Null Drop Table L
Create Table L(C char(1));
Insert Into L Values('A'),('B'),('C'),('D'),('E');
Select L1.C+L2.C+L3.C as ZH
 From L L1 Cross Join L L2 Cross Join L L3
  Order By ZH;
--或者
Select L1.C+L2.C+L3.C ZH
 From L L1,L L2,L L3
  Order By ZH;
```

运行结果显示（125 种组合，每列显示 10 行，共 13 列，非程序运行格式）：

```
ZH      ABD  ADD  BAD  BCD  BED  CBD  CDD  DAD  DCD  DED  EBD  EDD
------  ABE  ADE  BAE  BCE  BEE  CBE  CDE  DAE  DCE  DEE  EBE  EDE
AAA     ACA  AEA  BBA  BDA  CAA  CCA  CEA  DBA  DDA  EAA  ECA  EEA
AAB     ACB  AEB  BBB  BDB  CAB  CCB  CEB  DBB  DDB  EAB  ECB  EEB
AAC     ACC  AEC  BBC  BDC  CAC  CCC  CEC  DBC  DDC  EAC  ECC  EEC
AAD     ACD  AED  BBD  BDD  CAD  CCD  CED  DBD  DDD  EAD  ECD  EED
AAE     ACE  AEE  BBE  BDE  CAE  CCE  CEE  DBE  DDE  EAE  ECE  EEE
ABA     ADA  BAA  BCA  BEA  CBA  CDA  DAA  DCA  DEA  EBA  EDA
ABB     ADB  BAB  BCB  BEB  CBB  CDB  DAB  DCB  DEB  EBB  EDB
ABC     ADC  BAC  BCC  BEC  CBC  CDC  DAC  DCC  DEC  EBC  EDC
```

7.4.2 内连接[Inner] Join

内连接操作类似交叉连接，也是返回第一个表或视图的每一行与第二个表或视图的每一行所组合成的所有记录，所不同的是内连接增加了一个 On 条件，只有满足 On 条件的记录才出现在结果集中。语法格式如下：

```
From 表 1 或视图 1 [[as] 别名 1] [Inner] Join 表 2 或视图 2 [[as] 别名 2] On 连接条件[...n]
```

其功能等同于：

```
From 表 1 或视图 1 [[as] 别名 1],表 2 或视图 2 [[as] 别名 2][,...n] Where 连接条件
```

这里连接条件是表 1 或视图 1 的某些列与表 2 或视图 2 的某些列必须满足的关系，可以是相等关系，也可以是不相等关系，等等。

Inner 表示内连接，可以省略。

当有更多表连接时，操作过程同上。

【例 7-39】用 A、B、C、D、E 5 个字母代表 5 个人当选班长、书记、学委 3 个职务（不兼职），输出各种可能的情况（60 种），并按升序显示。

所谓不兼职就是某人在 L1.C 和 L2.C 及 L3.C 中不能同时出现，即它们之间都不能相等，故 L1 与 L2 连接时 L1.C 与 L2.C 不能相等，再与 L3 连接时，L3.C 不能与 L1.C 和 L2.C 相等。

L1.C 有 5 种可能，则 L2.C 有 4 种可能，L3.C 有 3 种可能，所以总共有 5×4×3=60 种。

```
If Object_ID('L') is Not Null Drop Table L
Create Table L(C char(1));
Insert Into L Values('A');
Insert Into L Values('B');
```

```
Insert Into L Values('C');
Insert Into L Values('D');
Insert Into L Values('E');
Select L1.C+L2.C+L3.C ZH
From L as L1 Join L as L2 ON L1.C<>L2.C
 Join L as L3 ON L3.C<>L1.C and L3.C<>L2.C
 Order By ZH;
--或者
Select L1.C+L2.C+L3.C ZH
 From L L1,L L2,L L3
  Where L1.C<>L2.C and L3.C<>L1.C and L3.C<>L2.C
   Order By ZH;
```

运行结果显示（60 种组合，每列显示 5 行，共 13 列，非程序运行格式）：

```
ZH      ACB   ADE   BAD   BDA   BED   CBD   CEA   DAE   DCB   EAB   EBD   EDB
------  ACD   AEB   BAE   BDC   CAB   CBE   CEB   DBA   DCE   EAC   ECA   EDC
ABC     ACE   AEC   BCA   BDE   CAD   CDA   CED   DBC   DEA   EAD   ECB
ABD     ADB   AED   BCD   BEA   CAE   CDB   DAB   DBE   DEB   EBA   ECD
ABE     ADC   BAC   BCE   BEC   CBA   CDE   DAC   DCA   DEC   EBC   EDA
```

【例 7-40】已知学生表 Xs 有学号 Xh 列、姓名 Xm 列，课程名表 C 有课程号 Kh 列、课程名称 Km 列，选修表 Xx 有学号 Xh 列、课程号 Kh 列、成绩 Cj 列。查询所有选修信息。

所谓选修信息就是学生表 Xs 的学号在选修表中找得到，课程名表 C 的课程号在选修表中也找得到，即它们之间存在相等关系，故连接时 Xs.Xh 与 Xx.Xh 相等，Xx.Kh 与 C.Kh 相等。

```
Select Xs.Xh,Xm,C.Kh,Km,Cj From Xs Join Xx On Xs.Xh=Xx.Xh Join C On Xx.Kh=C.Kh;
--或者
Select Xs.Xh,Xm,C.Kh,Km,Cj From Xs,Xx,C Where Xs.Xh=Xx.Xh and Xx.Kh=C.Kh;
```

运行结果显示：

```
Xh              Xm                Kh               Km                 Cj
--------------- ----------------- ---------------- ------------------ ------------------
1               AAA               1001             C 语言             80
1               AAA               1003             VB                 70
2               BBB               1002             C++                90
2               BBB               1003             VB                 75
```

7.4.3　左外连接 Left Join

左外连接类似内连接，只是结果集不仅包括连接条件所匹配的行，而且还包括连接子句所指定的左表的所有行。如果左表中的某些行在右表中没有可以匹配的行，则这些行在右表中对应的列值为空（Null）。语法格式如下：

```
From 表 1 或视图 1 [[as] 别名 1] Left [Outer] Join 表 2 或视图 2 [[as] 别名 2] On 连接条件[...n]
```

这里，Left 左边的表即为左表，当多表连接时，第一个表或视图为左表。

【例 7-41】已知学生表 Xs 有学号 Xh 列、姓名 Xm 列，课程名表 C 有课程号 Kh 列、课程名称 Km 列，选修表 Xx 有学号 Xh 列、课程号 Kh 列、成绩 Cj 列。

查询学生表 Xs 左外连接选修表 Xx、课程名表 C 后的选修信息。

```
Select Xs.Xh,Xm,C.Kh,Km,Xx.Cj
 From Xs Left Join Xx On Xs.Xh=Xx.Xh Left Join C On Xx.Kh=C.Kh;
```

运行结果显示：

```
Xh        Xm         Kh         Km          Cj
--------- ---------- ---------- ----------- ------------
1         AAA        1001       C 语言       80
1         AAA        1003       VB          70
2         BBB        1002       C++         90
2         BBB        1003       VB          75
3         CCC        NULL       NULL        NULL
```

3 号学生没有选修，在选修表中没有相应的信息，故该行的课程名信息和成绩信息为空（Null）。

7.4.4　右外连接 Right Join

右外连接类似内连接，只是结果集不仅包括连接条件所匹配的行，而且还包括连接子句所指定的右表的所有行。如果右表中的某些行在左表中没有可以匹配的行，则这些行在左表中对应的列值为空（Null）。语法格式如下：

```
From 表 1 或视图 1 [[as] 别名 1] Right [Outer] Join 表 2 或视图 2 [[as] 别名 2] On 连接条件[...n]
```

这里，Right 右边的表即为右表，当多表连接时，最后一个表或视图为右表。

【例 7-42】 已知学生表 Xs 有学号 Xh 列、姓名 Xm 列，课程名表 C 有课程号 Kh 列、课程名称 Km 列，选修表 Xx 有学号 Xh 列、课程号 Kh 列、成绩 Cj 列。查询课程名表 C 右外连接选修表 Xx、学生表 Xs 后的选修信息。

```
Select Xs.Xh,Xm,C.Kh,Km,Xx.Cj
 From Xs Right Join Xx On Xs.Xh=Xx.Xh Right Join C On Xx.Kh=C.Kh;
```

运行结果显示：

```
Xh        Xm         Kh         Km          Cj
--------- ---------- ---------- ----------- ------------
1         AAA        1001       C 语言       80
2         BBB        1002       C++         90
1         AAA        1003       VB          70
2         BBB        1003       VB          75
NULL      NULL       1004       数据结构     NULL
```

1004 课程号数据结构没有被学生选修，在选修表中没有相应的信息，故该行的学生信息和成绩信息为空（Null）。

7.4.5　全外连接 Full Join

全外连接类似内连接，只是结果集不仅包括连接条件所匹配的行，而且还包括连接子句所指定的左表和右表的所有行。如果左表中的某些行在右表中没有可以匹配的行，则这些行在右表中对应的列值为空（Null）；如果右表中的某些行在左表中没有可以匹配的行，则这些行在左表中对应的列值为空（Null）。语法格式如下：

```
From 表 1 或视图 1 [[as] 别名 1] Full [Outer] Join 表 2 或视图 2 [[as] 别名 2] On 连接条件[...n]
```

【例 7-43】已知学生表 Xs 有学号 Xh 列、姓名 Xm 列，课程名表 C 有课程号 Kh 列、课程名称 Km 列，选修表 Xx 有学号 Xh 列、课程号 Kh 列、成绩 Cj 列。查询学生表 Xs 全外连接选修表 Xx、课程名表 C 后的选修信息。

```
Select Xs.Xh,Xm,C.Kh,Km,Xx.Cj
 From Xs Full Join Xx On Xs.Xh=Xx.Xh Full Join C On Xx.Kh=C.Kh;
```

运行结果显示：

```
Xh               Xm                 Kh                Km                  Cj
---------------- ------------------ ----------------- ------------------- ---------------------
1                AAA                1001              C 语言              80
1                AAA                1003              VB                  70
2                BBB                1002              C++                 90
2                BBB                1003              VB                  75
3                CCC                NULL              NULL                NULL
NULL             NULL               1004              数据结构            NULL
```

3 号学生没有选修课程，在选修表中没有相应的信息，故该行的课程名信息和成绩信息为空（Null）。同时，1004 课程号数据结构没有被学生选修，在选修表中没有相应的信息，故该行的学生信息和成绩信息为空（Null）。

7.4.6　多表并集 Union

Union 并集运算也称为联合查询，可以将两个或多个查询的结果合并为一个结果集，该结果集包含各个查询的所有行，且列名为第一个查询的列名。Union 联合的各个查询必须具有兼容的结构，即各个查询的列数相同且相应列的数据类型兼容。Union 不同于 Join 连接合并列的运算。语法格式如下：

```
Select 语句
Union [All]
Select 语句
[Union [All]
Select 语句
[...n]];
```

需要注意的是，联合查询时除最后一个查询语句可以使用分号“;”，Union 之前的查询语句不能使用分号“;”。

【例 7-44】已知学生表 Xs 有学号 Xh 列、姓名 Xm 列，课程名表 C 有课程号 Kh 列、课程名称 Km 列。求学生表 Xs 和课程名表 C 的并集。

```
Select * From Xs
Union
Select * From C;
```

运行结果显示：

```
Xh              Xm
---------------- --------------------
1               AAA
2               BBB
3               CCC
1001            C 语言
1002            C++
1003            VB
1004            数据结构
```

运行结果以第一个查询对象 Xs 表的列名作为结果集的列名，若以上程序最后 3 行语句改为如下：

```
Select * from C
Union
Select * from Xs;
```

运行结果显示：

```
Kh              Km
---------------- --------------------
1               AAA
2               BBB
3               CCC
1001            C 语言
1002            C++
1003            VB
1004            数据结构
```

运行结果的区别是结果集的列名。联合查询始终以第一个查询对象的列名作为结果集的列名。

联合查询时若选择了选项 All，则结果集中包含重复行。

【例 7-45】已知学生表 UIE_Xs1 和 UIE_Xs2 都有学号 Xh 列、姓名 Xm 列，且插入了不同的记录。求带 All 选项时这两个学生表的并集。

```
if Object_ID('UIE_Xs1') is not NULL Drop Table UIE_Xs1,UIE_Xs2;
Create Table UIE_Xs1(Xh Varchar(3),Xm Varchar(6)) ;
Insert Into UIE_Xs1 Values('1','张三'),('2','李四'),('3','王五');
Create Table UIE_Xs2(Xh Varchar(3),Xm Varchar(6));
Insert Into UIE_Xs2 Values('1','张三'),('2','李四'),('4','赵六');
Select * From UIE_Xs1
Union All
Select * From UIE_Xs2;
```

运行结果显示：

```
Xh    Xm
------- --------
1     张三
2     李四
3     王五
```

```
1     张三
2     李四
4     赵六
```

若以上程序最后 3 行语句改为如下：

```
Select * from UIE_Xs1
Union
Select * from UIE_Xs2;
```

运行结果显示：

```
Xh    Xm
------- --------
1     张三
2     李四
3     王五
4     赵六
```

联合查询不带选项 All 时，结果集剔除了重复行。

7.4.7　多表交集 Intersect

Intersect 交集运算可以对两个或多个查询做交集运算，该运算的结果集包含各个查询共同的行，且列名为第一个查询的列名。交集运算的各个查询必须具有兼容的结构，即各个查询的列数相同且相应列的数据类型兼容。语法格式如下：

```
Select 语句
Intersect
Select 语句
[Intersect
Select 语句
[...n]];
```

【例 7-46】已知学生表 UIE_Xs1 和 UIE_Xs2 都有学号 Xh 列、姓名 Xm 列，且插入了不同的记录。求这两个学生表的交集。

```
Select * From UIE_Xs1
Intersect
Select * From UIE_Xs2;
```

运行结果显示：

```
Xh    Xm
------- --------
1     张三
2     李四
```

7.4.8　多表差集 Except

Except 差集运算可以对两个或多个查询做差集运算，该运算的结果集仅包含第一个查询的行且不包含后续查询的行，且列名为第一个查询的列名。差集运算的各个查询必须具有兼容的结构，即各个查询的列数相同且相应列的数据类型兼容。语法格式如下：

```
Select 语句
Except
Select 语句
[Except
Select 语句
[...n]];
```

【例 7-47】已知学生表 UIE_Xs1 和 UIE_Xs2 都有学号 Xh 列、姓名 Xm 列，且插入了不同的记录。求这两个学生表的差集。

```
Select * From UIE_Xs1
Except
Select * From UIE_Xs2;
```

运行结果显示：

```
Xh      Xm
------- --------
3       王五
```

7.5　子　查　询

Select 语句可以嵌套在 Insert、Delete、Update、Select 等语句中，称为子查询。子查询又分为无关子查询和相关子查询两种类型。无关子查询的执行不依赖于外部语句，与外部语句的当前值无关，只执行一次，可以单独执行，并可以用返回的结果集替代子查询。相关子查询的执行依赖于外部语句，与外部语句的当前值有关，外部语句每遍历一条记录，子查询就要根据外部语句的当前值重新执行一次，子查询返回结果后再影响外部语句。

7.5.1　标量值子查询

标量值指 Select 子查询只返回一行一列一个值的结果集，这个标量值可以作为查询的条件，也可以作为查询的计算列，等等。

【例 7-48】已知学生表 Stu 中有成绩列 Cj 等，求成绩大于平均分的学生信息。

```
Select * From Stu Where Cj>(Select Avg(Cj) From Stu);
```

运行结果显示：

```
Xh                 Xm              Cj                  City
------------------ --------------- ------------------- -----------------
1                  曹彦波          73                  三明
2                  余柳芳          87                  福州
3                  张磊            83                  三明
4                  冯李明          73                  泉州
警告: 聚合或其他 SET 操作消除了 Null 值。
```

这里子查询“Select Avg(Cj) From Stu”是无关子查询，可以单独执行，结果集是标量 69，可以替代子查询。

【例 7-49】已知学生表 Xs 有学号 Xh 列、姓名 Xm 列，课程名表 C 有课程号 Kh 列、课程名称 Km 列，选修表 Xx 有学号 Xh 列、课程号 Kh 列、成绩 Cj 列。用子查询实现查询所有选修信息（实现例 7-40 的另一种方法）。

```
Select Xh,(Select Xm From Xs Where Xs.Xh=Xx.Xh)As Xm,
        Kh,(Select Km From C Where C.Kh=Xx.Kh)As Km,Cj From Xx;
```

运行结果显示：

Xh	Xm	Kh	Km	Cj
1	AAA	1001	C 语言	80
1	AAA	1003	VB	70
2	BBB	1002	C++	90
2	BBB	1003	VB	75

这里子查询“Select Xm From Xs Where Xs.Xh=Xx.Xh”和“Select Km From C Where C.Kh=Xx.Kh”是相关子查询，不能单独执行，依赖于外部语句，与外部语句的当前值 Xx.Xh 和 Xx.Kh 有关，外部语句每遍历一条记录，子查询就要根据外部语句的当前值重新执行一次，求出新的姓名 Xm 和课程名 Km，作为外部语句新的计算结果。

7.5.2　All 或 Any 子查询

详见 7.2.7 节限定条件相关内容。

7.5.3　IN 子查询条件

IN 条件括号里除了可以使用表达式，还可以使用子查询，语法格式如下：

```
Where 测试表达式 [Not] IN (子查询)
```

其中“Where 测试表达式 IN (子查询)”等价于：

```
Where 测试表达式=Any(子查询)
```

其中“Where 测试表达式 Not IN (子查询)”等价于：

```
Where 测试表达式<>All(子查询)
```

【例 7-50】查询学生表 Stu 中成绩不及格学生所在城市的所有学生信息。

```
Select * From Stu Where City IN(Select City From Stu Where Cj<60)
```

运行结果显示：

Xh	Xm	Cj	City
4	冯李明	73	泉州
5	陈张鑫	56	泉州

```
6          谭云张    45       泉州
7          李张      NULL     泉州
```

7.5.4 From 子句使用子查询

子查询的结果集可以作为 From 子句的临时查询对象，由于结果集没有名称，因此要取一个别名。语法格式如下：

```
From [表或视图 [[AS] 别名]](子查询) As 别名[,…n]
```

【例 7-51】将学生表 Stu 中按各地区的最高分换算成 100 分的比例换算所有学生的成绩。

先用一个子查询求各城市的最高分，并作为临时查询对象 CityMaxCj，然后与学生表 Stu 连接生成一个结果集，最后换算各学生成绩。

```
Select Cur.Xh,Cur.Xm,Cur.Cj*100/MaxCj as Cj,Cur.City From Stu As Cur,
 (Select City,Max(Cj) AS MaxCj From Stu Group By City) As CityMaxCj
  Where Cur.City=CityMaxCj.City Order By Xh
```

运行结果显示：

```
Xh               Xm           Cj               City
---------------- ------------ ---------------- ---------------
1                曹彦波       87               三明
2                余柳芳       100              福州
3                张磊         100              三明
4                冯李明       100              泉州
5                陈张鑫       76               泉州
6                谭云张       61               泉州
7                李张         NULL             泉州
警告：聚合或其他 SET 操作消除了 Null 值。
```

7.5.5 Exists（子查询）

详见 7.2.6 节 Exists 条件相关内容。

7.6 添 加 数 据

添加数据主要是对表的行（记录）进行添加，可以通过 SSMS 进行交互式添加，也可以用 SQL 语句进行添加。

7.6.1 使用 SSMS 添加数据

【例 7-52】通过 SSMS 以交互方式对 test 库中学生表 Xs 进行数据添加。

操作步骤如下。

（1）打开“开始”菜单中的 SSMS，在对象资源管理器界面，如图 7-2（a）所示，右击 test 数据库中“表”结点下面的 dbo.Xs 结点，在弹出的快捷菜单中执行“编辑前 200 行”命令，弹出编辑窗口。

（2）在编辑窗口底部显示 NULL 的行直接输入数据，如图 7-2（b）所示，添加完成后，光标离开当前正在编辑的行，或关闭编辑窗口，系统就会自动保存所编辑的数据。

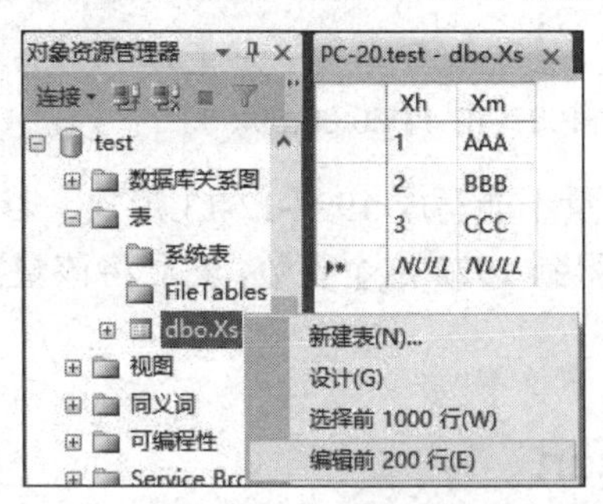

（a）右击 dbo.Xs 结点并执行“编辑前 200 行”命令

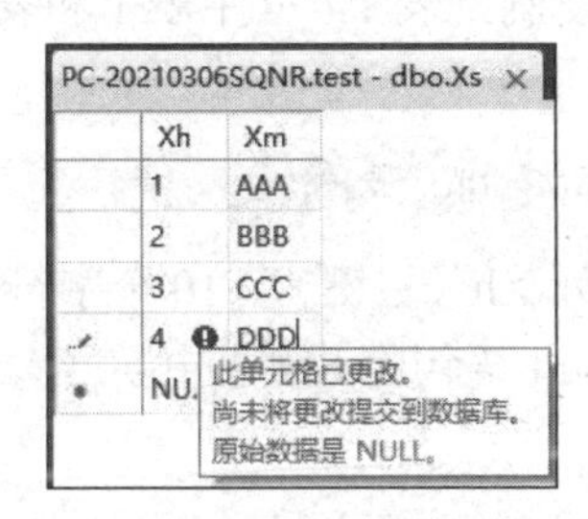

（b）在表编辑窗口编辑数据

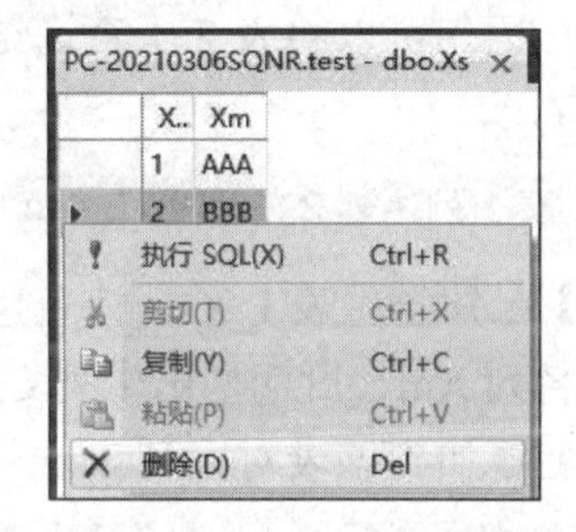

（c）在表编辑窗口删除记录

图 7-2　SSMS 编辑数据

7.6.2　基本 Insert 语句

为了向表中添加一条记录，可以使用 Insert 语句，语法格式如下：

```
Insert Into 表名(列名 1,…,列名 n) Values(值 1,…,值 n);
```

语句将 Values 之后的 *n* 个值插入 Into 之后指定的“表名”对应的 *n* 个列中。

注意：

（1）“表名”之后未列出的列名对应的值为空或默认值。

（2）自动编号列由系统自动给值，Insert 语句不能指定该列的值。

（3）日期型数据常量必须是用单引号限定的字符串，如'1997-12-13'。

（4）若 Insert 语句插入所有列的值，且这些列的值的顺序与表各列默认的顺序一致，则插入记录时可以省略列名。

【例 7-53】创建学生表 I_XS，该表包含整型学号列 Xh（主键）、10 个字符或 5 个汉字的姓名列 Xm、日期型出生列 Cs，然后用 Insert 语句对该表添加一条记录，学号为 1，姓名为“张三”，出生日期为 1997 年 12 月 13 日。

```
Set NoCount On
```

```
If Object_ID('I_Xs')is not null   Drop Table I_Xs
Create Table I_Xs(Xh Int Primary Key,Xm Char(10),Cs DateTime)
Insert Into I_Xs(Xh,Xm,Cs) Values(1,'张三','1997-12-13');
Select * From I_Xs;
```

运行结果显示：

```
Xh              Xm              Cs
--------------- --------------- ------------------------------
1               张三            1997-12-13 00:00:00.000
```

需要注意的是，日期常量不能写成 1997-12-13 形式，若写这个算术表达式，则计算机会自动计算这个表达式的值，得到 1972 这个整数，然后将该整数转换为日期'1900-01-01'加 1972 天的日期。

7.6.3　子查询多行 Insert

多行 Insert 语句可以将表 2 子查询结果中的数据复制到表 1，其中表 1 和表 2 事先存在。语法格式如下：

```
Insert Into 表 1(列 1,列 2,…,列 n) Select 值 1,值 2,…,值 n From 表 2;
```

【例 7-54】已知学生表 I_Xs，该表包含整型学号列 Xh（主键）、10 个字符或 5 个汉字的姓名列 Xm、日期型出生列 Cs，然后用 Insert 语句将 Stu 表中学号大于 1 的学号和姓名添加到该表对应列。

```
Insert Into I_Xs(Xh,Xm) Select Xh,Xm From Stu Where Xh>1;
Select * From I_Xs;
```

运行结果显示：

```
Xh              Xm              Cs
--------------- --------------- ------------------------------
1               张三            1997-12-13 00:00:00.000
2               余柳芳          NULL
3               张磊            NULL
4               冯李明          NULL
5               陈张鑫          NULL
6               谭云张          NULL
7               李张            NULL
```

7.6.4　Values 多行 Insert

多行 Insert 语句可以将 Values 中定义的多行记录添加到表，语法格式如下：

```
Insert Into 表 1(列 1,列 2,…,列 n) Values(值 1,…,值 n),…,(值 1,…,值 n);
```

这是 SQL 2008 及以上版本才有的功能。

【例 7-55】创建学生表 I_Xs，该表包含整型学号列 Xh（主键）、10 个字符或 5 个汉字的姓名列 Xm，日期型出生列 Cs，然后用多行 Insert 语句添加两条记录，

第一条记录学号为 1，姓名为“张三”，出生日期为 1997 年 12 月 13 日；第二条记录学号为 2，姓名为“李四”，出生日期为 1997 年 12 月 11 日。

```
Set NoCount On
If Object_ID('l_Xs')is not null   Drop Table l_Xs
Create Table l_Xs(Xh Int Primary Key,Xm Char(10),Cs DateTime)
Insert Into l_Xs(Xh,Xm,Cs) Values(1,'张三','1997-12-13'),(2,'李四','1997-12-11');
Select * From l_Xs;
```

运行结果显示：

```
Xh               Xm               Cs
---------------- ---------------- ------------------------------
1                张三             1997-12-13 00:00:00.000
2                李四             1997-12-11 00:00:00.000
```

7.6.5　存储过程多行 Insert

SQL 还允许将调用存储过程的结果集作为多行 Insert 语句要插入的记录。语法格式如下：

```
Insert Into 表(列 1,列 2,…,列 n) Exec 存储过程;
```

这里“表”的列要与存储过程的列兼容。

【例 7-56】创建临时表#sp_who，存储执行 sp_who 的结果集，然后对临时表进行查询非系统数据库的登录信息。

```
If Object_ID('tempdb..#sp_who')is not null   --判断是否存在临时表#sp_who
Drop Table #sp_who
Create Table #sp_who
(
 spid int,ecid int,status Varchar(15),loginame Varchar(55),hostname Varchar(25),
 blk int,dbname Varchar(25),cmd Varchar(25),request_id int
 )

Insert Into #sp_who Exec sp_who
Select spid,loginame,dbname From #sp_who
 Where dbname is not null and dbname not IN('master','tempdb','ReportServer')
```

运行结果显示（内容与实际库和登录用户有关）：

```
spid             loginame                             dbname
---------------- ------------------------------------ ----------------------------------
52               sa                                   Test
55               sa                                   Test
```

7.6.6　视图插入行

为了通过视图插入行，这个视图不允许有常量列或计算列，视图中的列必须是基本表的简单列。若一个视图分散在多个基本表中，则 Insert 语句只能插入在一个基本表上定义的列。没有出现在视图中的列必须有一个缺省值或允许为空。

【例 7-57】创建学生表 I_Xs，该表包含整型学号列 Xh（主键）、10 个字符或 5 个汉字的姓名列 Xm、日期型出生列 Cs，同时创建一个视图 V_I_XS，该视图包括基本表 I_Xs 所有列，然后通过该视图用多行 Insert 语句添加两条记录，第一条记录学号为 1，姓名为"张三"，出生日期为 1997 年 12 月 13 日；第二条记录学号为 2，姓名为"李四"，出生日期为 1997 年 12 月 11 日。

```
Set NoCount On
If Object_ID('I_Xs')is not null   Drop Table I_Xs
Create Table I_Xs(Xh Int Primary Key,Xm Char(10),Cs DateTime)
Go
Create View V_I_XS(学号,姓名,生出) as Select * From I_Xs
Go
Insert Into V_I_XS   Values(1,'张三','1997-12-13'),(2,'李四','1997-12-11');
Select * From V_I_XS;
```

运行结果显示：

```
学号            姓名              出生
--------------- ----------------- ------------------------------
1               张三              1997-12-13 00:00:00.000
2               李四              1997-12-11 00:00:00.000
```

7.7 删除数据

删除数据主要是对表的行（记录）进行删除，可以通过 SSMS 进行交互式删除，也可以用 SQL 语句进行删除。

7.7.1 使用 SSMS 删除数据

【例 7-58】通过 SSMS 以交互方式对 test 库中学生表 Xs 进行数据删除。

操作步骤如下。

（1）打开"开始"菜单中的 SSMS，在对象资源管理器界面，如图 7-2（a）所示，右击 test 数据库中"表"结点下面的 dbo.Xs 结点，在弹出的快捷菜单中执行"编辑前 200 行"命令，弹出编辑窗口。

（2）在编辑窗口选中要删除的行，右击该行，在弹出的快捷菜单中执行"删除"命令，如图 7-2（c）所示，就可以删除选中行，关闭编辑窗口，系统就会自动保存最终结果。

7.7.2 基本 Delete 语句

为删除表或视图中若干条记录，可以使用 Delete 语句，语法格式如下：

```
Delete [From] 表或视图 Where 条件;
```

Delete 语句用于按 Where 指定的条件删除表或视图中的记录。一般都要用 Where 条件搜索要删除的记录；若没有指定 Where 条件将删除全部记录。

【例 7-59】删除学生表 Stu 中成绩不及格学生的记录。

```
Delete From Stu Where Cj<60;
Select * From Stu;
```

运行结果显示：

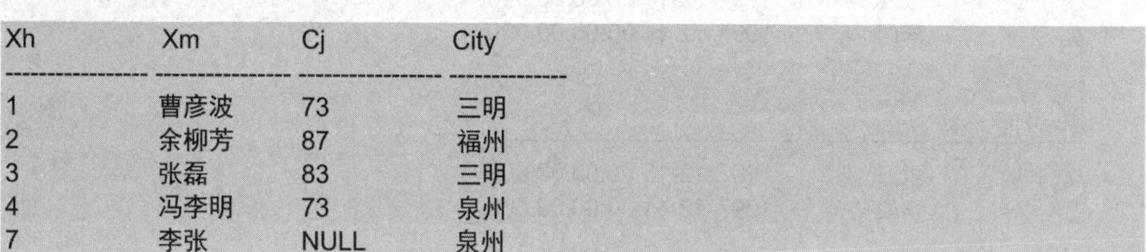

Xh	Xm	Cj	City
1	曹彦波	73	三明
2	余柳芳	87	福州
3	张磊	83	三明
4	冯李明	73	泉州
7	李张	NULL	泉州

7.7.3　带 Top 的 Delete 语句

Delete 语句还可以指定 Top 选项，用于删除前 *n* 条记录，若还同时指定 Percent 选项，则删除前 *n*%条记录。语法格式如下：

```
Delete [Top(n) [Percent]] [From] 表或视图 Where 条件;
```

这里，*n* 可以是一个表达式。

【例 7-60】删除例 7-55 执行后的学生表 I_XS 前 1 条记录。

```
Delete Top (1) From I_Xs
Select * From I_Xs;
```

运行结果显示：

Xh	Xm	Cs
2	李四	1997-12-11 00:00:00.000

这里学生表 I_Xs 只有两条记录，所以执行以下语句有同样的效果。

```
Delete Top (50) Percent From I_Xs
```

Top 选项可用于删除无主键表的重复记录。

【例 7-61】创建无主键学生表 I_Xs，该表包含整型学号列 Xh、10 个字符或 5 个汉字的姓名列 Xm、日期型出生列 Cs，然后用多行 Insert 语句添加 3 条记录，第一、二条记录学号为 1，姓名为“张三”，出生日期为 1997 年 12 月 13 日；第三条记录学号为 2，姓名为“李四”，出生日期为 1997 年 12 月 11 日；最后删除一条 1 号记录，观察删除前后的结果。

```
Set NoCount On
If Object_ID('I_Xs')is not null    Drop Table I_Xs
Create Table I_Xs(Xh Int,Xm Char(10),Cs DateTime)
Insert Into I_Xs(Xh,Xm,Cs) Values(1,'张三','1997-12-13'),
(1,'张三','1997-12-13'),(2,'李四','1997-12-11');
Select * From I_Xs;
Delete Top (1) From I_Xs Where Xh=1;
Select * From I_Xs;
```

运行结果显示：

```
Xh              Xm              Cs
--------------- --------------- -------------------------------
1               张三            1997-12-13 00:00:00.000
1               张三            1997-12-13 00:00:00.000
2               李四            1997-12-11 00:00:00.000

Xh              Xm              Cs
--------------- --------------- -------------------------------
1               张三            1997-12-13 00:00:00.000
2               李四            1997-12-11 00:00:00.000
```

7.7.4　带子查询 Delete 语句

删除记录还可以用带相关子查询的 Where 条件搜索要删除的记录。语法格式如下：

```
Delete [From] 表或视图 Where 测试表达式⊙(Select 子查询);
```

【例 7-62】删除学生表 Stu 中每个城市最高分以下的所有学生信息。

```
Delete From Stu Where Cj<(Select Max(Cj) From Stu as Sub Where Sub.City=Stu.City);
Select * From Stu;
```

运行结果显示：

```
Xh              Xm              Cj              City
--------------- --------------- --------------- -------------
2               余柳芳          87              福州
3               张磊            83              三明
4               冯李明          73              泉州
7               李张            NULL            泉州
```

这里需要注意，子查询中对删除语句当前值的引用默认“表名.列名”，如“Stu.City”，若要通过别名来引用删除语句的当前值，则必须通过 From 子句命名别名，以上语句可以修改为：

```
Delete Stu From Stu a Where Cj<(Select Max(Cj) From Stu as Sub Where Sub.City=a.City);
```

7.7.5　删除主键被引用记录

当父表的主键被从属表的外键引用且从属表外键没有设置级联删除时，这时若要直接删除父表的主键，将无法实现。解决的办法是先删除引用父表主键的从属表外键记录，再删除父表的主键。

【例 7-63】创建学生表 XS，该表含学号字段 XH（整型，主键）、姓名字段 XM（最多允许输入 6 个汉字或 12 个字母）；创建选修表 XX，该表含学号字段 XH（整型）、课号字段 KH（整型）、成绩字段 CJ（双精度浮点数），主键为 XH 和 KH，约束名为 PK_XHKH，外键学号 XH 引用学生表 XS 的学号字段 XH，约束名为 FK_XH，没有级联删除和修改；添加学生信息和选修信息后，再删除学生表 XS 学号为 1 的记录，观察删除前后两表数据变化。

```
Set NoCount On
If Object_ID('XX')is not null Drop table XX,XS
Create Table XS(XH int Primary Key,XM Varchar(12));
Create Table XX
(XH int,KH int,CJ Float,
  Constraint PK_XHKH primary key(XH,KH),
  Constraint FK_XH Foreign Key(XH) References XS(XH)
);
Insert Into XS Values(1,'AAA'),(2,'BBB'),(3,'CCC');
Insert Into XX Values(1,1001,80),(1,1003,70),(2,1002,90),(2,1003,75);
Select * From XS;
Select * From XX;
Delete From XX Where XH=1; -- 先删除 XX 表学号为 1 的记录
Delete From XS Where XH=1; -- 再删除 XS 表学号为 1 的记录
Select * From XS;
Select * From XX;
```

运行结果显示：

```
XH          XM
----------- -----------
1           AAA
2           BBB
3           CCC

XH          KH          CJ
----------- ----------- ---------------
1           1001        80
1           1003        70
2           1002        90
2           1003        75

XH          XM
----------- -----------
2           BBB
3           CCC

XH          KH          CJ
----------- ----------- ---------------
2           1002        90
2           1003        75
```

若直接删除 XS 表学号为 1 的记录，将提示如下错误：

```
消息 547，级别 16，状态 0，第 1 行
DELETE 语句与 REFERENCE 约束"FK_XH"冲突。该冲突发生于数据库"test"，表"dbo.xx", column 'xh'。
语句已终止。
```

7.7.6　清除整个表

要清除整个表的记录，可以使用 Truncate 语句，语法格式如下：

```
Truncate Table 表名
```

该语句删除的对象只能是表，不能是视图，虽然在删除记录上与“Delete 表”相同，但是 Truncate Table 语句不把删除的行放在事务日志中，因此不能撤销此语句，也不能激活该表的 Delete 触发器，所以此语句要谨慎使用。

7.8 修改数据

修改数据也叫更新数据，主要是对表中已有的行（记录）进行修改，可以通过 SSMS 进行交互式修改，也可以用 SQL 语句进行修改。

通过 SSMS 进行交互式修改类似添加数据，这里就不介绍了。

7.8.1 基本 Update 语句

为修改表或视图中若干条记录若干条列的值，可以使用 Update 语句，语法格式如下：

```
Update 表或视图 Set 列 1=值 1[,...n] Where 条件;
```

【例 7-64】 修改学生表 Stu 中不及格学生的成绩，每个同学的成绩加 10 分。

```
Update Stu Set Cj=Cj+10 Where Cj<60
Select * From Stu;
```

运行结果显示：

```
Xh              Xm            Cj              City
--------------- ------------- --------------- ------------
1               曹彦波        73              三明
2               余柳芳        87              福州
3               张磊          83              三明
4               冯李明        73              泉州
5               陈张鑫        66              泉州
6               谭云张        55              泉州
7               李张          NULL            泉州
```

7.8.2 带 Top 的 Update 语句

Update 语句还可以指定 Top 选项，用于修改前 *n* 条记录，若还同时指定 Percent 选项，则修改前 *n*%条记录。语法格式如下：

```
Update [Top(n) [Percent]] 表或视图 Set 列 1=值 1[,...N] Where 条件;
```

这里，Top 选项中的 *n* 可以是一个表达式。

Top 选项可用于修改无主键表的重复记录。

【例 7-65】 创建无主键学生表 I_Xs，该表包含整型学号列 Xh、10 个字符或 5 个汉字的姓名列 Xm、日期型出生列 Cs，然后用多行 Insert 语句添加 3 条记录，第一、二条记录学号为 1，姓名为“张三”，出生日期为 1997 年 12 月 13 日；第

三条记录学号为 2，姓名为“李四”，出生日期为 1997 年 12 月 11 日；然后修改第一条 1 号记录，将其学号改为 0，将其出生日期改为 1996 年 12 月 05 日，观察修改前后的结果。

```
Set NoCount On
If Object_ID('I_Xs')is not null   Drop Table I_Xs
Create Table I_Xs(Xh Int,Xm Char(10),Cs DateTime)
Insert Into I_Xs(Xh,Xm,Cs) Values(1,'张三','1997-12-13'),
(1,'张三','1997-12-13'),(2,'李四','1997-12-11');
Select * From I_Xs;
Update Top (1) I_Xs Set Xh=0,Cs='1996-12-05' Where Xh=1;
Select * From I_Xs;
```

运行结果显示：

```
Xh          Xm          Cs
----------- ----------- -----------------------
1           张三        1997-12-13 00:00:00.000
1           张三        1997-12-13 00:00:00.000
2           李四        1997-12-11 00:00:00.000

Xh          Xm          Cs
----------- ----------- -----------------------
0           张三        1996-12-05 00:00:00.000
1           张三        1997-12-13 00:00:00.000
2           李四        1997-12-11 00:00:00.000
```

这里学生表 I_Xs 只有两条记录，所以修改语句改为如下语句有同样的效果。

```
Update Top (50) Percent   I_Xs Set Xh=0,Cs='1996-12-05' Where Xh=1;
```

7.8.3　多值 Update 语句

多值 Update 指不同的值进行不同的更新，多数情况下可以按不同的 Where 条件用不同的 Update 语句进行更新，但也有少数情况只能用 Case 表达式进行更新。语法格式如下：

```
Update 表名 Set 列名=Case [E][When V1 Then E1][…n] [Else En+1] End;
```

其中 E 指表达式，V 指值或条件。

【例 7-66】修改学生表 Stu 中学生的成绩，60 分以下的加 25 分，60 分（含）以上、80 分以下的加 10 分，80 分（含）以上的加 5 分，观察修改前后的结果。

```
Select * From Stu;
Update Stu Set Cj=Cj+25 Where Cj<60;
Update Stu Set Cj=Cj+10 Where Cj>=60 and Cj<80;
Update Stu Set Cj=Cj+5 Where Cj>=80;
Select * From Stu;
```

运行结果显示：

```
Xh          Xm          Cj          City
----------- ----------- ----------- ----------
1           曹彦波      73          三明
2           余柳芳      87          福州
```

```
3               张磊          83              三明
4               冯李明        73              泉州
5               陈张鑫        56              泉州
6               谭云张        45              泉州
7               李张          NULL            泉州

Xh              Xm            Cj              City
--------------- ------------- --------------- -------------
1               曹彦波        88              三明
2               余柳芳        92              福州
3               张磊          88              三明
4               冯李明        88              泉州
5               陈张鑫        86              泉州
6               谭云张        85              泉州
7               李张          NULL            泉州
```

运行结果发现谭云张被加了 40 分，原成绩 45 分，执行第一条更新语句时，因为小于 60 分，加了 25 分，成为 70 分；执行第二条更新语句时，因为大于等于 60 分、小于 80 分，又加了 10 分，成为 80 分；执行第三条更新语句时，因为大于等于 80 分，又加了 5 分，成为 85 分，所以总共被加了 40 分。

造成这个问题的原因是不及格成绩加 25 分后成为中等成绩落入第二条更新语句的范围，中等成绩加 10 分后成为良好成绩落入第三条更新语句的范围。如果将以上程序更新语句的顺序倒过来，结果就不存在这个问题了。因为良好成绩加 5 分后成为优秀成绩，对中等成绩不产生影响；中等成绩加 10 分后成为良好成绩，对不及格成绩不产生影响，同时对良好成绩也不产生影响，因为良好成绩已经加过了；最后不及格成绩加 25 分后对哪个范围的成绩也都不产生影响，因为都加过了。

```
Select * From Stu;
Update Stu Set Cj=Cj+5 Where Cj>=80;
Update Stu Set Cj=Cj+10 Where Cj>=60 and Cj<80;
Update Stu Set Cj=Cj+25 Where Cj<60;
Select * From Stu;
```

运行结果显示：

```
Xh              Xm            Cj              City
--------------- ------------- --------------- -------------
1               曹彦波        73              三明
2               余柳芳        87              福州
3               张磊          83              三明
4               冯李明        73              泉州
5               陈张鑫        56              泉州
6               谭云张        45              泉州
7               李张          NULL            泉州

Xh              Xm            Cj              City
--------------- ------------- --------------- -------------
1               曹彦波        83              三明
2               余柳芳        92              福州
3               张磊          88              三明
```

```
4          冯李明      83        泉州
5          陈张鑫      81        泉州
6          谭云张      70        泉州
7          李张        NULL      泉州
```

【例 7-67】修改学生表 Stu 中学生的成绩，加分的规则是成绩除 3 余 0 加 1 分，成绩除 3 余 1 加 4 分，成绩除 3 余 2 加 7 分，观察修改前后的结果。

这个加分规则是一个闭环，因为除 3 余 0 加 1 分后成为除 3 余 1，成绩除 3 余 1 加 4 分后成为除 3 余 2，成绩除 3 余 2 加 7 分后成为除 3 余 0，又回到第一个状态；如果把除 3 余 i 称为 i 态，那么这个加分规则始终在 0、1、2 这 3 个状态之间循环，没有初态，也没有终态，所以哪一个都不能先加，而 SQL 的 Case 表达式恰好可以解决这一问题。

```
Select * From Stu;
Update Stu Set Cj=Case Cj%3 When 0 Then Cj+1 When 1 Then Cj+4 When 2 Then Cj+7 End;
Select * From Stu;
```

运行结果显示：

```
Xh         Xm          Cj        City
---------- ----------- --------- ---------
1          曹彦波      73        三明
2          余柳芳      87        福州
3          张磊        83        三明
4          冯李明      73        泉州
5          陈张鑫      56        泉州
6          谭云张      45        泉州
7          李张        NULL      泉州

Xh         Xm          Cj        City
---------- ----------- --------- ---------
1          曹彦波      77        三明
2          余柳芳      88        福州
3          张磊        90        三明
4          冯李明      77        泉州
5          陈张鑫      63        泉州
6          谭云张      46        泉州
7          李张        NULL      泉州
```

7.8.4　带子查询 Update 语句

修改记录还可以用带子查询的标量值修改记录。语法格式如下：

```
Update 表或视图 Set 列 1=表达式⊙(Select 子查询) [,…n] Where 条件;
```

【例 7-68】修改学生表 Stu 中学生的成绩，按各地区的最高分换算成 100 分的比例换算所有学生的成绩，观察修改前后的结果。

```
Select * From Stu;
Update Stu Set Cj=Cj*100/(Select Max(Cj) From Stu as S Where S.City=Stu.City);
Select * From Stu;
```

运行结果显示：

```
Xh              Xm            Cj              City
--------------- ------------- --------------- -------------
1               曹彦波        73              三明
2               余柳芳        87              福州
3               张磊          83              三明
4               冯李明        73              泉州
5               陈张鑫        56              泉州
6               谭云张        45              泉州
7               李张          NULL            泉州

警告: 聚合或其他 SET 操作消除了 Null 值。
Xh              Xm            Cj              City
--------------- ------------- --------------- -------------
1               曹彦波        87              三明
2               余柳芳        100             福州
3               张磊          100             三明
4               冯李明        100             泉州
5               陈张鑫        76              泉州
6               谭云张        61              泉州
7               李张          NULL            泉州
```

这里需要注意，子查询中对修改语句当前值的引用默认“表名.列名”，如“Stu.City”，若要通过别名来引用修改语句的当前值，则必须通过 From 子句命名别名，以上语句可以修改为：

```
Update Stu Set Cj=Cj*100/(Select Max(Cj)From Stu as S Where S.City=a.City)From Stu a;
```

7.8.5　多表 Update 语句

Update 还可以用多个不同的表或视图或连接表来更新当前表或视图的记录。语法格式如下：

```
Update 表或视图 Set 列 1=值 1[,...n] From 表或视图或连接表等 Where 条件;
```

【例 7-69】用多表修改学生表 Stu 中学生的成绩，按各地区的最高分换算成 100 分的比例换算所有学生的成绩，观察修改前后的结果。

```
Select * From Stu;
Update Stu Set Cj=Cj*100/b.MaxCj
  From Stu a,(Select City,Max(Cj) as MaxCj From Stu Group By City) b
  Where a.City=b.City;
Select * From Stu;
```

或者

```
Select * From Stu;
Update Stu Set Cj=Cj*100/b.MaxCj
  From Stu a Join (Select City,Max(Cj) as MaxCj From Stu Group By City) b
  On a.City=b.City;
Select * From Stu;
```

运行结果同例 7-68。

要构造多表更新语句，一般可以将多表查询语句改为多表更新语句。

【例 7-70】已知考题表 KT(SJDH,得分)，试卷表 SJ(KCM,ZKZH,XM,CJ,ZCJ,SJDH,host)。现在要用试卷表 SJ 中试卷代号“71”开头和版本与主机信息“100V”开头的真成绩 ZCJ 的十分之一更新考题表 KT 中相应试卷代号的得分。

其中考题表 KT 部分数据如下：

SJDH	得分
7120150865105	0
7120150865110	0
7120160865115	0
7120160865117	0
7120170667131	0

其中试卷表 SJ 部分数据如下：

KCM	ZKZH	XM	CJ	ZCJ	SJDH	host
软件破解	20150865105	穆其强	100	100	7120150865105	100V6.99USERS55
软件破解	20150865110	李佳静	45	50	7120150865110	100V6.99user159
软件破解	20160865115	陈杨杰	0	10	7120160865115	100V6.99USERS96
软件破解	20160865117	叶政凯	9.5	10	7120160865117	100V6.99user62
软件破解	20170667131	叶开钧	95	100	7120170667131	100V6.99USERS101

可以用如下多表查询语句查询这两张表的信息。

```
Select KCM,ZKZH,XM,CJ,ZCJ,得分,SJ.SJDH,host
  From SJ,KT   Where SJ.SJDH=KT.SJDH and SJ.SJDH Like '71%' and host like '100V%' ;
```

运行结果显示：

KCM	ZKZH	XM	CJ	ZCJ	得分	SJDH	host
软件破解	20150865105	穆其强	100	100	0	7120150865105	100V6.99USERS55
软件破解	20150865110	李佳静	45	50	0	7120150865110	100V6.99user159
软件破解	20160865115	陈杨杰	0	10	0	7120160865115	100V6.99USERS96
软件破解	20160865117	叶政凯	9.5	10	0	7120160865117	100V6.99user62
软件破解	20170667131	叶开钧	95	100	0	7120170667131	100V6.99USERS101

将多表查询语句改为多表更新语句。

```
Update KT Set  得分=ZCJ/10
  From SJ,KT   Where SJ.SJDH=KT.SJDH and SJ.SJDH Like '71%' and host like '100V%' ;
```

重新运行以上多表查询语句，运行结果显示：

KCM	ZKZH	XM	CJ	ZCJ	得分	SJDH	host
软件破解	20150865105	穆其强	100	100	10	7120150865105	100V6.99USERS55
软件破解	20150865110	李佳静	45	50	5	7120150865110	100V6.99user159
软件破解	20160865115	陈杨杰	0	10	1	7120160865115	100V6.99USERS96
软件破解	20160865117	叶政凯	9.5	10	1	7120160865117	100V6.99user62
软件破解	20170667131	叶开钧	95	100	10	7120170667131	100V6.99USERS101

7.8.6　父表修改主键

当父表的主键被从属表的外键引用且从属表外键没有设置级联修改时，这时若要直接修改父表的主键，将无法实现。解决的办法是先在父表添加一个新主键，然后将从属表的外键改为新主键的值，最后再删除父表的旧主键。

【例 7-71】创建学生表 XS，该表含学号字段 XH（整型，主键）、姓名字段 XM（最多允许输入 6 个汉字或 12 个字母）；创建选修表 XX，该表含学号字段 XH（整型）、课号字段 KH（整型）、成绩字段 CJ（双精度浮点数），主键为 XH 和 KH，约束名为 PK_XHKH，外键学号 XH 引用学生表 XS 的学号字段 XH，约束名为 FK_XH，没有级联删除和修改；添加学生信息和选修信息后，再将学生表 XS 的学号 1 改为 4，观察修改前后两表数据变化。

```
Set NoCount On
If Object_ID('XX')is not null Drop table XX,XS
Create Table XS(XH int Primary Key,XM Varchar(12));
Create Table XX
(XH int,KH int,CJ Float,
 Constraint PK_XHKH primary key(XH,KH),
 Constraint FK_XH Foreign Key(XH) References XS(XH)
)
Insert Into XS Values(1,'AAA');
Insert Into XS Values(2,'BBB');
Insert Into XS Values(3,'CCC');
Insert Into XX Values(1,1001,80);
Insert Into XX Values(1,1003,70);
Insert Into XX Values(2,1002,90);
Insert Into XX Values(2,1003,75);
Select * From XS;
Select * From XX;
Insert Into XS Select 4,XM From XS Where XH=1;    --XS 表添加学号为 4、其他值仍为 1 号的值
Update XX Set XH=4 Where XH=1;                    --XX 表学号为 1 的记录更新为 4
Delete XS Where XH=1;                             --删除 XS 表学号为 1 的记录
Select * From XS;
Select * From XX;
```

运行结果显示：

```
XH              XM
--------------- ----------------
1               AAA
2               BBB
3               CCC

XH              KH              CJ
--------------- --------------- -------------------
1               1001            80
1               1003            70
2               1002            90
2               1003            75

XH              XM
--------------- ----------------
2               BBB
```

```
3                CCC
4                AAA

XH               KH               CJ
---------------- ---------------- --------------------
2                1002             90
2                1003             75
4                1001             80
4                1003             70
```

若直接将 XS 表的学号由 1 改为 4，则将提示如下错误：

```
消息 547，级别 16，状态 0，第 1 行
UPDATE 语句与 REFERENCE 约束"FK_XH"冲突。该冲突发生于数据库"test"，表"dbo.xx", column 'xh'。
语句已终止。
```

7.8.7　Update 控制登录次数

很多情况下要限制用户的登录次数，如考试系统不允许同一份试卷多个进程同时登录。要限制某用户的登录次数，通常的办法如下：设置一个标志位，用 0 表示未登录，用 1 表示已登录；用户登录之前，将标志位由 0 改为 1，修改成功返回影响记录数为 1，表示当前进程可以登录，否则返回 0，表示该用户已经有一个进程在登录中；用户退出登录之前，将标志位由 1 改 0，修改成功返回影响记录数为 1，表示当前进程可以退出，否则返回 0，表示当前进程不能退出。

【例 7-72】在 test 库中创建试卷登录表 SJ，该表含学号字段 XH（整型，主键）、登录标志字段 DL（整型），添加一个学号为'20200861201'和登录标志初始状态为 0 的记录值，然后将登录标志状态由 0 改为 1，执行两次，最后执行一次由 1 改为 0。观察返回的影响记录数。

```
Set NoCount On
If Object_ID('SJ')is not null Drop table SJ;
Create Table SJ(XH varchar(12)primary key,DL int);
Insert Into SJ(XH,DL) Values('20200861201',0);
Set NoCount Off
-- 两进程登录
Update SJ Set DL=1 Where DL=0 and XH='20200861201';
Update SJ Set DL=1 Where DL=0 and XH='20200861201';
-- 退出登录
Update SJ Set DL=0 Where XH='20200861201';
```

运行结果显示：

```

(1 行受影响)

(0 行受影响)

(1 行受影响)
```

这里只要有一个进程成功执行 0 改为 1，其他进程都将无法再成功执行，即没有第二个进程成功返回影响记录数 1，这就保证了只有一个进程可以登录系统。

在正常情况下，成功登录的进程都会在有限时间内退出登录，将标志状态由 1 改回成 0，以便下一次再登录。但是，在异常情况下，可能会出现某用户登录后突然断电，没有执行退出登录的操作，其他进程以为一直有进程在线，其实已经掉线，这样就导致永远不能再进行登录了。因此，不能使用这种固定的标志位的方式。

要限制某用户的登录次数，改进的办法如下：设置一个在线时间 OnLine，用 Null 表示未登录，用最近的系统时间表示已登录；用户登录之前，将在线时间由 Null 改为最近的系统时间，修改成功返回影响记录数为 1，表示当前进程可以登录，否则返回 0，表示该用户已经有一个进程在登录中；用户一旦成功登录后，需要每隔一段时间（一般取 1 分钟）更新这个最近的系统时间，否则就认为已掉线；用户退出登录之前，将在线时间由最近的系统时间改为 Null，修改成功返回影响记录数为 1，表示当前进程可以退出，否则返回 0，表示当前进程不能退出。

原来的方案是在由 0 改为 1 和 1 改为 0 两种状态之间来回切换，现在的方案是由 Null 改为最近的系统时间和由最近的系统时间改为 Null 两种状态之间来回切换。在正常情况下，这两个方案没有区别，在异常情况下，若某进程很长时间（超过 1 分钟）没有更新这个最近的系统时间，则可认为是掉线了，意味着若有进程要登录就可以直接登录。

改进后代码如下：

```
Set NoCount On
If Object_ID('SJ2')is not null Drop table SJ2;
Create Table SJ2(XH varchar(12)primary key,OnLine DateTime);
Insert Into SJ2(XH,OnLine) Values('20200861201',Null);
Set NoCount Off
-- 两进程登录
Update SJ2 Set OnLine=GetDate()
 Where ( (OnLine Is Null)Or(1.0/24/60<GetDate()-OnLine) )And(XH='20200861201');
Update SJ2 Set OnLine=GetDate()
 Where ( (OnLine Is Null)Or(1.0/24/60<GetDate()-OnLine) )And(XH='20200861201');
-- 退出登录
Update SJ2 Set OnLine=Null Where XH='20200861201';
```

运行结果同之前方法，所不同的是掉线后可以直接登录。

7.8.8　置空值或默认值

Update 语句可以用 Null 关键字将允许为空的列设置为空；类似地，可以用 Default 关键字将有默认值的列设置为其默认值；一般情况下，若没有专门设置默认值，则缺省的默认值就是 Null，除非不允许为空。

【例 7-73】创建学生表 D_Xs(Xh,Xm,Cj)，并为 Cj 列指定默认值为-1；然后添加两条记录，分别将这两条记录设置为空和默认值，观察修改前后的数据。

```
Set NoCount On
If Object_ID('D_Xs')is not null   Drop Table D_Xs
Create Table D_Xs(Xh Int Primary Key,Xm Char(10),Cj Int Default -1)
```

```
Insert Into D_Xs(Xh,Xm,Cj) Values(1,'AAA',80),(2,'BBB',70);
Select * From D_Xs;
Update D_Xs Set Cj=Null Where Xh=1;
Update D_Xs Set Xm=Default,Cj=Default Where Xh=2;
Select * From D_Xs;
```

运行结果显示：

```
Xh              Xm              Cj
--------------- --------------- ----------------
1               AAA             80
2               BBB             70

Xh              Xm              Cj
--------------- --------------- ----------------
1               AAA             NULL
2               NULL            -1
```

习题 7

程序设计题

（1）已知商品信息表有商品编号、商品名称、库存编号、供应商编号、产地、单价、均价等字段，请编写一个 SQL 语句用于添加一条记录，记录内容如下：商品编号为 1021，商品名称为 4G DDR3 内存，库存编号为 1008，供应商编号为 1002，产地为广州市，单价为 199。

运行后显示结果如下：

```
商品编号    商品名称          库存编号    供应商编号    产地    单价    均价
----------- ----------------- ----------- ------------- ------- ------- -------
1021        4G DDR3 内存      1008        1002          广州市  199     NULL
```

请在/*【*/和/*】*/之间的空白处填入适当语句或式子。

```
/***源程序***/
Set NoCount On
/*【*/

/*】*/
Select * From 商品信息 Where 商品编号>'1020';
```

（2）已知商品信息表有商品编号、商品名称、库存编号、供应商编号、产地、单价等字段，请编写一个 SQL 语句用于删除产地含有“州”字的记录，运行后显示结果如下：

```
剩余记录数
----------
15
```

请在/*【*/和/*】*/之间的空白处填入适当语句或式子。

```
/***源程序***/
Set NoCount On
```

```
/*【*/

/*】*/
Select Count(*) as 剩余记录数 From 商品信息;
```

（3）已知教师表 teacher(tno,tname,sex,birthday,prof,depart)，其中 depart 为教师所在院系，请编写一个 SQL 语句用于把“计算机”系改为“信息学院”。运行结果如下：

```
tno            tname          depart
-------------- -------------- --------------
t01            余志利         信息学院
t02            高晓蓝         信息学院
```

请在/*【*/和/*】*/之间的空白处填入适当语句或式子。

```
/***源程序***/
Set NoCount On
/*【*/

/*】*/
select tno,tname,depart from teacher where depart='信息学院';
```

（4）已知教师表 teacher(tno,tname,sex,birthday,prof,depart)，其中 sex 为性别，prof 为职称，请编写一条更新语句用于将女教师的职称（prof）置空（NULL）。运行结果如下：

```
tno      tname      sex      birthday                       prof       depart
-------- ---------- -------- ------------------------------ ---------- --------------
t02      高晓蓝     女       1980-04-14 00:00:00.000 NULL       计算机
t04      高芸       女       1966-07-01 00:00:00.000 NULL       金融
t07      黄欣茹     女       1973-11-02 00:00:00.000 NULL       会计学
t09      王艺琛     女       1965-07-28 00:00:00.000 NULL       艺术设计
t12      白枚       女       1977-10-03 00:00:00.000 NULL       公共教学
t13      李丽娜     女       1981-04-07 00:00:00.000 NULL       公共教学
t14      刘慧琴     女       1968-09-04 00:00:00.000 NULL       公共教学
```

请在/*【*/和/*】*/之间的空白处填入适当语句或式子。

```
/***源程序***/
Set NoCount On
/*【*/

/*】*/
select * from teacher where sex='女';
```

（5）已知学生表 XS 有学号、姓名、毕业院校、成绩（CJ）、出生（CS）等字段，请编写一个 SQL 语句用于显示姓名中含有“荣”的学生姓名。结果显示如下：

```
姓名
--------
周荣通
邹艺荣
叶荣林
荣旭
```

请在/*【*/和/*】*/之间的空白处填入适当语句或式子。

```
/***源程序***/
Set NoCount On
/*【*/

/*】*/
```

（6）已知学生表 XS 有学号、姓名、毕业院校、成绩（CJ）、出生（CS）等字段，请编写一个 SQL 语句用于显示姓“荣”的学生姓名。结果显示如下：

```
姓名
------
荣旭
```

请在/*【*/和/*】*/之间的空白处填入适当语句或式子。

```
/***源程序***/
Set NoCount On
/*【*/

/*】*/
```

（7）已知教师表 teacher(tno,tname,sex,birthday,prof,depart)，查询姓名（tname）为两个汉字的教师工号（tno）、姓名（tname）、职称（prof）和所在院系（depart）等信息。运行结果如下：

```
tno          tname        prof         depart
------------ ------------ ------------ ------------
t03          钱程          教授          金融
t04          高芸          副教授        金融
t06          林森          讲师          机械工程
t08          方明          讲师          会计学
t10          夏天          教授          艺术设计
t12          白枚          讲师          公共教学
t15          王越          助教          公共教学
```

请在/*【*/和/*】*/之间的空白处填入适当语句或式子。

```
/***源程序***/
Set NoCount On
/*【*/

/*】*/
```

（8）已知教师表 teacher(tno,tname,sex,birthday,prof,depart)，查询所有姓“郑”的教师的教师号（tno）、姓名（tname）、职称（prof）。运行结果如下：

```
tno          tname        prof
------------ ------------ ------------
t11          郑志强        教授
```

请在/*【*/和/*】*/之间的空白处填入适当语句或式子。

```
/***源程序***/
Set NoCount On
/*【*/

/*】*/
```

（9）已知学生表 XS 有学号、姓名、毕业院校、成绩（CJ）等字段，请编写一个 SQL 语句用于显示成绩在 60 分以下的人数。结果显示如下：

```
不及格人数
--------------
          3
```

请在/*【*/和/*】*/之间的空白处填入适当语句或式子。

```
/***源程序***/
Set NoCount On
/*【*/

/*】*/
```

（10）已知学生表 XS 有学号、姓名、毕业院校、成绩（CJ）等字段，请编写一个 SQL 语句用于显示所有参加考试学生的平均成绩（保留 4 位小数）。结果显示如下：

```
  平均成绩
----------------
   76.0625
```

注意：执行 Set Ansi_Warnings OFF 将不显示“警告：聚合或其他 SET 操作消除了空(NULL)值。”。

请在/*【*/和/*】*/之间的空白处填入适当语句或式子。

```
/***源程序***/
Set NoCount On
/*【*/

/*】*/
```

（11）已知选修表 score(sno,cno,degree)，查询课程号为'c03'的最高分数（degree）。运行结果如下：

```
c03 课程最高分
--------------------
          85
```

请在/*【*/和/*】*/之间的空白处填入适当语句或式子。

```
/***源程序***/
Set NoCount On
/*【*/

/*】*/
```

（12）已知学生表 XS 有学号、姓名、毕业院校、成绩（CJ）、出生（CS）等字段，请编写一个 SQL 语句用于显示下半年生日者姓名及其生日。结果显示如下：

```
姓名      生日
---------- ---------------
谢文娟 11 月 01 日
陈立勤 07 月 01 日
周荣通 11 月 21 日
黄忠顺 07 月 11 日
王兆钦 12 月 01 日
陈艳    09 月 15 日
吴小勇 08 月 09 日
左见霞 07 月 31 日
荣旭    10 月 01 日
张龙剑 12 月 25 日
```

请在/*【*/和/*】*/之间的空白处填入适当语句或式子。

```
/***源程序***/
Set NoCount On
/*【*/

/*】*/
```

（13）已知学生表 XS 有学号、姓名、毕业院校、成绩（CJ）、出生（CS）等字段，请编写一个 SQL 语句用于显示姓名中第二字为“荣”的学生姓名。结果显示如下：

```
姓名
---------
周荣通
叶荣林
```

请在/*【*/和/*】*/之间的空白处填入适当语句或式子。

```
/***源程序***/
SET NOCOUNT ON
/*【*/

/*】*/
```

（14）设置出生（CS）字段日期格式为'yyyy-mm-dd'（样式值为 120），成绩字段（CJ）格式为 2 位数字字符宽度，并执行学生表（XS）查询后显示如下结果（注意：成绩为空即 NULL 时，要用空字符串表示；字段名用大写字母表示）：

```
学号              姓名      CS              毕业院校                        CJ
----------------- ---------- --------------- -------------------------------- ---
20100881201  谢文娟  1989-11-01  泉州师范学院              67
20100881202  陈立勤  1989-07-01  武夷学院                  78
20100881203  周荣通  1989-11-21  福建工程学院              88
20100881204  黄华贵  1989-02-01  福建工程学院              74
20100881205  王聪慧  1989-01-01  三明学院                  56
20100881206  游连桦  1990-05-01  福建工程学院              48
20100881207  黄忠顺  1989-07-11  福建信息职业技术学院
20100881208  王兆钦  1989-12-01  福建交通职业技术学院
20100881209  陈艳    1989-09-15  厦门华厦职业学院          96
20100881210  郭闻娟  1990-01-01  福建工程学院              73
```

```
20100881211  邹艺荣 1989-01-01 厦门理工学院          58
20100881212  叶荣林 1991-01-01 厦门理工学院          82
20100881213  吴小勇 1989-08-09 福建工程学院          85
20100881214  宋江平 1990-04-01 福建工程学院          91
20100881215  李志恒 1989-03-15 厦门理工学院          82
20100881216  左见霞 1989-07-31 宁德师范高等专科学校
20100881217  张剑   1990-02-02 厦门理工学院          99
20100881218  余其枫 1989-06-06 福建工程学院          68
20100881219  荣旭   1989-10-01 福建师范大学          72
20100881220  张龙剑 1990-12-25 厦门兴才职业技术学院
```

请在/*【*/和/*】*/之间的空白处填入适当语句或式子。

```
/***源程序***/
Set NoCount On
/*【*/

/*】*/
```

（15）已知商品信息表含有商品编号、商品名称、库存编号、供应商编号、产地、单价等字段，请编写一个 SQL 语句用于查询含有大写字母“O”的商品名称和单价。结果显示如下：

```
商品名称                                          单价
------------------------------------------------ -------------
CORSAIR VS512MB 内存                               350
AMD Opteron 146CPU                                1455
  DRAGONKING 1GB 内存                              805
CISCO 1721 路由器                                 4963
```

请在/*【*/和/*】*/之间的空白处填入适当语句或式子。

```
/***源程序***/
Set NoCount On
/*【*/

/*】*/
```

（16）已知学生表 XS 有学号、姓名、毕业院校、成绩（CJ）等字段，请编写一个 SQL 语句用于显示所有在册学生（含未参加考试的学生）的平均成绩。结果显示如下：

```
  平均成绩
---------------
      60.85
```

注意：执行 Set Ansi_Warnings OFF 将不显示“警告：聚合或其他 SET 操作消除了空（NULL）值。”。

请在/*【*/和/*】*/之间的空白处填入适当语句或式子。

```
/***源程序***/
Set NoCount On
/*【*/

/*】*/
```

（17）已知学生表 XS 有学号、姓名、毕业院校、成绩（CJ）等字段，请编写一个 SQL

语句用于显示所有参加考试学生的最高分者姓名及其成绩。结果显示如下：

```
姓名         最高分
---------- ---------------
张剑              99
```

注意：执行 Set Ansi_Warnings OFF 将不显示“警告：聚合或其他 SET 操作消除了空（NULL）值。”。

请在/*【*/和/*】*/之间的空白处填入适当语句或式子。

```
/***源程序***/
Set NoCount On
/*【*/

/*】*/
```

（18）已知学生表 XS 有学号、姓名、毕业院校、成绩（CJ）等字段，请编写一个 SQL 语句用于显示各毕业院校优秀学生（CJ>=80）人数。结果显示如下：

```
毕业院校                          人数
-------------------------------- -----------
福建工程学院                         3
厦门华厦职业学院                     1
厦门理工学院                         3
```

请在/*【*/和/*】*/之间的空白处填入适当语句或式子。

```
/***源程序***/
Set NoCount On
/*【*/

/*】*/
```

（19）已知选修表 score(sno,cno,degree)，查询课程号（cno）为'c02'和'c03'的课程的选课人数。运行结果如下：

```
cno          选课人数
--------------- ----------------
c02          4
c03          3
```

请在/*【*/和/*】*/之间的空白处填入适当语句或式子。

```
/***源程序***/
Set NoCount On
/*【*/

/*】*/
```

（20）已知选修表 score(sno,cno,degree)，查询学号（sno）为's01001'和's03001'学生的选课门数。运行结果如下：

```
sno          选课门数
--------------- ----------------
s01001                4
s03001                7
```

请在/*【*/和/*】*/之间的空白处填入适当语句或式子。

```
/***源程序***/
Set NoCount On
/*【*/

/*】*/
```

（21）已知学生表XS(学号,姓名,CS,毕业院校,CJ)，请编写一个SQL语句用于显示表中所有毕业院校，要求相同院校只显示一次，并按升序显示。结果显示如下：

```
毕业院校
------------------------------
福建工程学院
福建交通职业技术学院
福建师范大学
福建信息职业技术学院
宁德师范高等专科学校
泉州师范学院
三明学院
武夷学院
厦门华厦职业学院
厦门理工学院
厦门兴才职业技术学院
```

请在/*【*/和/*】*/之间的空白处填入适当语句或式子。

```
/***源程序***/
Set NoCount On
/*【*/

/*】*/
```

（22）已知学生表XS有学号、姓名、毕业院校等字段，请编写一个SQL语句用于显示毕业院校含“职业”两个字的学生学号，并按升序显示。结果显示如下：

```
学号
--------------------
20100881207
20100881208
20100881209
20100881220
```

请在/*【*/和/*】*/之间的空白处填入适当语句或式子。

```
/***源程序***/
Set NoCount On
/*【*/

/*】*/
```

（23）已知学生表XS有学号、姓名、毕业院校等字段，请编写一个SQL语句用于显示毕业于“厦门”的学生姓名，并按姓名降序显示。结果显示如下：

```
姓名
---------
邹艺荣
张龙剑
张剑
叶荣林
李志恒
陈艳
```

请在/*【*/和/*】*/之间的空白处填入适当语句或式子。

```
/***源程序***/
Set NoCount On
/*【*/

/*】*/
```

（24）已知学生表 XS 有学号、姓名、毕业院校、成绩（CJ）等字段，请编写一个 SQL 语句用于显示没有成绩的学生姓名，并按姓名升序显示。结果显示如下：

```
姓名
---------
黄忠顺
王兆钦
张龙剑
左见霞
```

请在/*【*/和/*】*/之间的空白处填入适当语句或式子。

```
/***源程序***/
Set NoCount On
/*【*/

/*】*/
```

（25）已知选修表 score(sno,cno,degree)，查询选修了课程号（cno）为'c02'的学生学号（sno）和成绩（degree）信息，查询结果按成绩的升序排列。运行结果如下：

```
sno            degree
--------------- ---------------
s01001          65
s02001          70
s03001          78
s01002          89
```

请在/*【*/和/*】*/之间的空白处填入适当语句或式子。

```
/***源程序***/
Set NoCount On
/*【*/


/*】*/
```

（26）已知学生表 XS 有学号、姓名、毕业院校、成绩（CJ）等字段，请编写一个 SQL

语句用于显示不同毕业院校的学生人数，并按学生人数降序、毕业院校升序显示。结果显示如下：

```
毕业院校                          人数
-------------------------------- -----------
福建工程学院                         7
厦门理工学院                         4
福建交通职业技术学院                 1
福建师范大学                         1
福建信息职业技术学院                 1
宁德师范高等专科学校                 1
泉州师范学院                         1
三明学院                             1
武夷学院                             1
厦门华厦职业学院                     1
厦门兴才职业技术学院                 1
```

请在/*【*/和/*】*/之间的空白处填入适当语句或式子。

```
/***源程序***/
Set NoCount On
/*【*/

/*】*/
```

（27）已知商品信息表含有商品编号、商品名称、库存编号、供应商编号、产地、单价等字段，请编写一个 SQL 语句用于统计产地含有“京”字且供应数量至少在 1 种以上的各供应商各产地的产品数量，按供应商编号升序显示。结果显示如下：

```
供应商编号   产地            数量
------------ --------------- ----------
1005         南京市           2
1009         北京市           4
```

请在/*【*/和/*】*/之间的空白处填入适当语句或式子。

```
/***源程序***/
Set NoCount On
/*【*/

/*】*/
```

（28）已知学生表 XS 有学号、姓名、毕业院校、成绩（CJ）、出生（CS）等字段，请编写一个 SQL 语句用于显示成绩开根号并乘 10 后及格的学生姓名及其前后成绩(新成绩保留 1 位小数），按成绩降序排列显示。结果显示如下：

```
姓名       原成绩          新成绩
---------- --------------- ---------------
邹艺荣          58            76.2
王聪慧          56            74.8
游连桦          48            69.3
```

请在/*【*/和/*】*/之间的空白处填入适当语句或式子。

```
/***源程序***/
Set NoCount On
/*【*/

/*】*/
```

（29）已知学生表 XS 有学号、姓名、毕业院校、成绩（CJ）等字段，请编写一个 SQL 语句用于实现按学号末两位数分组（除 3 后的余数）显示。结果显示如下：

```
    分组号  学号              姓名
----------- ------------------ ----------
          0 20100881203       周荣通
          0 20100881206       游连桦
          0 20100881209       陈艳
          0 20100881212       叶荣林
          0 20100881215       李志恒
          0 20100881218       余其枫
          1 20100881201       谢文娟
          1 20100881204       黄华贵
          1 20100881207       黄忠顺
          1 20100881210       郭闻娟
          1 20100881213       吴小勇
          1 20100881216       左见霞
          1 20100881219       荣旭
          2 20100881202       陈立勤
          2 20100881205       王聪慧
          2 20100881208       王兆钦
          2 20100881211       邹艺荣
          2 20100881214       宋江平
          2 20100881217       张剑
          2 20100881220       张龙剑
```

请在/*【*/和/*】*/之间的空白处填入适当语句或式子。

```
/***源程序***/
Set NoCount On
/*【*/

/*】*/
```

（30）已知学生表 XS 有学号、姓名、毕业院校、成绩（CJ）等字段，请编写一个 SQL 语句用于显示毕业院校的学生人数多于 1 个的毕业院校及其人数，并按学生人数升序、毕业院校降序显示。结果显示如下：

```
毕业院校                        人数
-------------------------- -----------
厦门理工学院                     4
福建工程学院                     7
```

请在/*【*/和/*】*/之间的空白处填入适当语句或式子。

```
/***源程序***/
Set NoCount On
```

```
/*【*/

/*】*/
```

（31）已知学生表 XS 有学号、姓名、毕业院校、成绩（CJ）、出生（CS）等字段，请编写一个 SQL 语句用于显示各分数段及其人数（注意：分数范围为 0～99 及 NULL）。结果显示如下：

```
分数段          人数
------------ --------------
40~49              1
50~59              2
60~69              2
70~79              4
80~89              4
90~99              3
NULL               4
```

请在/*【*/和/*】*/之间的空白处填入适当语句或式子。

```
/***源程序***/
Set NoCount On
/*【*/

/*】*/
```

（32）已知学生表 XS 有学号、姓名、毕业院校、成绩（CJ）、出生（CS）等字段，请编写一个 SQL 语句用于统计各种姓氏的人数，并按姓氏升序排列显示。结果显示如下：

```
姓          人数
------ -------------
陈            2
郭            1
黄            2
李            1
荣            1
宋            1
王            2
吴            1
谢            1
叶            1
游            1
余            1
张            2
周            1
邹            1
左            1
```

请在/*【*/和/*】*/之间的空白处填入适当语句或式子。

```
/***源程序***/
Set NoCount On
/*【*/
```

```
/*】*/
```

（33）已知商品信息表含有商品编号、商品名称、库存编号、供应商编号、产地、单价等字段，请编写一个 SQL 语句用于统计各供应商所占商品比例，并按比例和供应商编号降序排列显示。结果显示如下：

```
供应商编号          比例
--------------- ---------------
1009                    30
1008                    10
1006                    10
1005                    10
1004                    10
1002                    10
1001                    10
1007                     5
1003                     5
```

请在/*【*/和/*】*/之间的空白处填入适当语句或式子。

```
/***源程序***/
Set NoCount On
/*【*/

/*】*/
```

（34）已知商品信息表含有商品编号、商品名称、库存编号、供应商编号、产地、单价等字段，请编写一个 SQL 语句用于统计产地含有“京”字的各供应商各产地的产品数量，按产地和数量降序、供应商编号升序显示。结果显示如下：

```
供应商编号   产地             数量
-------------- ----------- --------------
1005         南京市              2
1002         南京市              1
1003         南京市              1
1006         南京市              1
1008         南京市              1
1009         北京市              4
```

请在/*【*/和/*】*/之间的空白处填入适当语句或式子。

```
/***源程序***/
Set NoCount On
/*【*/

/*】*/
```

（35）已知学生表 XS 含有学号、姓名、CJ 等字段，其中 CJ 表示成绩，内容如下：

```
学号               姓名
------------------ ------------
20100881201    谢文娟
20100881202    陈立勤
```

```
20100881203   周荣通
……
```

选修表 XX 含有 XH、KH、CJ 等字段，分别表示学号、课号、成绩，内容如下：

```
XH                KH              CJ
----------------- --------------- -------------------------
20100881201   1001            80
20100881202   1002            80
20100881203   1001            56
……
```

课程表 C 含有 KH、KM 等字段，分别表示课号、课名，内容如下：

```
KH              KM
--------------- ----------------
1001            C 语言
1002            C++
1003            VB
1004            数据结构
```

执行多表操作查询语句，显示学号小于 20100881205 的学生的学号、姓名、课号、课名、成绩等信息，内容如下（注意：字段名用大写字母）：

```
学号              姓名        KH              KM                CJ
----------------- ----------- --------------- ----------------- -------------------------
20100881201   谢文娟      1001            C 语言            80
20100881202   陈立勤      1002            C++               80
20100881203   周荣通      1001            C 语言            56
20100881204   黄华贵      1002            C++               70
```

请在/*【*/和/*】*/之间的空白处填入适当语句或式子。

```
/***源程序***/
Set NoCount On
/*【*/

/*】*/
```

（36）已知字母表 L 的内容如下：

```
C
-
A
B
C
D
E
```

请编写一个多表查询语句，显示 5 个字母中任取 3 个字母的全排列，内容如下（60 种组合）：

```
全排列
------
ABC
ABD
```

```
ABE
ACB
ACD
ACE
ADB
ADC
ADE
AEB
AEC
AED
...
EBD
ECA
ECB
ECD
EDA
EDB
EDC
```

请在/*【*/和/*】*/之间的空白处填入适当语句或式子。

```
/***源程序***/
Set NoCount On
/*【*/

/*】*/
```

（37）已知字母表 L 的内容如下：

```
C
-
A
B
C
D
E
```

请编写一个多表查询语句，显示 5 个字母中任取 3 个字母的组合，内容如下（按组合从小到大排序）：

```
组合
------
ABC
ABD
ABE
ACD
ACE
ADE
BCD
BCE
BDE
CDE
```

请在/*【*/和/*】*/之间的空白处填入适当语句或式子。

```
/***源程序***/
Set NoCount On
/*【*/

/*】*/
```

（38）已知字母表 L 的内容如下：

```
C
-
A
B
C
D
E
```

请编写一个多表查询语句，显示 5 个字母中任取 3 个字母的可重复排列，内容如下（125 种组合）：

```
组合
------
AAA
AAB
AAC
AAD
AAE
…
EDA
EDB
EDC
EDD
EDE
EEA
EEB
EEC
EED
EEE
```

请在/*【*/和/*】*/之间的空白处填入适当语句或式子。

```
/***源程序***/
Set NoCount On
/*【*/


/*】*/
```

（39）请根据学生表 XS(学号,姓名,CS,毕业院校,CJ)、选修表 XX(xh,kh,CJ)、课程表 C(kh,km,RS)，编写一个多表查询语句，显示各同学的选修情况（含无选修课程的学生信息），内容如下（注意：字段名用大写字母）：

```
学号              姓名          KH          CJ
----------------- ----------- ----------- -----------
20100881201  谢文娟      1001        80
20100881203  周荣通      1001        56
20100881205  王聪慧      1001        83
20100881207  黄忠顺      1001        85
20100881209  陈艳        1001        75
20100881211  邹艺荣      1001        81
20100881213  吴小勇      1001        73
20100881215  李志恒      1001        48
20100881217  张剑        1001        91
20100881219  荣旭        1001        36
20100881202  陈立勤      1002        80
20100881204  黄华贵      1002        70
20100881206  游连桦      1002        90
20100881208  王兆钦      1002        75
20100881210  郭闻娟      1002        93
20100881212  叶荣林      1003        78
20100881214  宋江平      1003        71
20100881220  张龙剑
20100881218  余其枫
20100881216  左见霞
```

请在/*【*/和/*】*/之间的空白处填入适当语句或式子。

```
/***源程序***/
Set NoCount On
/*【*/


/*】*/
```

（40）请根据学生表 XS(学号,姓名,CS,毕业院校,CJ)、选修表 XX(xh,kh,CJ)、课程表 C(kh,km,RS)，编写一个多表查询语句，显示各课程的选修情况（含无人选修课程信息），内容如下（注意：字段名用大写字母）：

```
XH                         KH KM                       CJ
------------------ ---------------- ------------------ -----------------
20100881201              1001 C 语言                    80
20100881203              1001 C 语言                    56
20100881205              1001 C 语言                    83
20100881207              1001 C 语言                    85
20100881209              1001 C 语言                    75
20100881211              1001 C 语言                    81
20100881213              1001 C 语言                    73
20100881215              1001 C 语言                    48
20100881217              1001 C 语言                    91
20100881219              1001 C 语言                    36
20100881202              1002 C++                       80
20100881204              1002 C++                       70
20100881206              1002 C++                       90
20100881208              1002 C++                       75
```

```
20100881210          1002 C++                 93
20100881212          1003 VB                  78
20100881214          1003 VB                  71
                    1004 数据结构
```

请在/*【*/和/*】*/之间的空白处填入适当语句或式子。

```
/***源程序***/
Set NoCount On
/*【*/



/*】*/
```

（41）请根据学生表 XS(学号,姓名,CS,毕业院校,CJ)、选修表 XX(xh,kh,CJ)、课程表 C(kh,km,RS)，编写一个多表查询语句，显示各课程、学生的选修情况（含无选修课程、学生信息），内容如下（注意：最后还有一条记录“1004 数据结构”，字段名用大写字母，MySQL 不支持 Full Join，用左右联+Union）：

```
学号          姓名        KH KM                   CJ
-------------------- ----------- -------------- ----------------- -----------------
20100881219  荣旭       1001 C 语言              36
20100881217  张剑       1001 C 语言              91
20100881215  李志恒     1001 C 语言              48
20100881213  吴小勇     1001 C 语言              73
20100881211  邹艺荣     1001 C 语言              81
20100881209  陈艳       1001 C 语言              75
20100881207  黄忠顺     1001 C 语言              85
20100881205  王聪慧     1001 C 语言              83
20100881203  周荣通     1001 C 语言              56
20100881201  谢文娟     1001 C 语言              80
20100881210  郭闻娟     1002 C++                 93
20100881208  王兆钦     1002 C++                 75
20100881206  游连桦     1002 C++                 90
20100881204  黄华贵     1002 C++                 70
20100881202  陈立勤     1002 C++                 80
20100881214  宋江平     1003 VB                  71
20100881212  叶荣林     1003 VB                  78
20100881216  左见霞
20100881218  余其枫
20100881220  张龙剑
                        1004 数据结构
```

请在/*【*/和/*】*/之间的空白处填入适当语句或式子。

```
/***源程序***/
Set NoCount On
/*【*/



/*】*/
```

（42）请根据学生表 XS(学号,姓名,CS,毕业院校,CJ)、选修表 XX(xh,kh,CJ)、课程表

C(kh,km,RS)，编写一个多表查询语句，实现学生信息和课程信息合并显示，其中学生信息只显示学号小于等于"20100881210"（字符型）的学生，课程信息只显示课号（kh）小于等于 1003（整型）的课程，合并后列标题如下，且学生信息类型为“学生”、课程信息类型为“课程”，最后按序号降序输出，内容如下：

```
类型 序号                                                      名称
------ ---------------------------------------------------------- ---------------
学生 20100881210                                               郭闻娟
学生 20100881209                                               陈艳
学生 20100881208                                               王兆钦
学生 20100881207                                               黄忠顺
学生 20100881206                                               游连桦
学生 20100881205                                               王聪慧
学生 20100881204                                               黄华贵
学生 20100881203                                               周荣通
学生 20100881202                                               陈立勤
学生 20100881201                                               谢文娟
课程 1003                                                      VB
课程 1002                                                      C++
课程 1001                                                      C 语言
```

请在/*【*/和/*】*/之间的空白处填入适当语句或式子。

```
/***源程序***/
Set NoCount On
/*【*/


/*】*/
```

（43）请根据学生表 XS(学号,姓名,CS,毕业院校,CJ)、选修表 XX(xh,kh,CJ)、课程表 C(kh,km,RS)，编写一个多表查询语句，显示同一天生日的学生信息，内容如下：

```
学号              姓名       学号              姓名      BIRTH
------------------ ------------ ------------------- ----------- -----------
20100881205   王聪慧   20100881210   郭闻娟    01-01
20100881205   王聪慧   20100881211   邹艺荣    01-01
20100881205   王聪慧   20100881212   叶荣林    01-01
20100881210   郭闻娟   20100881211   邹艺荣    01-01
20100881210   郭闻娟   20100881212   叶荣林    01-01
20100881211   邹艺荣   20100881212   叶荣林    01-01
```

请在/*【*/和/*】*/之间的空白处填入适当语句或式子。

```
/***源程序***/
Set NoCount On
/*【*/


/*】*/
```

（44）已知学生表 XS 有学号、姓名、毕业院校、成绩（CJ）等字段，请编写一个 SQL 语句用于将不及格学生的学号和姓名按学号升序写入补考名单表（该表已经存在，不能再创建）中。写入内容如下：

```
学号          姓名
------------------- ----------
20100881205   王聪慧
20100881206   游连桦
20100881211   邹艺荣
```

请在/*【*/和/*】*/之间的空白处填入适当语句或式子。

```
/***源程序***/
Set NoCount On
/*【*/

/*】*/
Select * From 补考名单;
```

（45）已知商品信息表有商品编号、商品名称、产地等字段，请编写一个 SQL 语句用于将各产地及其商品数信息按产地升序写入产地商品数表（该表已经存在，不能再创建）中。写入内容如下：

```
产地          商品数
--------- ---------------
北京市            4
福州市            1
广州市            4
南京市            6
深圳市            5
```

请在/*【*/和/*】*/之间的空白处填入适当语句或式子。

```
/***源程序***/
Set NoCount On
/*【*/

/*】*/
Select * From 产地商品数;
```

（46）已知学生表 XS 有学号、姓名、毕业院校、成绩（CJ）等字段，请编写一个 SQL 语句用于将不及格学生的学号和姓名按学号升序写入 resit 表（该表不存在，执行时创建）中。写入内容如下：

```
学号          姓名
------------------- ----------
20100881205   王聪慧
20100881206   游连桦
20100881211   邹艺荣
```

请在/*【*/和/*】*/之间的空白处填入适当语句或式子。

```
/***源程序***/
Set NoCount On
/*【*/
```

```
/*】*/
Select * From resit;
```

（47）已知计算机登录信息表 PCInfo 含有 XH、Host、LogT 等字段，该表用于记录每台计算机登录服务器的时间，现要求只保留每台计算机最后一次登录的信息，请编写一个 SQL 语句用于将各计算机历史登录信息删除。删除后剩余记录如下（日期格式可能有所不同）：

```
XH          Host                                    LogT
----------- --------------------------------------- ------------
      16266 like-PC                                 2011-05-05
      16289 pld361                                  2011-05-05
      16300 liuyong                                 2011-05-05
      16314 Fei                                     2011-05-05
      16325 zzb-PC                                  2011-05-05
      16367 ll-PC                                   2011-05-05
      16413 TJQxp3                                  2011-05-05
      16423 orcl                                    2011-05-05
      16432 qiang                                   2011-05-05
      16455 藍 se-PC                                2011-05-06
      16459 Yellow                                  2011-05-06
      16464 pigmonster-PC                           2011-05-06
```

请在/*【*/和/*】*/之间的空白处填入适当语句或式子。

```
/***源程序***/
Set NoCount On
/*【*/

/*】*/
Select XH,Host,LogT From PCInfo order by xh;
```

（48）现要对学生表（XS）的成绩（字段名为 CJ）进行加分，加分的规则是成绩为偶数的加 1 分，成绩为奇数的加 2 分。已知加分前后成绩如图 7-3 所示。

加分前成绩如下			加分后成绩如下		
学号	姓名	CJ	学号	姓名	CJ
20100881201	谢文娟	67	20100881201	谢文娟	69
20100881202	陈立勤	78	20100881202	陈立勤	79
20100881203	周荣通	88	20100881203	周荣通	89
20100881204	黄华贵	74	20100881204	黄华贵	75
20100881205	王聪慧	56	20100881205	王聪慧	57
20100881206	游连桦	48	20100881206	游连桦	49
20100881207	黄忠顺		20100881207	黄忠顺	
20100881208	王兆钦		20100881208	王兆钦	
20100881209	陈艳	96	20100881209	陈艳	97
20100881210	郭闻娟	73	20100881210	郭闻娟	75
20100881211	邹艺荣	58	20100881211	邹艺荣	59
20100881212	叶荣林	82	20100881212	叶荣林	83
20100881213	吴小勇	85	20100881213	吴小勇	87
20100881214	宋江平	91	20100881214	宋江平	93
20100881215	李志恒	82	20100881215	李志恒	83
20100881216	左见霞		20100881216	左见霞	
20100881217	张剑	99	20100881217	张剑	101
20100881218	余其枫	68	20100881218	余其枫	69
20100881219	荣旭	72	20100881219	荣旭	73
20100881220	张龙剑		20100881220	张龙剑	

图 7-3　加分前后成绩显示

请在/*【*/和/*】*/之间的空白处填入适当语句或式子。

```
/***源程序***/
Set NoCount On
/*【*/

/*】*/
select 学号,姓名, case when CJ is null then ' ' else cast(CJ as char) end as CJ   from XS;
```

（49）已知商品信息表有商品编号、商品名称、供应商编号等字段，供应商信息表有编号、供应商名称、产品数量等字段，请编写一个 SQL 语句用于统计各供应商的产品数量，并写入供应商信息表产品数量字段中。结果如下：

```
编号 供应商名称        产品数量
------- ------------------- --------------
1001 畅通伟业                  2
1002 冰峰网络                  2
1003 炎黄盈动                  1
1004 海岳伟业科技              2
1005 中达恒业                  2
1006 北京世纪葵花              2
1007 南方电讯                  1
1008 深信服科技                2
1009 博科资讯                  6
1026 华南科技                  0
```

请在/*【*/和/*】*/之间的空白处填入适当语句或式子。

```
/***源程序***/
Set NoCount On
/*【*/

/*】*/
Select 编号,供应商名称,产品数量 From 供应商信息 Order By 编号;
```

（50）现要对学生表（XS）的成绩（字段名为 CJ）进行加分，加分的规则是成绩除 3 余 0 加 1 分，成绩除 3 余 1 加 4 分，成绩除 3 余 2 加 7 分。已知学生表（XS）加分前后成绩如图 7-4 所示。

加分前成绩如下			加分后成绩如下		
学号	姓名	CJ	学号	姓名	CJ
20100881201	谢文娟	67	20100881201	谢文娟	71
20100881202	陈立勤	78	20100881202	陈立勤	79
20100881203	周荣通	88	20100881203	周荣通	92
20100881204	黄华贵	74	20100881204	黄华贵	81
20100881205	王聪慧	56	20100881205	王聪慧	63
20100881206	游连桦	48	20100881206	游连桦	49
20100881207	黄忠顺		20100881207	黄忠顺	NULL
20100881208	王兆钦		20100881208	王兆钦	NULL
20100881209	陈艳	96	20100881209	陈艳	97
20100881210	郭闻娟	73	20100881210	郭闻娟	77
20100881211	邹艺荣	58	20100881211	邹艺荣	62
20100881212	叶荣林	82	20100881212	叶荣林	86
20100881213	吴小勇	85	20100881213	吴小勇	89
20100881214	宋江平	91	20100881214	宋江平	95
20100881215	李志恒	82	20100881215	李志恒	86
20100881216	左见霞		20100881216	左见霞	NULL
20100881217	张剑	99	20100881217	张剑	100
20100881218	余其枫	68	20100881218	余其枫	75
20100881219	荣旭	72	20100881219	荣旭	73
20100881220	张龙剑		20100881220	张龙剑	NULL

图 7-4　加分前后成绩对比

请在/*【*/和/*】*/之间的空白处填入适当语句或式子。

```
/***源程序***/
Set NoCount On
/*【*/

/*】*/
select 学号,姓名, case when CJ is null then ' ' else cast(CJ as char) end as CJ   from XS;
```

（51）已知商品信息表含有商品编号、商品名称、库存编号、供应商编号、产地、单价等字段，请编写一个 SQL 语句用于将产地不含“京”字的所有商品价格打八折且零头忽略不计处理。执行后结果（其中产地含“京”字的所有商品价格不变）如下：

```
商品名称                                    产地          单价
------------------------------------------- ------------- ----------
Intel D915GVWB 主板                         广州市           690
Maxtor 40G 硬盘                             南京市        514.25
CORSAIR VS512MB 内存                        北京市           350
AMD Opteron 146CPU                          深圳市          1164
鹏宇  GF4 MX440-8X (64M)显卡                深圳市           164
鼎华新锐移动硬盘                            北京市          1004
金视浩海液晶显示器                          南京市          1460
CREATIVE SBS 2.1 380 音箱                   福州市           152
HP scanjet 3770 扫描仪                      广州市           783
MSI 945P Platinum 主板                      深圳市          1188
夏普 AR2616 复印机                          北京市        6605.5
 DRAGONKING 1GB 内存                        广州市           644
STAR NX-350 针式打印机                      深圳市          2164
AMD Sempron 3000 CPU                        南京市           740
三星  795MB CRT 显示器                      南京市        1229.8
CISCO 1721 路由器                           北京市          4963
Maxtor 250G 硬盘                            南京市           835
钛子风  GeForce4 MX4000 显卡                广州市           228
佳能  FAX-L360 传真机                       南京市          3358
DeLUX  游戏王 MG430 机箱                    深圳市           436
```

请在/*【*/和/*】*/之间的空白处填入适当语句或式子。

```
/***源程序***/
Set NoCount On
/*【*/

/*】*/
Select  商品名称,产地,单价  From  商品信息;
```

（52）已知商品信息表含有商品编号、商品名称、库存编号、供应商编号、产地、单价、均价等字段，请编写一个 SQL 语句用于将各供应商所有商品单价的平均价格写入均价字段。执行结果如下：

```
供应商编号 商品名称                                      单价       均价
---------- --------------------------------------------- ---------- ----------
1001       DRAGONKING 1GB 内存                              805      497.5
1001       CREATIVE SBS 2.1 380 音箱                        190      497.5
```

```
1002        Intel D915GVWB 主板                    863.5    1046.65
1002        三星 795MB CRT 显示器                  1229.8    1046.65
1003        Maxtor 40G 硬盘                        514.25    514.25
1004        DeLUX 游戏王 MG430 机箱                  545      1000
1004        AMD Opteron 146CPU                       1455      1000
1005        Maxtor 250G 硬盘                          835    1147.5
1005        金视浩海液晶显示器                       1460    1147.5
1006        MSI 945P Platinum 主板                   1485    2421.5
1006        佳能 FAX-L360 传真机                     3358    2421.5
1007        HP scanjet 3770 扫描仪                    979       979
1008        钛子风 GeForce4 MX4000 显卡               285     512.5
1008        AMD Sempron 3000 CPU                      740     512.5
1009        CORSAIR VS512MB 内存                      350   2638.75
1009        夏普 AR2616 复印机                     6605.5   2638.75
1009        鹏宇 GF4 MX440-8X (64M)显卡               205   2638.75
1009        STAR NX-350 针式打印机                   2705   2638.75
1009        鼎华新锐移动硬盘                         1004   2638.75
1009        CISCO 1721 路由器                        4963   2638.75
```

请在/*【*/和/*】*/之间的空白处填入适当语句或式子。

```
/***源程序***/
Set NoCount On
/*【*/

/*】*/
```

第8章　存储过程、函数与触发器

8.1　存储过程的使用和管理

存储过程是已保存的SQL语句集合，可接收并返回用户提供的参数。可以创建存储过程供永久使用，或在一个会话中创建一个局部临时存储过程作为当前用户临时使用，或在所有会话中创建一个全局临时存储过程作为所有用户临时使用。

8.1.1　创建存储过程

创建存储过程的语法格式如下：

```
Create Procedure 存储过程名[;整数值]
[{@参数名 数据类型} [Varying][=默认值] [Output] [ReadOnly]][,...n]
 [With [Encryption|ReCompile|Execute As {Caller|Self|Owner|'登录名'}][,...n]]
 [For Replication]
As
SQL 语句[,...n]   --Return 语句是可选的
```

参数说明如下。

（1）创建存储过程保留字Procedure可以只写前4个字母，即Proc，以下其他语法类似。

（2）存储过程名：必须符合标识符的命名规则。

（3）[;整数值]：可选整数编号，用于对同名的存储过程分组。使用一个Drop Procedure语句可将这组存储过程一起删除。例如，若定义了Pr;1、Pr;2、Pr;3等3个存储过程，则执行Drop Procedure Pr语句将删除以上3个存储过程。

（4）@参数名：指定存储过程中的形式参数，一个存储过程可以指定零个或多个参数，最多可以有2100个参数。

（5）数据类型：可以是所有数据类型，包括用户定义表类型。表类型参数必须带有ReadOnly关键字。若形式参数是Cursor数据类型，则还必须指定Varying和Output关键字。

（6）Varying：指定作为输出参数支持的结果集。仅适用于Cursor类型参数。

（7）默认值：指定形式参数的缺省值，即默认值，以便于调用该存储过程时可以省略该参数的值，而按默认值调用该存储过程。

（8）Output：指定该形式参数作为输出参数，即该参数的值（可能改变后）将返回给调用处。

（9）ReadOnly：指示不能在存储过程的主体中更新或修改参数。若参数类型为用户定义的表类型，则必须指定ReadOnly。

（10）ReCompile：指示数据库引擎不缓存该过程的计划，该过程在运行时编译。

（11）Encryption：指示SQL将Create Procedure语句的原始文本转换为模糊格式。模糊

代码的输出在 SQL 的任何目录视图中都不能直接显示。对系统表或数据库文件没有访问权限的用户不能检索模糊文本。

（12）Execute As '登录名'：指定在其中执行存储过程的安全上下文，登录名即 System_User 或 user_name()。

（13）For Replication：指定不能在订阅服务器上执行为复制创建的存储过程。使用 For Replication 选项创建的存储过程可用作存储过程筛选器，且只能在复制过程中执行。

（14）Return 语句：存储过程可以指定 Return 语句以返回整数状态值，未指定 Return 语句则默认返回值为 0，表示成功返回。

【例 8-01】创建存储过程 Max1(@x int,@y int,@z int Output)，求参数@x 和@y 的最大值并存于参数@z。

```
Create Procedure Max1(@x int,@y int,@z int Output)
as
if(@x>@y)
Set @z=@x
Else
Set @z=@y
GO
Declare @a int
Exec Max1 3,4,@a Output   --参数返回值一定要指定 Output
Print @a
```

运行结果显示：

```
4
```

8.1.2 执行存储过程

执行存储过程的语法格式如下：

```
[Execute]
{
  [@返回状态变量=]
  {存储过程名[;整数值]|@局部变量} [[@参数名=]{值|@变量 [Output]|[Default]}][ ,...n ]
   [With Recompile]
}
```

参数说明如下。

（1）执行存储过程保留字 Execute 可以只写前 4 个字母，即 Exec，若其是批处理的第一条语句，即 GO 之后的第一条语句，保留字 Execute 也可以省略。

（2）@返回状态变量：存储过程也可以指定 Return 语句以返回整数状态值，在执行存储过程时对@返回状态变量进行赋值，以获得返回整数状态值。

（3）[;整数值]：可选整数，执行带整数值编号的存储过程时，必须通过编号确定哪一个存储过程。

（4）@局部变量：将要执行的存储过程名以字符形式存于@局部变量。

（5）@参数名=：@参数名是创建存储过程时定义的形式参数名，在执行存储过程时可以指定什么值给哪个形式参数，各参数的赋值顺序可不必按存储过程定义的顺序。一旦使用了

“@参数名=值”形式传递参数之后，所有后续的参数都必须以“@参数名=值”形式传递参数。

（6）Output：指定该实际参数作为输出参数，即该参数的值传递给形式后并且在改变存储过程中改变值后将返回给调用处，当然，形式参数也必须指定 Output。

（7）Default：指该实际参数的值按创建存储过程时指定的形式参数的默认值处理。

【例 8-02】创建存储过程 Max1(@x int,@y int,@z int Output)，求参数@x 和@y 的最大值并存于参数@z，以不同的顺序传递实际参数，观察运行结果。

```
If Object_ID('Max1') is not null Drop Proc Max1
GO
Create Procedure Max1(@x int,@y int,@z int Output)
as
if(@x>@y)
Set @z=@x
Else
Set @z=@y
GO
Declare @a int,@b int,@c int
Exec Max1 @y=5,@x=6,@z=@a Output
Exec Max1 @z=@b Output,@y=8,@x=7
Exec Max1 @z=@c Output,@x=2,@y=9
Select @a,@b,@c
```

运行结果显示：

```
------------
6  8  9
```

8.1.3　带默认值的存储过程

创建存储过程时，在定义形式参数的同时给定默认值，执行存储过程时相应参数可以不给值，或指定某形式参数按默认值（Default）处理。

【例 8-03】创建存储过程 Max1(@x int,@y int,@z int Output)，求参数@x 和@y 的最大值并存于@z，其中参数@x 和@y 的默认值分别为 3 和 4，@z 的默认值为 4，给不同的参数传递实际参数，观察运行结果。

```
If Object_ID('Max1') is not null Drop Proc Max1
GO
Create Procedure Max1(@x int=3,@y int=4,@z int=4 Output)
as
if(@x>@y)
Set @z=@x
Else
Set @z=@y
GO
Declare @a int,@b int,@c int
Exec Max1 @z=@a Output                          --@x 按默认值 3 处理，@y 按默认值 4 处理
Exec Max1 @z=@b Output,@y=Default,@x=2          --@x 按 2 处理，@y 按默认值处理，即 4
```

```
Exec Max1 @x=5,@z=@c Output                    --@x 按 5 处理，@y 按默认值处理
Select @a,@b,@c
```

运行结果显示：

```
------------
4   4   5
```

8.1.4　带编号的存储过程组

创建存储过程时，在存储过程名后面紧跟“;整数值”，用于创建一组同名的存储过程，执行存储过程时也要指定“;整数值”，以确定调用该组存储过程的哪一个存储过程。

【例 8-04】 创建一组存储过程 Pr，第 1 个存储过程用于显示参数@x 的值，第 2 个存储过程用于显示参数@x*@x 的值，第 3 个存储过程用于显示参数@x*@x*@x 的值，并分别用实参 4 传递给这 3 个存储过程，观察运行结果。

```
Create Proc   Pr;1
@x int
 as
 Select @x
GO
 Create Proc   Pr;2
@x int
 as
 Select @x*@x
GO
 Create Proc   Pr;3
@x int
 as
 Select @x*@x*@x
GO
exec Pr;1 4
exec Pr;2 4
exec Pr;3 4
```

运行结果显示：

```
------------
4

------------
16

------------
64
```

8.1.5　用@局部变量调用存储过程

存储过程可以通过将要调用的存储过程名保存于字符型@局部变量来调用存储过程，如

下程序执行结果同例 8-04。

```
Declare @s varchar(50)
Select @s='Pr'
Exec @s;1 4
Exec @s;2 4
Exec @s;3 4
```

需要注意的是，字符型@局部变量只能存储过程名，不能存储分组整数值和实际参数值。通过字符型@局部变量调用存储过程这一功能，可以实现在一个存储过程中通过传递给它不同的字符参数来调用不同的存储过程。

8.1.6　带返回状态存储过程

创建存储过程时，可以指定 Return 语句返回整数状态值，执行存储过程时通过给@返回状态变量赋值获得返回状态值，通常返回 0 表示成功执行，返回其他值表示不同的失败原因，具体可自行定义。

【例 8-05】创建一组带编号的存储过程 Pr，第 1 个存储过程用于返回参数@x 的值，第 2 个存储过程用于返回参数@x*@x 的值，第 3 个存储过程用于返回参数@x*@x*@x 的值，并分别用实参 4 传递给这 3 个存储过程，观察运行结果。

```
Create Proc   Pr;1
@x int
 as
 Return @x
GO
 Create Proc   Pr;2
@x int
 as
 Return @x*@x
GO
 Create Proc   Pr;3
@x int
 as
 Return @x*@x*@x
GO
Declare @a int,@b int,@c int
exec @a=Pr;1 4
exec @b=Pr;2 4
exec @c=Pr;3 4
Select @a,@b,@c
```

运行结果显示：

```
-----------------
4     16    64
```

需要特别说明的是，存储过程通过 Return 语句只能返回整数状态值，不能返回其他类型值；返回的状态值所代表的意义可自行定义。

8.1.7　查询存储过程名

在数据库中创建的每个用户定义的架构范围内的对象的相关信息都存储于对象目录视图 Sys.Objects（早期版本为 SysObjects）中，在该表中每一行对应一个对象，其中列名 Name 对应对象名，列名 Type 对应对象的类型，如 P 表示 SQL 存储过程、FN 表示自定义标量函数、U 表示用户定义的数据表、V 表示视图、TR 表示 SQL 数据操纵触发器。

【例 8-06】 查看当前数据库创建的所有存储过程的对象名。

```
Select Name From Sys.Objects Where Type='P'
```

运行结果显示部分内容如下（不同机器、不同用户所创建的存储过程不同，显示内容就不同）：

```
Name
---------------------------
Max1
Pr
```

使用 Sp_helptext 存储过程可以查看创建存储过程的文本（脚本）信息。

【例 8-07】 查看当前数据库创建的 Max1 存储过程的文本信息。

```
Exec Sp_helptext Max1
```

运行结果显示：

```
Text
-----------------
Create Procedure Max1(@x int=3,@y int=4,@z int=4 Output)
as
if(@x>@y)
Set @z=@x
Else
Set @z=@y
```

这里需要注意的是，加密的存储过程不能查看文本信息。

8.1.8　删除存储过程

删除存储过程或存储过程组的语法格式如下：

```
Drop Procedure {存储过程名}[,...n]
```

需要注意的是，不能删除带编号存储过程组内的单个过程，但可以删除整个存储过程组；存储过程名是否存在可通过 Sys.Objects 视图查询 Type 为'P'的 Name 对象。

【例 8-08】 判断存储过程 Max1 是否存在，若存在则删除它。

```
If Exists(Select * From Sys.Objects Where Type='P' and Name='Max1')--判断是否有存储过程
Drop Procedure Max1   --有则删除
```

8.1.9　修改存储过程

修改存储过程与创建存储过程类似，只是将 Create 改成 Alter，具体语法格式如下：

```
Alter Procedure 存储过程名[;整数值]
[{@参数名 数据类型} [Varying][=默认值] [Output] [ReadOnly]][,…n]
 [With [Encryption|ReCompile|Execute As {Caller|Self|Owner|'登录名'}][,…n]]
 [For Replication]
As
SQL 语句[,…n]  --Return 语句是可选的
```

8.1.10　存储过程改名

存储过程改名的语法格式如下：

```
Sp_Rename [@objname=]'旧对象名',[@newname=]'新名'[,[@objtype=]'对象类型']
```

其中，对象类型默认为 Null，其他对象类型如表 8-1 所示。

表 8-1　Sp_Rename 存储过程对象类型参数值

对 象 类 型	代表要重命名的对象
Column	表的列，旧对象名的格式必须是“表名.列名”
DataBase	数据库
Index	索引，旧对象名的格式必须是“表名.搜索名”
Object	约束对象（Check、Foreign Key、Primary/Unique Key）

【例 8-09】将存储过程 Max1 改名为 ZuiDa。

```
Exec Sp_Rename @objname='Max1',@newname='ZuiDa'
```

需要注意的是，存储过程名虽然改了，但是，创建该存储过程的文本信息并没有修改。也就是修改前执行 Exec Sp_helptext Max1 与修改后执行 Exec Sp_helptext ZuiDa 所显示的结果是一样的。

8.1.11　RaisError 抛出消息

当一个 SQL 语句有语法错时，系统就会抛出一个错误消息，如执行以下语句时：

```
Selectt  4*5
```

系统抛出如下错误消息：

```
消息 102，级别 15，状态 1，第 1 行
'*' 附近有语法错误。
```

其中消息 ID 为 102，严重级别为 15，状态号为 1，在 SQL 语句的第 1 行，具体错误消息的文本为“'*' 附近有语法错误。”。

同样地，创建存储过程时，可以用 RaisError 抛出系统定义或自己定义的错误消息并启动错误处理程序。RaisError 可以引用 Sys.Messages 目录视图中存储的消息，也可以临时动态建立消息。该消息作为服务器错误消息返回到调用应用程序，或返回到 Try…Catch 构造的关联 Catch 块。

Sys.Messages 中含有多种语言的错误消息，其中简体中文的 language_id 为 2052，可通过如下语句查询。

```
Select message_id as ID,severity as 级别,text as 文本 From sys.Messages
 Where language_id=2052 Order By message_id
```

运行结果显示如下部分内容：

```
ID      级别  文本
21      20    警告: 在 %2! 出现错误 %1!。请记录该错误和时间，并与您的系统管理员联系。
101     15    在 Waitfor 中不允许使用查询。
102     15    '%1!' 附近有语法错误。
103     15    以 '%2!' 开头的 %1! 太长。最大长度为 %3!。
104     15    如果该语句包含 UNION、INTERSECT 或 EXCEPT 运算符，则 ORDER BY 项必须出现
在选择列表中。
105     15    字符串 '%1!' 后的引号不完整。
106     16    查询中的表名太多。最多允许有 %1! 个。
107     15    列前缀 '%1!' 与查询中使用的表名或别名不匹配。
…
35011 16    @server_name 参数不能是相对名称。
35012 16    无法添加与配置服务器同名的共享注册服务器。
```

RaisError 抛出错误消息的语法格式如下：

```
RaisError({消息 ID|消息串|@局部变量}{,严重级别,状态号}[,参数[,...n]])
[With 选项[,...n]]
```

参数说明如下。

（1）消息 ID：使用 Sys.Messages 中的错误消息号（message_id），Sys.Messages 中的错误消息可用 Sp_AddMessage 进行添加，用户定义错误消息的 id 值应当大于 50000。

（2）消息串：自定义消息，类似 C 语言 printf 函数格式串，最多允许 2047 个字符，如“'%s' 附近有语法错误。”，具体格式串如下：

```
%[[标志][宽度][.精度][{h|l}]]类型
```

其中标志可以是'-'（左对齐）、'+'（前缀正负号）、'0'（填充前缀 0）、'#'（前缀 0 或 0x 或 0X）、' '（填充空格）；宽度表示显示的字符数，可以是一个整数或星号（*）（宽度由参数列表中的相关参数指定）；精度表示显示的字符数或小数位数，可以是一个整数或星号（*）（宽度由参数列表中的相关参数指定）；h|l 中 h 指 shortint，l 指 longint；类型有'%d'、'%o'、'%s'、'%u'、'%x'或'%X'，如 bigint 类型可以是'%I64d'。

（3）@局部变量：用于存储自定义消息的局部变量，属于 char 或 varchar 类型。

（4）严重级别：用户可指定 0～18 的严重级别。只有 sysadmin 角色成员或具有 Alter Trace 权限的用户才能指定 19～25 的严重级别。若要使用 19～25 的严重级别，必须选择 With Log 选项。小于 0 的严重级别解释为 0，大于 25 的严重级别解释为 25。20～25 的严重级别被认

为是致命的。严重级别为 11～19 时，在 Try 块中运行的 RaisError 会将控制传输至关联的 Catch 块；严重级别为 10 或更低时，使用 RaisError 返回 Try 块中相应的消息，而不调用 Catch 块。

（5）状态号：0～255 的整数。若在多个位置抛出相同的自定义错误消息，则难以发现错误位置；若在每个错误位置上加一个不同的状态号，则能很容易地找到抛出错误的位置。

（6）参数：用于替换消息串（格式串）中指定位置值的参数，最多 20 个。替代参数的数据类型可以是 tinyint、smallint、int、char、varchar、nchar、nvarchar、binary、varbinary。不支持浮点型等其他数据类型，也不支持带运算符等的表达式。

（7）选项：可以是 Log、NoWait 或 SetError。Log 选项表示在 SQL 数据库引擎实例的错误日志和应用程序日志中记录错误。只有 sysadmin 角色成员或具有 Alter Trace 权限的用户才能指定 With Log 选项；NoWait 选项表示将消息立即发送给客户端；SetError 选项表示将 @@Error 值和 Error_Number 值设置为消息 ID（msg_id）或 50000，不考虑严重级别。

【例 8-10】已知有学生表 xs(<u>xh</u>,xm)、课程名表 C(<u>kh</u>,km)、选修表 xx(<u>xh</u>,<u>kh</u>,CJ)，编写一个存储过程 InsXX(<u>xh</u>,<u>kh</u>,CJ)实现添加选修信息，若要添加选修信息中 xh 或 kh 不存在，则抛出“xh=%d 或 kh=%d 的记录不存在”，并退出添加记录。

```
Set NoCount On
If Object_ID('xx') is not null Drop Table xx,xs,C --判断是否有表 xx、xs、C，有则删除
Create Table xs(xh int primary key,xm varchar(12));
Create Table C(kh int primary key,km varchar(12));
Create Table xx(xh int,kh int,CJ Float,Constraint PK_XHKH primary key(xh,kh));
Insert Into xs Values(1,'AAA');
Insert Into xs Values(2,'BBB');
Insert Into xs Values(3,'CCC');
Insert Into C Values(1001,'C 语言');
Insert Into C Values(1002,'C++');
Insert Into C Values(1003,'VB');
Insert Into C Values(1004,'数据结构');
GO
If Exists(Select * From Sys.Objects Where Type='P' and Name='InsXX')--判断是否有 InsXX
Drop Procedure InsXX   --有则删除
GO
Create Procedure InsXX
@xh int,@kh int,@CJ Float
 As
 if Not Exists(Select * From xs Where xh=@xh) or Not Exists(Select * From C Where kh=@kh)
 Begin
  RaisError('xh=%d 或 kh=%d 的记录不存在',10,1,@xh,@kh)
  Return
 End
 Insert Into xx Values(@xh,@kh,@CJ)
GO
Exec InsXX 1,1001,80   --正常执行插入记录
Select * From xx
GO
--因为 xs 表中 xh=9 的记录不存在，故抛出“xh=9 或 kh=1001 的记录不存在”的错误消息
Exec InsXX 9,1001,80
Select * From xx
```

运行结果显示如下内容：

```
xh          kh          CJ
----------- ----------- --------------
1           1001        80

xh=9 或 kh=1001 的记录不存在
xh          kh          CJ
----------- ----------- --------------
1           1001        80
```

若存储过程 RaisError()语句的严重级别由 10 改为 11～16 的值，语句如下：

```
RaisError('xh=%d 或 kh=%d 的记录不存在',16,1,@xh,@kh)
```

运行结果显示如下内容，Exec InsXX 9,1001,80 语句报错，且之后的语句仍可执行。

```
xh          kh          CJ
----------- ----------- --------------
1           1001        80

消息 50000，级别 16，状态 1，过程 InsXX，第 6 行
xh=9 或 kh=1001 的记录不存在
xh          kh          CJ
----------- ----------- --------------
1           1001        80
```

若存储过程 RaisError()语句的严重级别由 10 改为 17～18 的值，语句如下：

```
RaisError('xh=%d 或 kh=%d 的记录不存在',17,1,@xh,@kh)
```

运行结果显示如下内容，Exec InsXX 9,1001,80 语句报错，且之后的语句终止执行。

```
xh          kh          CJ
----------- ----------- --------------
1           1001        80

消息 50000，级别 17，状态 1，过程 InsXX，第 6 行
xh=9 或 kh=1001 的记录不存在
```

若存储过程 RaisError()语句的严重级别由 10 改为 19 以上的值，语句如下：

```
RaisError('xh=%d 或 kh=%d 的记录不存在',19,1,@xh,@kh)
```

运行结果显示如下内容，Exec InsXX 9,1001,80 语句报错，且之后的语句仍可执行。

```
xh          kh          CJ
----------- ----------- --------------
1           1001        80

消息 2754，级别 16，状态 1，过程 InsXX，第 6 行
大于 18 的错误严重级别只能由 sysadmin 角色的成员用 WITH LOG 选项指定。
xh          kh          CJ
----------- ----------- --------------
1           1001        80
```

8.1.12　添加删除错误消息

可以用 Sp_AddMessage 将自定义错误消息存于 SQL 数据库引擎实例中，再通过 Sys.Messages 查看。添加错误消息的语法格式如下：

```
sp_addmessage [@msgnum=]消息 ID,[@severity=]级别,[@msgtext=]'消息文本'
[,[@lang=]'语言']
[,[@with_log=]{'TRUE'|'FALSE'}]
[,[@replace=]'replace']
```

其中'语言'可以通过存储过程 sp_helplanguage 查询，如美国英语为'us_english'，中文为'简体中文'（默认）；'replace'表示若消息 ID（message_id）已经存在，则用新的错误消息替换它。

更改系统当前语言可用 Set Language '语言'，查看当前所用语言可用 Select @@Language。

需要注意的是，在不指定语言的情况下，默认添加的是'简体中文'的错误消息，而添加'简体中文'版本之前，必须先添加美国英语版本，因此，这意味要添加一个错误消息，一般要添加两个版本。

'简体中文'版本中，'%d'、'%o'、'%s'等的格式字符必须按参数出现的顺序替换成'%1!'、'%2!'、'%3!'等，否则会无法找到格式字符，产生“指定的格式无效:……”的错误消息。

删除错误消息的语法格式如下：

```
sp_dropmessage @msgnum=消息 ID,@lang='语言'
```

【例 8-11】已知有学生表 xs(xh,xm)、课程名表 C(kh,km)、选修表 xx(xh,kh,CJ)，编写一个存储过程 InsXX(xh,kh,CJ)实现添加选修信息，若要添加的选修信息中 xh 或 kh 不存在，则抛出 ID 为 50001 的错误消息且显示“xh=%d 或 kh=%d 的记录不存在”（其中%d 为具体的学号或课号），并退出添加记录。

```
Set NoCount On
If Object_ID('xx') is not null Drop Table xx,xs,C          --判断是否有表 xx、xs、C，有则删除
Create Table xs(xh int primary key,xm varchar(12));
Create Table C(kh int primary key,km varchar(12));
Create Table xx(xh int,kh int,CJ Float,Constraint PK_XHKH primary key(xh,kh));
Insert Into xs Values(1,'AAA');
Insert Into xs Values(2,'BBB');
Insert Into xs Values(3,'CCC');
Insert Into C Values(1001,'C 语言');
Insert Into C Values(1002,'C++');
Insert Into C Values(1003,'VB');
Insert Into C Values(1004,'数据结构');
GO
if Exists(Select * From sys.messages where message_id=50001 and language_id=2052)
Exec sp_dropmessage @msgnum=50001,@lang='简体中文'
if Exists(Select * From sys.messages where message_id=50001 and language_id=1033)
Exec sp_dropmessage @msgnum=50001,@lang='us_english'
GO
Exec sp_addmessage @msgnum=50001,@severity=10
,@msgtext='Record(xh=%d or kh=%d)does not exist'
,@lang='us_english'                                         --指定英文版本，即美国英语 us_english
```

```
,@replace='replace'
Exec sp_addmessage @msgnum=50001,@severity=10
,@msgtext='xh=%1!或 kh=%2!的记录不存在'
,@lang='简体中文'                                        --指定中文版本，即简体中文
,@replace='replace'
GO                                                      --判断是否有存储过程 InsXX
If Exists(Select * From Sys.Objects Where Type='P' and Name='InsXX')
Drop Procedure InsXX                                    --有则删除
GO
Create Procedure InsXX
@xh int,@kh int,@CJ Float
 As
 if Not Exists(Select * From xs Where xh=@xh) or Not Exists(Select * From C Where kh=@kh)
 Begin
  --Set Language 'us_english'                             --若改为美国英语则提示英文版本
  RaisError(50001,10,1,@xh,@kh)
  Return
 End
 Insert Into xx Values(@xh,@kh,@CJ)
GO
Exec InsXX 1,1001,80                                    --正常执行插入记录
Select * From xx
GO--因为 xs 表中 xh=9 的记录不存在，故抛出“xh=9 或 kh=1001 的记录不存在”的错误消息
Exec InsXX 9,1001,80
Select * From xx
```

运行结果显示如下部分内容：

```
xh          kh          CJ
----------- ----------- ----------------------
1           1001        80

xh=9 或 kh=1001 的记录不存在
xh          kh          CJ
----------------- ----------------- ----------------------
1           1001        80
```

若将存储过程 RaisError()的严重级别改为 11～18 的值，语句如下：

```
RaisError('xh=%d 或 kh=%d 的记录不存在',18,1,@xh,@kh)
```

运行结果显示如下内容：

```
xh          kh          CJ
----------------- ----------------- ----------------------
1           1001        80

消息 50000，级别 18，状态 1，过程 InsXX，第 6 行
xh=9 或 kh=1001 的记录不存在
```

8.1.13 Try…Catch 异常处理

SQL 使用 Try…Catch 结构处理 SQL 语句的运行错误，类似于 C++和 C#的异常处理。

Try…Catch 结构包括两部分：一个 Try 块和一个 Catch 块。若 Try 块内的 SQL 语句运行出错，则转 Catch 块运行，否则转 Catch 块之后的语句运行，相当于忽略 Catch 块。Try 块以 Begin Try 语句开头，以 End Try 语句结尾。Catch 块必须紧跟 Try 块。Catch 块以 Begin Catch 语句开头，以 End Catch 语句结尾。

Try…Catch 语法格式如下：

```
Begin Try
--可能会出错的 SQL 语句
End Try          没错时          出错时
Begin Catch
--SQL 语句出错后要执行相关处理的语句
End Catch;
```

【例 8-12】调用例 8-11 创建的 InsXX 存储过程，用 Try 块试运行 Exec InsXX 9,1001,80 语句，用 Catch 块输出数据插入出错后的相关错误信息。同样，将存储过程 RaisError()的严重级别由 10 改为 11～18 中的 12 时，再观察运行结果。

```
Set NoCount On;
GO
Begin Try
Exec InsXX 9,1001,80
End Try
Begin Catch
print '错误消息'+Ltrim(str(Error_Number()))+'，严重级别'+Ltrim(str(Error_Severity()))
+'，状态'+Ltrim(str(Error_State()))+char(13)+char(10)+Error_Message()
End Catch;
```

RaisError()的严重级别为 10 时，运行结果显示：

```
xh=9 或 kh=1001 的记录不存在
```

RaisError()的严重级别由 10 改为 11～18 中的 12 时，运行结果显示：

```
错误消息 50001，严重级别 12，状态 1
xh=9 或 kh=1001 的记录不存在
```

8.2　自定义函数的使用和管理

SQL 允许用户自己定义函数，简称自定义函数。根据返回值类型的不同，自定义函数可分成 3 个类别，具体如下。

（1）返回标量值的函数（Scalar Functions）：自定义函数返回标量值，即只有一个值，可以是某个计算结果，也可以是某个统计结果。

（2）返回可更新数据表的内联表值函数：自定义函数返回查询语句的结果集，若结果集可更新，则可通过该函数更新相应的基本表。

（3）返回不可更新数据表的多语句表值函数：自定义函数返回存于表类型局部变量的结果集，该结果集可以是多个 SQL 语句执行后的数据表，可通过该函数访问数据表，但不可通过该函数更新局部变量对应的数据表。

若自定义函数返回表，则可以在 From 子句中使用该函数。若函数返回标量值，则可以在允许使用表达式的任何地方使用该函数。

8.2.1　创建返回标量值函数

创建返回标量值函数的语法格式如下：

```
Create Function 函数名([{@参数名 [as] 数据类型[=Default] [ReadOnly]}[,...n]])
Returns 返回标量值数据类型 [With {Encryption|Execute as '登录名'}]
[as]
Begin
  --函数体
  Return 标量表达式  --End 之前必须是返回值语句
End
```

标量值函数使用时必需前缀“DBO.”，语法格式如下：

```
DBO.函数名(…)
```

【例 8-13】编写函数 Max1 实现求两个实数@x 和@y 的最大值。

```
if Object_ID('Max1') is not null Drop Function Max1
GO
Create Function max1(@x decimal(4,1),@y decimal(4,1))Returns decimal(4,1)
As
Begin
if @x>@y
 Return(@x)
else
 Return(@y)
Return 9999 --添加一条形式上的 Return 语句
End
Go
Select dbo.max1(2,3)
```

运行结果显示：

```
----
3.0
```

在以上程序中，添加了一条形式上的 Return 语句，否则会提示“函数中最后一条语句必须是返回语句。”，因为以上函数体中只有一条 if 语句。

这里，测试函数的运行结果可以用 Select 语句，也可以用 Print 语句，前者以表的形式显示，可以指定标题；后者以消息的形式显示，无标题。

【例 8-14】创建函数 Fact(@N)求 *n*!，并求 5!和 10!。

```
If Exists(Select * From Sys.Objects Where Name='Fact')      --判断是否有函数 Fact
Drop Function Fact                                          --有则删除
Go
Create Function Fact(@N Int)
Returns Int
As
```

```
Begin
Declare @I Int,@S Int
Select @I=1,@S=1
While @I<=@N
Begin
Select @S=@S*@I,@I=@I+1
End
Return @S
End
Go
Print Dbo.Fact(5)                                    --求 5!
Print Dbo.Fact(10)                                   --求 10!
Go
```

运行结果显示：

```
120
3628800
```

标量值函数也可以自己调用自己，实现递归。

【例 8-15】用递归方法创建函数 FSum(@N)求 $\sum_{i=1}^{N} i$，并求 $\sum_{i=1}^{10} i$。

```
If Exists(Select * From Sys.Objects Where Name='FSum')     --判断是否有函数 FSum
Drop Function FSum                                          --有则删除
Go
Create Function FSum(@N Int)
Returns Int
As
Begin
if @N>=1
Return @N+DBO.FSum(@N-1)
else
Return 0
Return   9999                                          --形式上的返回值语句
End
Go
Print Dbo.FSum(10)                                     --求 1+…+10
Go
```

注意：标量值函数自己调用自己时，最多可以嵌套调用 32 层，否则会报错，提示如下错误。

```
消息 217，级别 16，状态 1，第 2 行
超出了存储过程、函数、触发器或视图的最大嵌套层数(最大层数为 32)。
```

8.2.2　创建内联表值函数

创建内联表值函数的语法格式如下：

```
Create Function 函数名([{@参数名 [as] 数据类型[=Default] [ReadOnly]}[,...n]])
 Returns Table
[With {Encryption|Execute as '登录名'}]
```

```
[as]
Return [(]Select 语句[)]
```

【例 8-16】已知学生表 Stu 含学号列 Xh、姓名列 Xm、成绩列 Cj、城市列 City 且含 7 条记录（详见 4.5.1 节），创建内联表值函数 BigXhStu(@xh)，该函数返回学号大于等于指定值（@xh）的记录，然后执行以下要求：查询学号大于等于 4 的记录；学号大于等于 4 的记录成绩加 2 分并查询结果。

```
Set NoCount On
if Object_ID('BigXhStu') is not null Drop Function BigXhStu
Go
Create Function BigXhStu(@xh int) Returns Table
as
Return (Select * From Stu Where Xh>=@xh)
GO
Select * From BigXhStu(4)
Update BigXhStu(4) Set Cj=Cj+2
Select * From BigXhStu(4)
```

运行结果显示：

```
Xh               Xm             Cj               City
---------------- -------------- ---------------- ----------
4                冯李明          73               泉州
5                陈张鑫          56               泉州
6                谭云张          45               泉州
7                李张            NULL             泉州

Xh               Xm             Cj               City
---------------- -------------- ---------------- ----------
4                冯李明          75               泉州
5                陈张鑫          58               泉州
6                谭云张          47               泉州
7                李张            NULL             泉州
```

8.2.3　创建多语句表值函数

创建多语句表值函数的语法格式如下：

```
Create Function 函数名([{@参数名 [as] 数据类型[=Default] [ReadOnly]}[,...n]])
 Returns @返回值的表格变量名 Table({列定义 列约束|计算列定义}[列约束][,...n])
[With {Encryption|Execute as '登录名'}]
[as]
Begin
  --函数体
  Return
End
```

多语句表值函数包含多条 SQL 语句，至少有一条在表格变量中填上数据值。对表格变量中的行可执行 Select、Insert、Update、Delete，但 Select Into 和 Insert 语句的结果集是从存储过程插入。

【例 8-17】已知学生表 Stu 含学号列 Xh、姓名列 Xm、成绩列 Cj、城市列 City 且含 7 条记录（详见 4.5.1 节），创建多语句表值函数 BigCJStu(@CJ)，该函数返回成绩大于等于指定值（@CJ）的记录。

```
Set NoCount On
if Object_ID('BigCJStu') is not null Drop Function BigCJStu
Go
Create Function BigCJStu(@CJ Float)
Returns @Stu Table(Xh Int Primary Key,Xm Varchar(8),Cj Int,City Varchar(10))
As
Begin
 Insert Into @Stu
 Select * From Stu Where Cj>=@CJ
Return
End
Go
Select * From BigCJStu(80)
```

运行结果显示（数据在前一例基础的结果）：

```
Xh              Xm              Cj              City
--------------- --------------- --------------- ----------
2               余柳芳          87              福州
3               张磊            83              三明
```

表函数 BigCJStu(80)执行以下更新，则会提示错误。

```
Update BigCJStu(80) Set Cj=Cj+2
```

提示如下错误：

```
消息 270，级别 16，状态 1，第 1 行
不能修改对象'BigCJStu'。
```

8.2.4　修改和删除函数

修改函数与创建函数的不同是将 Create 改成 Alter。

删除函数的语法格式如下：

```
Drop Function 函数名[,...N]
```

8.2.5　查询自定义函数名

在对象目录视图 Sys.Objects（早期版本为 SysObjects）中，自定义标量函数、内联表值函数、多语句表值函数在 Type 列对应的值分别为'FN'、'IF'、'TF'。

【例 8-18】查看当前数据库创建的所有自定义标量函数名。

```
Select Name From Sys.Objects Where Type='FN'
```

运行结果显示（不同机器因所创建函数的不同而显示不同的内容）：

```
Name
-------
```

```
Fact
```

【例 8-19】查看当前数据库创建的所有自定义内联表值函数名。

```
Select Name From Sys.Objects Where Type='IF'
```

运行结果显示（不同机器因所创建函数的不同而显示不同的内容）：

```
Name
-------
BigXhStu
```

【例 8-20】查看当前数据库创建的所有自定义多语句表值函数名。

```
Select Name From Sys.Objects Where Type='TF'
```

运行结果显示（不同机器因所创建函数的不同而显示不同的内容）：

```
Name
-------
BigCJStu
```

8.2.6 树型结构数据处理

树型结构在计算机中是很常见的一种数据结构，如图 8-1 所示的菜单就是一种典型的树型结构。树型结构的数据表示可以采用如表 8-2 所示的结构，用两位字符表示菜单的一层数据，如 01 表示“登录”主菜单、02 表示“库管理”主菜单，0302 表示二级菜单“修改用户”，其他类似。在实际使用中，可通过给定由若干菜单项编号构成的集合，表示用户具有相应模块的访问权限，如图 8-2 所示。如给定的集合为{01,0302,0401,040201}，则表示可访问 01 主菜单（及其下级菜单，下同）、0302 二级菜单、0401 二级菜单、040201 三级菜单。

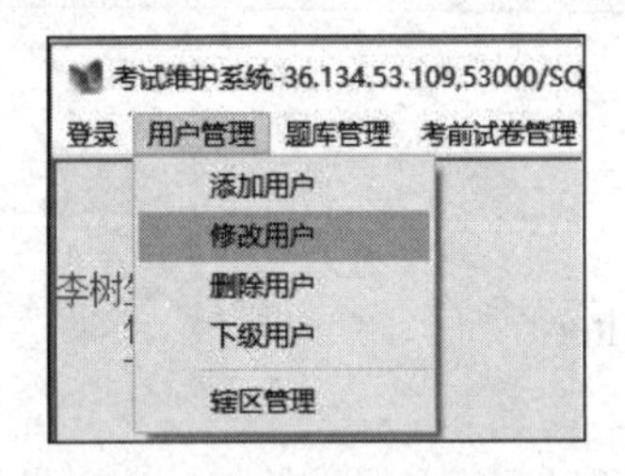

图 8-1　典型的树型结构——菜单

图 8-2　若干菜单项集合表示

表 8-2　典型的树型结构——菜单的数据表示

编　号	菜　单　名
01	登录
0101	登录信息
…	…
02	库管理
03	用户管理
0301	添加用户
0302	修改用户
0303	删除用户
…	…

将树型结构使用字符串表示后，菜单项就变成一个字符串，就变成集合中的一个元素，同样地，元素是否属于集合的判断、子集是否包含另一个子集的判断等，这些运算就变成字符串的运算，如子串判断等，因此，这里以此为背景介绍 PatIndex()、CharIndex()、Left()、STUFF()等字符串函数的使用。

【例 8-21】求字符串','在字符串'01,0203,03'中的位置。

```
Select PatIndex('%,%' , '01,0203,03')
--或者
Select CharIndex(',' , '01,0203,03' , 0+1),CharIndex(',' , '01,0203,03' , 3+1)
```

运行结果显示：

```
-----
3
-----  -----
3      8
```

【例 8-22】求字符串'03'在字符串'01,0203,04'中的位置，字符串',04,'在字符串',01,0203,04,'中的位置。

```
Select   PatIndex('%03%' , '01,0203,04'),PatIndex('%,04,%' , ',01,0203,04,')
--或者
Select   CharIndex('03' , '01,0203,04'),CharIndex(',04,' , ',01,0203,04,')
```

运行结果显示：

```
------   ------
6          9
------   ------
6          9
```

将字符串'01,0203,04'前后各加一个逗号，变成',01,0203,04,'，使得集合中任一元素的前后都有限定符“,”，因此，要判断某个元素是在集合中，只须将该元素的前后加限定符“,”，如元素'04'的前后加限定符“,”后变成',04,'，这样，通过判断字符串',04,'是否在字符串',01,0203,04,'中，就可以确定元素'04'是否在相应的集合中。若元素'03'不加限定符“,”，则尽管字符串'03'在字符串'01,0203,04'中出现，但'03'未必是该集合中的元素，因为'03'可能是某菜单的下级菜单，如'0203'，而不是主菜单'03'。

当某菜单的上级菜单是集合中元素时，则该菜单也是集合中元素，例如，菜单项'040201'是集合'01,02,04'中元素，也是集合'01,02,0402'中元素。因此，判断某菜单是否是集合中元素，可通过截取字符串的左子串转换成对应的上级菜单，若上级菜单是集合中元素，则相应菜单也是集合中元素。

【例 8-23】判断'040201'是否是集合'01,02,0402'中的元素，若是则返回元素在集合中的位置，否则返回 0。

```
Select   PatIndex('%,'+Left('040201',2)+',%' , ',01,02,0402,'),
PatIndex('%,'+Left('040201',4)+',%' , ',01,02,0402,')
--或者
Select   CharIndex(','+Left('040201',2)+',' , ',01,02,0402,'),
CharIndex(','+Left('040201',4)+',' , ',01,02,0402,')
```

运行结果显示：

```
------ ------
0      7
------ ------
0      7
```

由以上运行结果可知，菜单项'040201'的二级菜单'0402'是集合'01,02,0402'中元素（在第 7 个字符位置），菜单项'040201'的一级菜单'04'不是集合'01,02,0402'中元素（没有找到字符位置，返回 0）。

要判断两个集合是否有包含关系，需要将其中一个集合中的各个元素取出，然后逐个判断元素是否属于另一个集合的元素。要从集合中提取元素，可以用 Left()函数截取左子串，然后用 Stuff()函数删除左子串和相应的限定符。

【例 8-24】提取从左边开始的 3-1 个字符；将第 1 个字符开始的 2+1 个字符删除（替换为空串）。

```
Select Left('01,02,0402',3-1),STUFF('01,02,0402',1,2+1,'')
```

运行结果显示：

```
-------- -----------
01      02,0402
```

本例的作用就是从集合'01,02,0402'中分离出首元素'01'和剩余元素'02,0402'。

【例 8-25】取集合@s 中的首元素，该集合用字符串表示，各元素之间用逗号分隔。

```
Create Function GetElement1(@s VarChar(50)) Returns VarChar(50)
as--取首元素，如取@s='01,02,0402'中的'01'存入@z 并返回
Begin
 Declare @i Int
 Declare @z Varchar(9)
 Select @i=CharIndex(',',@s,1) --设@s='01,02,0402'返回,3,6,…
 if @i=0   --若只有 0 或 1 个元素，则直接存到@z
  Select @z=@s
 Else        --若有多个元素，则取第 1 个元素存入@z
  Select @z=Left(@s,@i-1)
 return @z
End
```

执行以下调用：

```
Select DBO.GetElement1('01,02,0402') , DBO.GetElement1('0103')
```

运行结果显示：

```
--------   -------
01         0103
```

【例 8-26】判断元素@z 是否是集合@m 的元素（是则返回 1，否则返回 0）。

这里元素@z 是否是集合@m 的元素，有两种情况。

（1）@z 以字面常量在@m 中出现，如@z='03'在集合@m='01,0203,04'中出现，

但不一定是集合@m 的元素，如例 8-22，且由该例可知，要判断@z 是否是集合@m 的元素，必须在元素和集合的前后加限定符“,”。

（2）@z 的上级在@m 中出现，如@z='040201'是集合@m='01,02,04'的元素，也是集合@m='01,02,0402'的元素，如例 8-23。

因此本例判断方法是，取元素@z='040201'的顶层先判断，若顶层'04'是集合@m 的元素，则直接返回 1，否则取其下一层'0402'再重新判断，直到判断完所有层后退出，返回 0。

```
Create Function IsElement(@z VarChar(9),@m VarChar(50)) Returns int
As --判断@z 是否是@m 的元素，如@z='010203'是@m='01,03'元素返回 1，否则返回 0
Begin
 Declare @i int,@n int
 Select @i=2,@n=len(@z)                                    --约定每层用两个字符表示
 while @i<=@n
 Begin
  --若@z 的上层是集合@m 的元素，则直接返回 1，否则@z 取下一层重新判断
  if PatIndex('%,'+Left(@z,@i)+',%' , ','+@m+',')>0 --'%,01,%'匹配@m=',01,03,'返回>0
   return 1
  Else
   Select @i=@i+2                                          --@i+2 以便@z 取下一层
 End
 return 0
End
```

执行以下调用：

```
Select DBO.IsElement('010203','0102,03') , DBO.IsElement ('0302','0102,03')
```

运行结果显示：

```
-----  -----
1      1
```

【例 8-27】创建判断集合@s 是否是集合@m 的子集的函数 ZiJi(@m,@s)。

```
Create Function ZiJi(@m varchar(50),@s varchar(50))
Returns int --设@m='01,0204,03'，@s='01,03'，则@s 是@m 的子集
As
Begin
 Declare @z varchar(9)
 While @s!=''
 Begin
  Select @z=DBO.GetElement1(@s)                            --返回@s='01,03'中首元素'01'
  if(DBO.IsElement(@z,@m)>0) --@z 是@m 元素，则删除@z 和其后的','
   Select @s=Stuff(@s,1, Len(@z)+(case when @s!=@z then 1 else 0 End) ,'')
  else
   Return 0   --@s 中只要有一个元素不是@m 的元素，就返回@s 不是@m 子集
 End
 Return 1
End
```

执行以下调用：

```
Select dbo.ZiJi('01,02,03','04'),
```

```
dbo.ZiJi('01,02,03','01,03'),dbo.ZiJi('01,02,03','0102,0301')
```

运行结果显示：

```
------- ------- -------
0      1      1
```

【例 8-28】假设某用户权限集合为'01,0302,04,0502,08'，系统所有菜单信息如图 8-3 所示，查询该用户所有可访问的菜单信息。

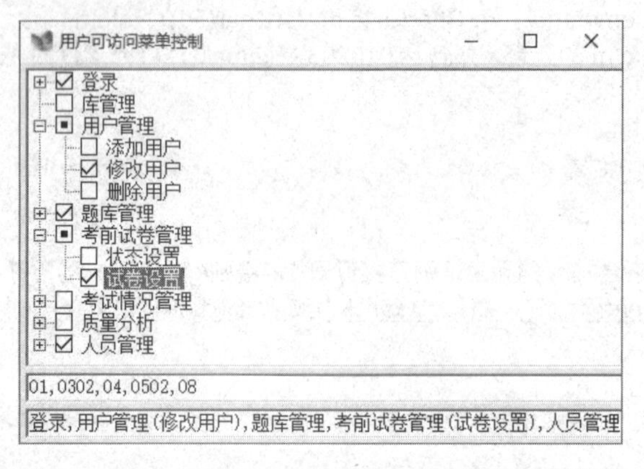

图 8-3　权限集合'01,0302,04,0502,08'可访问的菜单项

```
Set NoCount On
Create Table 菜单控制(编号 varchar(20) Primary Key,菜单名 varchar(100))
Insert Into 菜单控制 Values('01','登录');
Insert Into 菜单控制 Values('0101','登录信息');
Insert Into 菜单控制 Values('0102','-');
Insert Into 菜单控制 Values('0103','重新登录');
Insert Into 菜单控制 Values('0104','退出');
Insert Into 菜单控制 Values('02','库管理');
Insert Into 菜单控制 Values('03','用户管理');
Insert Into 菜单控制 Values('0301','添加用户');
Insert Into 菜单控制 Values('0302','修改用户');
Insert Into 菜单控制 Values('0303','删除用户');
Insert Into 菜单控制 Values('04','题库管理');
Insert Into 菜单控制 Values('0401','章节设置');
Insert Into 菜单控制 Values('0402','题库维护');
Insert Into 菜单控制 Values('0403','头(文本)文件');
Insert Into 菜单控制 Values('0404','图片库维护');
Insert Into 菜单控制 Values('05','考前试卷管理');
Insert Into 菜单控制 Values('0501','状态设置');
Insert Into 菜单控制 Values('0502','试卷设置');
Insert Into 菜单控制 Values('06','考试情况管理');
Insert Into 菜单控制 Values('0601','状态设置');
Insert Into 菜单控制 Values('0602','-');
Insert Into 菜单控制 Values('0604','课堂测试查看');
Insert Into 菜单控制 Values('0605','课外作业查看');
Insert Into 菜单控制 Values('0606','课外练习查看');
Insert Into 菜单控制 Values('07','质量分析');
Insert Into 菜单控制 Values('0701','各人答题');
Insert Into 菜单控制 Values('0702','不同答题');
```

```
Insert Into 菜单控制 Values('0703','各题统计');
Insert Into 菜单控制 Values('0704','各章统计');
Insert Into 菜单控制 Values('08','人员管理');
Insert Into 菜单控制 Values('0801','人员信息管理');
Insert Into 菜单控制 Values('0802','人员信息查询');
Select * From 菜单控制 Where DBO.IsElement(编号,'01,0302,04,0502,08')>0
--或者
Select * From 菜单控制 Where dbo.ZiJi('01,0302,04,0502,08',编号)=1
```

运行结果显示：

```
编号                    菜单名
----------------------  ------------------
01                      登录
0101                    登录信息
0102                    -
0103                    重新登录
0104                    退出
0302                    修改用户
04                      题库管理
0401                    章节设置
0402                    题库维护
0403                    头(文本)文件
0404                    图片库维护
0502                    试卷设置
08                      人员管理
0801                    人员信息管理
0802                    人员信息查询
```

运行结果发现，其中'0302'菜单“修改用户”的上级菜单“用户管理”不在显示范围，'0502'菜单“试卷设置”的上级菜单“考前试卷管理”也不在显示范围，若要达到图 8-3 的效果，应该增加一个条件，若某菜单的下级菜单在访问范围以内，则其上级菜单也应该显示，即子节点对应的父节点也应该显示。

如何让子节点的父节点成为集合的元素？

这个只需判断父节点开始的子串是否在集合中即可。

但是如何实现开始的子串？

这个只需在父节点和集合的左侧加一个限定符“,”即可，相当于元素前缀一个起始标志。

【例 8-29】判断'02'和'03'是否是集合'01,0302,04,0502,08'中某个元素的上级（若是则返回子串位置，否则返回 0）。

```
Select PatIndex('%,02%',',01,0302,04,0502,08'),PatIndex('%,03%',',01,0302,04,0502,08')
--或者
Select   CharIndex(',02',',01,0302,04,0502,08'),CharIndex(',03',',01,0302,04,0502,08')
```

运行结果显示：

```
----- ----
0     4
```

【例 8-30】假设某用户权限集合为'01,0302,04,0502,08'，系统菜单信息如例 8-28，查询该用户所有可访问的菜单信息，且若子菜单可访问，则相应的上级菜单一并显示。

```
Select * From 菜单控制
 Where (DBO.IsElement(编号,'01,0302,04,0502,08')>0)
     or(PatIndex('%,'+编号+'%',',01,0302,04,0502,08')>0)
--或者
Select * From 菜单控制
 Where (DBO.IsElement(编号,'01,0302,04,0502,08')>0)
     or(CharIndex(','+编号,',01,0302,04,0502,08')>0)
```

运行结果显示：

```
编号                    菜单名
----------------------- ------------------
01                      登录
0101                    登录信息
0102                    -
0103                    重新登录
0104                    退出
03                      用户管理
0302                    修改用户
04                      题库管理
0401                    章节设置
0402                    题库维护
0403                    头(文本)文件
0404                    图片库维护
05                      考前试卷管理
0502                    试卷设置
08                      人员管理
0801                    人员信息管理
0802                    人员信息查询
```

8.3　触发器的使用和管理

触发器是一种特殊的存储过程，在数据库服务器中特定事件发生时自动执行。

当发生记录增删改时，即数据操纵语言（DML）事件，将自动执行 DML 触发器。DML 事件是针对表或视图的 Insert、Update、Delete 语句。

当发生各种数据定义语言（DDL）事件时，将自动执行 DDL 触发器。DDL 事件主要对应 Create、Alter、Drop、Grant、Deny、Revoke、Update Statistics 语句，以及执行类似 DDL 操作的某些系统存储过程。

当建立用户会话时，即登录（Logon）事件，将自动执行登录触发器。

8.3.1　创建 DML 触发器

DML 触发器与表或视图紧密相连，当用户操作表或视图中的数据时，该表或视图对应的触发器会自动执行。根据操作的不同，DML 触发器有 3 种：Insert 触发器、Update 触发器、Delete 触发器。

SQL 支持两种类型的 DML 触发器：前（Instead of）触发器和后（After）触发器。

创建 DML 触发器的语法格式如下：

```
Create Trigger 触发器名 On {表|视图}
[With Encryption]
{{For|After|Instead of} {[Insert][,][Delete][,][Update]}[Not For Replication]
as
SQL 语句[,...n]
```

参数说明如下。

（1）触发器名：遵循标识符规则，且不能以#或##开头。

（2）表|视图：指定对该表或视图执行记录增删改操作会激发当前创建的触发器，并执行其中的 SQL 语句。

（3）After：指在记录增删改操作成功执行后才被触发。所有的引用级联操作和约束检查也必须在激发此触发器之前成功完成。不能对视图定义 After 触发器。

（4）For：如果仅指定 For 关键字，而没指定 After 或 Instead of，则默认为 After。

（5）Instead of：指用记录增删改的触发器操作替代相应的记录增删改操作。

（6）{[Insert][,][Delete][,][Update]}：指定记录增删改操作中的哪些操作激活触发器，必须至少指定一个选项，可任意顺序组合。若仅指定 Insert，则相应的触发器称为 Insert 触发器；其他类似。

记录增删改操作触发器中使用了两个逻辑（概念）表：Inserted 表和 Deleted 表，它们的结构与定义触发器的表相同。Deleted 保存要被删除的记录值或修改前的记录值（旧值），Inserted 保存要插入的记录值或修改后的记录值（新值）。也就是说，在 Insert 触发器中，Inserted 表保存要插入的记录，而 Deleted 表无记录；在 Update 触发器中，Inserted 表保存修改后的记录，Deleted 表保存修改前的记录；在 Delete 触发器中，Deleted 表保存删除前的记录，而 Inserted 表无记录。

在 Update 触发器中，Update(列名)函数可以判断指定列是否被修改。

【例 8-31】已知学生表 T_Stu 含 XH、XM 等字段，分别表示学号和姓名等。现要求创建一个触发器 StuIDU，记录增删改操作时触发，触发后显示当前执行的是什么操作和所影响的记录数。

```
Set NoCount ON
If Exists(Select * From Sys.Objects Where Type='U' and Name='T_Stu')--判断是否有 T_Stu 表
Drop Table T_Stu
Create Table T_Stu(XH int primary key,XM varchar(8));
GO
Create Trigger StuIDU On T_Stu After Insert,Delete,Update As
Begin
 Declare @In int,@Dn int
 Select @In=Count(*) From Inserted
 Select @Dn=Count(*) From Deleted
 If @In>0 and @Dn>0 --
  Print str(@In)+'条记录被更新'
```

```
 Else
 If @In>0
   Print str(@In)+'条记录被插入'
 Else
   Print str(@Dn)+'条记录被删除'
End
GO
Insert Into T_Stu(XH,XM) Values(1,'AAA');
Insert Into T_Stu(XH,XM) Select 2,'BBB' Union Select 3,'CCC'
Update T_Stu Set XH=XH+1 where XH>1
Delete T_Stu
```

运行结果显示：

```
1 条记录被插入
2 条记录被插入
2 条记录被更新
3 条记录被删除
```

【例 8-32】已知学生图书借阅管理系统有 3 张表：图书表 TuShu 含书号、书名、册数等字段；读者表 DuZhe 含 XH、XM 等字段，分别表示学号和姓名；借阅表 JieYue 含 SH、XH、JYRQ、GHRQ 等字段，分别表示书号、学号、借阅日期、归还日期。现要求创建相关触发器，实现每借阅一本图书（插入一条借阅记录），图书的库存册数自动减 1；每归还一本图书（删除一条借阅记录），图书的库存册数自动加 1；更换借阅图书，库存册数做相应调整。

```
Set NoCount ON
If Exists(Select * From Sys.Objects Where Type='U' and Name='TuShu')  --判断是否有 TuShu 表
Drop Table JieYue,TuShu,DuZhe
Create Table TuShu(书号 varchar(14),书名 varchar(20),册数 int);
Insert Into TuShu Values('9787302161801','Windows 程序设计',2);
Insert Into TuShu Values('9787302161802','C++程序设计',3);
Insert Into TuShu Values('9787302161803','Win32 汇编语言',4);

Create Table DuZhe(XH Varchar(14),XM Varchar(8));
Insert Into DuZhe(XH,XM) Values('20120881101','黄惠珍');
Insert Into DuZhe(XH,XM) Values('20120881102','肖光');

Create Table JieYue(SH varchar(14),XH varchar(11),JYRQ DateTime,GHRQ DateTime);
If Exists(Select * From Sys.Objects Where Type='TR' and Name='Jie')    --判断是否有 Jie 触发器
Drop Trigger Jie,Huan,GengHuan
GO
--创建借阅触发器
Create Trigger Jie On JieYue After Insert As
Update TuShu set 册数=册数-1 Where 书号 IN (Select SH From Inserted)     --被借图书册数减 1
GO
--创建归还触发器
Create Trigger Huan On JieYue After Delete As
Update TuShu Set 册数=册数+1 Where 书号 IN (Select SH From Deleted)    --归还图书册数加 1
GO
```

```
--创建更换触发器
Create Trigger GengHuan On JieYue After Update As
Update TuShu Set 册数=册数-1 Where 书号 IN (Select SH From Inserted)
Update TuShu Set 册数=册数+1 Where 书号 IN (Select SH From Deleted)
GO
Insert Into JieYue Values('9787302161802','20120881101',GetDate(),GetDate()+20);
Insert Into JieYue Values('9787302161803','20120881101',GetDate(),GetDate()+20);
Select * From JieYue
Select * From TuShu
GO
Update JieYue Set SH='9787302161801' Where SH='9787302161803'
Select * From JieYue
Select * From TuShu
GO
Delete JieYue
Select * From JieYue
Select * From TuShu
```

运行结果显示：

```
SH                XH            JYRQ                      GHRQ
----------------- ------------- ------------------------- -------------------------
9787302161802  20120881101 2016-11-21 18:43:58.903 2016-12-11 18:43:58.903
9787302161803  20120881101 2016-11-21 18:43:59.107 2016-12-11 18:43:59.107

书号              书名              册数
----------------- ----------------- ---------------
9787302161801  Windows 程序设计  2
9787302161802  C++程序设计       2
9787302161803  Win32 汇编语言    3

SH                XH            JYRQ                      GHRQ
----------------- ------------- ------------------------- -------------------------
9787302161802  20120881101 2016-11-21 18:43:58.903 2016-12-11 18:43:58.903
9787302161801  20120881101 2016-11-21 18:43:59.107 2016-12-11 18:43:59.107

书号              书名              册数
----------------- ----------------- ---------------
9787302161801  Windows 程序设计  1
9787302161802  C++程序设计       2
9787302161803  Win32 汇编语言    4

SH                XH            JYRQ                      GHRQ
----------------- ------------- ------------------------- -------------------------

书号              书名              册数
----------------- ----------------- ---------------
9787302161801  Windows 程序设计  2
9787302161802  C++程序设计       3
9787302161803  Win32 汇编语言    4
```

【例 8-33】已知图书批发管理系统有 3 张表：图书表 TuShu 含书号、书名、册数等字段；顾客表 GuKe 含 SFZH、XM 等字段，分别表示身份证号和姓名；批发表 PiFa 含 SH、SFZH、PFRQ、数量等字段，分别表示书号、身份证号、批发日期、批发数量。现要求创建相关触发器，实现每批发 n 本图书（插入一条批发记录），图书的库存册数自动减 n；每退货 n 本图书（删除一条批发记录），图书的库存册数自动加 n；更换批发图书，库存册数做相应调整。

```
Set NoCount ON
If Exists(Select * From Sys.Objects Where Type='U' and Name='TuShu') --判断是否有 TuShu 表
Drop Table PiFa,TuShu,GuKe
Create Table TuShu(书号 varchar(14),书名 varchar(20),册数 int);
Insert Into TuShu Values('9787302161801','Windows 程序设计',2);
Insert Into TuShu Values('9787302161802','C++程序设计',3);
Insert Into TuShu Values('9787302161803','Win32 汇编语言',4);

Create Table GuKe(SFZH varchar(18),XM varchar(8));
Insert Into GuKe(SFZH,XM) Values('20120881101','黄惠珍');
Insert Into GuKe(SFZH,XM) Values('20120881102','肖光');

Create Table PiFa(SH varchar(14),SFZH varchar(18),PFRQ DateTime,数量 int);
If Exists(Select * From Sys.Objects Where Type='TR' and Name='PF') --判断是否有 PF 触发器
Drop Trigger PF,TH,GengHuan
GO
--创建批发触发器
Create Trigger PF On PiFa After Insert As
--被批发图书册数减数量
Update TuShu Set 册数=册数-b.数量 From Inserted b Where TuShu.书号=b.SH
GO
--创建退货触发器
Create Trigger TH On PiFa After Delete As
--被退货图书册数加数量
Update TuShu Set 册数=册数+b.数量 From Deleted b Where TuShu.书号=b.SH
GO
--创建更换触发器
Create Trigger GengHuan On PiFa After Update  as
Update TuShu Set 册数=册数-b.数量 From Inserted b where TuShu.书号=b.SH
Update TuShu Set 册数=册数+b.数量 From Deleted b where TuShu.书号=b.SH
GO
Insert Into PiFa Values('9787302161802','20120881101',GetDate(),1);
Insert Into PiFa Values('9787302161803','20120881101',GetDate(),2);
Select * From PiFa
Select * From TuShu
Update PiFa Set SH='9787302161801' Where SH='9787302161802'
Select * From PiFa
Select * From TuShu
Delete PiFa
Select * From PiFa
Select * From TuShu
```

运行结果显示：

SH	SFZH	PFRQ	数量

```
---------------------- ------------------- --------------- -----------------
9787302161802   20120881101   2016-11-21   1
9787302161803   20120881101   2016-11-21   2

书号                 书名                    册数
---------------------- ----------------------- --------------------
9787302161801   Windows 程序设计   2
9787302161802   C++程序设计         2
9787302161803   Win32 汇编语言      2

SH                   SFZH              PFRQ            数量
---------------------- ------------------- --------------- -----------------
9787302161801   20120881101 2016-11-21 1
9787302161803   20120881101 2016-11-21 2

书号                 书名                    册数
---------------------- ----------------------- --------------------
9787302161801   Windows 程序设计   1
9787302161802   C++程序设计         3
9787302161803   Win32 汇编语言      2

SH                   SFZH              PFRQ            数量
---------------------- ------------------- --------------- -----------------

书号                 书名                    册数
---------------------- ----------------------- --------------------
9787302161801   Windows 程序设计   2
9787302161802   C++程序设计         3
9787302161803   Win32 汇编语言      4
```

【例 8-34】已知学生表 Xs 含 Xh、Xm 等字段，分别表示学号和姓名；课程名表 C 含 Kh、Km 等字段，分别表示课号和课名；选修表 Xx 含 Xh、Kh、Cj 等字段，分别表示学号、课号、成绩；视图 XS_XX_C 含 Xh、Xm、Kh、Km、Cj 等字段。现要求创建视图前触发器，实现视图插入记录，若相应的 Xh、Xm 在 Xs 表中不存在，则自动添加到 Xs 表，若相应的 Kh、Km 在 C 表中不存在，则自动添加到 C 表。

```
Set NoCount ON
If Object_ID('Xx') is not null Drop Table Xx,Xs,C                    --若有表 Xx、Xs、C 则删除
Create Table Xs(Xh Int Primary Key,Xm Varchar(12));
Create Table C(Kh Int Primary Key,Km Varchar(12));
Create Table Xx(Xh Int,Kh Int,Cj Float,Constraint PK_XHKH Primary Key(Xh,Kh));
If Object_ID('XS_XX_C') is not null Drop View XS_XX_C          --若有 XS_XX_C 视图则删除
Go
Create View Xs_Xx_C As
Select Xs.Xh,Xs.Xm,C.Kh,C.Km,Xx.Cj From Xs,Xx,C Where Xs.Xh=Xx.Xh And Xx.Kh=C.Kh
Go
Create Trigger XS_XX_C_Tr On XS_XX_C Instead Of Insert
As
Begin
If Exists( Select * From Inserted Where Xh Not IN(Select Xh From Xs) )
Insert Into Xs(Xh,Xm) Select Xh,Xm From Inserted Where Xh Not IN(Select Xh From Xs)
If Exists( Select * From Inserted Where Kh Not IN(Select Kh From C) )
Insert Into C(Kh,Km) Select Kh,Km From Inserted Where Kh Not IN(Select Kh From C)
```

```
Insert Into Xx(Xh,Kh,Cj) Select Xh,Kh,Cj From Inserted          --不考虑重复选修
End
Go
Insert Into XS_XX_C Values(1,'AAA',1001,'C 语言',80);
Insert Into XS_XX_C Select 1,'AAA',1002,'C++',80 union Select 2. 'BBB',1001,'C 语言',80;
Insert Into XS_XX_C Values(1,'AAA',1003,'VB',70);
Select * From Xs;
Select * From C;
Select * From Xx;
Select * From XS_XX_C;
```

运行结果显示：

```
Xh          Xm
----------- ------------
1           AAA
2           BBB

Kh          Km
----------- ------------
1001        C 语言
1002        C++
1003        VB

Xh          Kh          Cj
----------- ----------- ---------------------
1           1001        80
1           1002        80
1           1003        70
2           1001        80

Xh               Xm                 Kh                Km                 Cj
---------------- ------------------ ----------------- ------------------ ---------------------------
1                AAA                1001              C 语言             80
1                AAA                1002              C++                80
1                AAA                1003              VB                 70
2                BBB                1001              C 语言             80
```

【例 8-35】已知版本信息表包含当前版本和软件名称两个字段，其中当前版本字段以中文日期格式存储作为软件当前版本；现要求创建一个触发器，使当前版本只能由低版本（之前日期）改为高版本（最新日期），不能由高版本改为低版本，当前版本字段没有更改时不执行触发器相关内容。

```
Set NoCount ON
If Exists(Select * From Sys.Objects Where Type='U' and Name='版本信息')--若有版本信息表
Drop Table 版本信息
Create Table 版本信息(软件名称 Varchar(12) Primary Key,当前版本 Varchar(15));
Insert Into 版本信息(软件名称,当前版本) Values('ksxt.exe','2016 年 11 月 21 日');
Insert Into 版本信息(软件名称,当前版本) Values('kswh.exe','2016 年 11 月 21 日');
GO
Create Trigger VerInfo On 版本信息 After Update  as
if Update(当前版本) --只有在当前版本字段发生更改时才执行触发器相关内容
if (select 当前版本 From Inserted)<(Select 当前版本 From Deleted)
  Update 版本信息 Set 当前版本=b.当前版本 From Deleted b
```

```
  Where 版本信息.软件名称=b.软件名称
GO
Select * From  版本信息;
Update 版本信息 Set 当前版本='2016 年 12 月 01 日' Where 软件名称='ksxt.exe';
Select * From  版本信息;
Update 版本信息 Set 当前版本='2016 年 11 月 01 日' Where 软件名称='ksxt.exe';
Select * From  版本信息;
```

运行结果显示如下部分内容：

```
当前版本                    软件名称
--------------------------- -------------------------
2016 年 11 月 21 日    kswh.exe
2016 年 11 月 21 日    ksxt.exe

当前版本                    软件名称
--------------------------- -------------------------
2016 年 11 月 21 日    kswh.exe
2016 年 12 月 01 日    ksxt.exe

当前版本                    软件名称
--------------------------- -------------------------
2016 年 11 月 21 日    kswh.exe
2016 年 12 月 01 日    ksxt.exe
```

8.3.2　创建 DDL 触发器

当执行 Create、Alter、Drop 等 DDL 语句时，以及执行类似 DDL 操作的系统存储过程时，将激发 DDL 触发器的执行，相关信息可通过 Eventdata()函数获得，该函数返回 xml 类型的值。DDL 触发器所有事件定义在 events.xsd 文件中，SQL 2008 版本该文件在 C:\Program Files\Microsoft SQL Server\100\Tools\Binn\schemas\sqlserver\2006\11\events 目录中，SQL 2012 版本该文件则在 C:\Program Files (x86)\Microsoft SQL Server\110\Tools\Binn\schemas\sqlserver\2006\11\events 目录中。

创建 DDL 触发器的语法格式如下：

```
Create Trigger 触发器名 On {All Server|Database}
[With Encryption]
{For|After} {事件类型|事件组}[,...n]
As
SQL 语句[,...n]
```

参数说明如下。

（1）All Server：若指定了此参数，表示要创建的触发器是服务器级 DDL 触发器，只要在当前服务器任何数据库中出现指定事件类型或事件组，都会激发该触发器。

（2）Database：若指定了此参数，表示要创建的触发器是数据库级 DDL 触发器，只要在创建触发器的数据库中出现指定事件类型或事件组，都会激发该触发器。

（3）事件类型（event_type）：就是能激发 DDL 触发器的事件名，如创建表事件名为 Create_Table，常用事件名如表 8-3 和表 8-4 所示。仅作用于某一数据库的事件称为服务器级或数据库级，否则称为服务器级。

表 8-3　常用服务器级或数据库级的 DDL 事件及语句

Create_Function	Alter_Function	Drop_Function
Create_Index	Alter_Index（适用于 Alter Index 语句和 Sp_Indexoption）	Drop_Index
Create_Master_Key	Alter_Master_Key	Drop_Master_Key
Create_Partition_Function	Alter_Partition_Function	Drop_Partition_Function
Create_Partition_Scheme	Alter_Partition_Scheme	Drop_Partition_Scheme
Create_Procedure	Alter_Procedure（适用于 Alter Procedure 语句和 Sp_Procoption）。	Drop_Procedure
Rename（适用于 Sp_Rename）		
Create_Table	Alter_Table（适用于 Alter Table 语句和 Sp_Tableoption）	Drop_Table
Create_Trigger	Alter_Trigger（适用于 Alter Trigger 语句和 Sp_Settriggerorder）	Drop_Trigger
Create_View	Alter_View	Drop_View

表 8-4　常用服务器级的 DDL 事件及语句

Create_Database	Alter_Database	Drop_Database
Create_Linked_Server（适用于 Sp_Addlinkedserver）	Alter_Linked_Server（适用于 Sp_Serveroption）	Drop_Linked_Server（当指定了链接服务器时适用于 Sp_Dropserver）
Create_Linked_Server_Login（适用于 Sp_Addlinkedsrvlogin）	Drop_Linked_Server_Login（适用于 Sp_Droplinkedsrvlogin）	
Create_Login（如果用于必须隐式创建的不存在的登录名，适用于 Create Login 语句、Sp_Addlogin、Sp_Grantlogin、Xp_Grantlogin 和 Sp_Denylogin）	Alter_Login（当指定了 *Auto_Fix* 时，还适用于 Alter Login 语句、Sp_Defaultdb、Sp_Defaultlanguage、Sp_Password 和 Sp_Change_Users_Login）	Drop_Login（适用于 Drop Login 语句、Sp_Droplogin、Sp_Revokelogin 和 Xp_Revokelogin）
Create_Message（适用于 Sp_Addmessage）	Alter_Message（适用于 Sp_Altermessage）	Drop_Message（适用于 Sp_Dropmessage）
Create_Remote_Server（适用于 Sp_Addserver）	Alter_Remote_Server（适用于 Sp_Setnetname）	Drop_Remote_Server（当指定了远程服务器时适用于 Sp_Dropserver）

（4）事件组（event_group）：系统将若干事件定义为事件组，如系统将所有事件定义为 DDL 事件组 DDL_Events，该组又分为服务器级事件组 DDL_Server_Level_Events 和数据库级事件组 DDL_DataBase_Level_Events，其他细分组类似，如图 8-4 和图 8-5 所示。当发生事件组中的任一事件后，都会激发相应的 DDL 触发器。

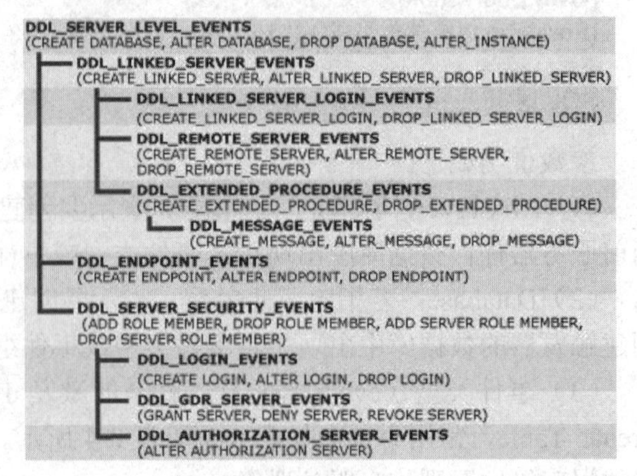

图 8-4　常用服务器级的 DDL 事件组及语句

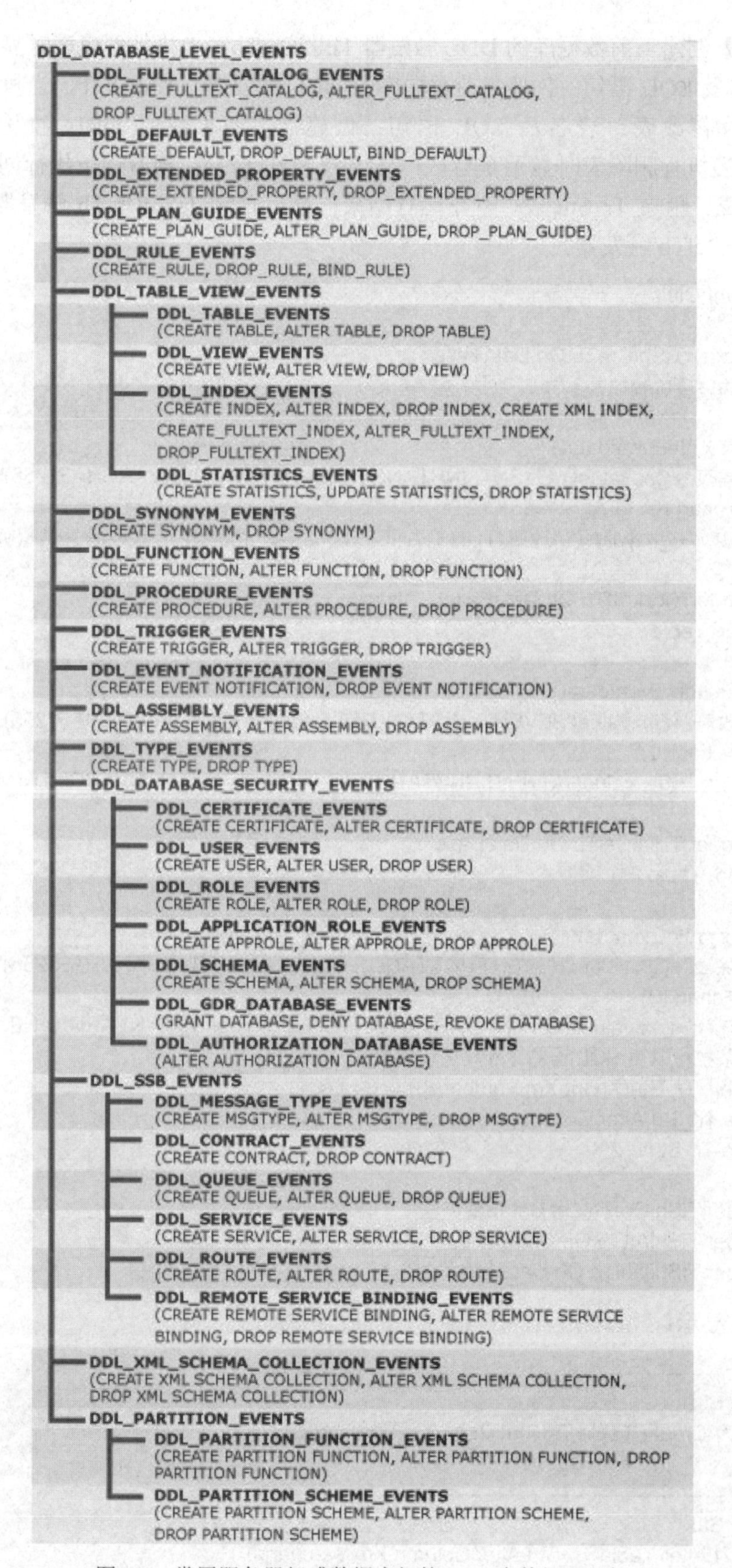

图 8-5　常用服务器级或数据库级的 DDL 事件组及语句

【例 8-36】创建当前数据库的 DDL 触发器 TiShiCreTb，当执行创建表时显示'创建表:'+表名及 SQL 语句；创建当前数据库的 DDL 触发器 TiShiAltTb，当执行修改表时显示'修改表:'+表名及 SQL 语句；创建当前数据库的 DDL 触发器 TiShiDelTb，当执行删除表时显示'删除表:'+表名及 SQL 语句；接着逐条执行创建 Tr_Stu 表、修改 Tr_Stu 表、删除 Tr_Stu 表，观察运行结果；最后删除 TiShiCreTb 触发器、TiShiAltTb 触发器、TiShiDelTb 触发器。

```
Set NoCount ON
GO
Create Trigger TiShiCreTb On DataBase
After   Create_Table
As
declare @x xml=Eventdata()
Select '创建表:'+@x.value('(/EVENT_INSTANCE/ObjectName)[1]','NVARCHAR(255)')
+char(13)+char(10)
+'SQL 语句为:'+@x.value('(/EVENT_INSTANCE/TSQLCommand)[1]','NVARCHAR(MAX)')
GO
Create Trigger TiShiAltTb On DataBase
After   Alter_Table
As
declare @x xml=Eventdata()
Select '修改表:'+@x.value('(/EVENT_INSTANCE/ObjectName)[1]','NVARCHAR(255)')
+char(13)+char(10)
+'SQL 语句为:'+@x.value('(/EVENT_INSTANCE/TSQLCommand)[1]','NVARCHAR(MAX)')
GO
Create Trigger TiShiDelTb On DataBase
After   Drop_Table
As
declare @x xml=Eventdata()
Select '删除表:'+@x.value('(/EVENT_INSTANCE/ObjectName)[1]','NVARCHAR(255)')
+char(13)+char(10)
+'SQL 语句为:'+@x.value('(/EVENT_INSTANCE/TSQLCommand)[1]','NVARCHAR(MAX)')
GO   --逐条执行以下 SQL 语句，观察提示信息
Create Table Tr_Stu(Xh Int,Xm Varchar(8))
Alter Table Tr_Stu Alter Column Xm Varchar(10)
Drop Table Tr_Stu
GO
Drop Trigger TiShiCreTb On DataBase
Drop Trigger TiShiAltTb On DataBase
Drop Trigger TiShiDelTb On DataBase
```

运行结果显示：

```
---------------------------------------------------------------------------
创建表:Tr_Stu
SQL 语句为:Create Table Tr_Stu(Xh Int,Xm Varchar(8))

---------------------------------------------------------------------------
修改表:Tr_Stu
SQL 语句为:Alter Table Tr_Stu Alter Column Xm Varchar(10)
```

```
------------------------------------------------------------------------
删除表:Tr_Stu
SQL 语句为:Drop Table Tr_Stu
```

【例 8-37】创建当前服务器的 DDL 触发器 Tri_DDL_Events，当执行创建、修改、删除表时显示'事件:'+事件名及 SQL 语句；接着逐条执行创建 Tri_Stu 表、修改 Tri_Stu 表、删除 Tri_Stu 表，观察运行结果；最后删除 Tri_DDL_Events 触发器。

```
Set NoCount ON
GO
Create Trigger Tri_DDL_Events On All Server
After DDL_Events
As
declare @x xml=Eventdata()
Select '事件:'+@x.value('(/EVENT_INSTANCE/EventType)[1]', 'nvarchar(100)')
+char(13)+char(10)
+'SQL 语句为:'+@x.value('(/EVENT_INSTANCE/TSQLCommand)[1]','NVARCHAR(MAX)')
GO   --逐条执行以下 SQL 语句，观察提示信息
Create Table Tri_Stu(Xh Int,Xm Varchar(8))
Alter Table Tri_Stu Alter Column Xm Varchar(10)
Drop Table Tri_Stu
GO
Drop Trigger Tri_DDL_Events On All Server
```

运行结果显示：

```
--------------------------------------------
事件:CREATE_TABLE
SQL 语句为:Create Table Tri_Stu(Xh Int,Xm Varchar(8))


--------------------------------------------
事件:ALTER_TABLE
SQL 语句为:Alter Table Tri_Stu Alter Column Xm Varchar(10)


--------------------------------------------
事件:DROP_TABLE
SQL 语句为:Drop Table Tri_Stu
```

8.3.3　创建登录触发器

当发生登录（Logon）事件时，如登录 SSMS（SQL Server Management Studio），或登录后与 SQL Server 实例建立用户会话时，如在 SSMS 中新建查询，都会激发登录触发器。登录触发器将在登录身份验证之后、用户会话建立之前激发。若身份验证失败，将不激发登录触发器。具体语法格式如下：

```
Create Trigger 触发器名 On All Server [With [Encryption] [Execute As '登录账号']]
{For|After} Logon
As
SQL 语句[,...n]
```

可以使用登录触发器来审核和控制服务器会话，例如，通过跟踪登录活动，限制 SQL 的登录名或限制特定登录名的会话数。

需要说明的是，一次登录操作过程中某一小时间段内可能要创建多个用户会话。

【例 8-38】用 Windows 身份验证登录 SSMS，创建 SQL 登录名'Tmg_Test'，密码'123'，并授权（或用 SQL 语句创建登录名并授权）；创建登录触发器'Tri_Sess3'，限制'Tmg_Test'只能创建 3 个用户会话，否则登录触发器将拒绝登录 SQL Server 或再创建会话；用'Tmg_Test'连续 3 次登录 SSMS 但不新建查询，观察运行结果；用'Tmg_Test'登录 SSMS 后连续 3 次新建查询，观察运行结果；最后删除登录触发器和登录名。

```
Use Master;
Go--创建 SQL 登录名'Tmg_Test'，密码'123'，首次登录提示用户输入新密码，强制实施密码过期策略
Create Login Tmg_Test With Password='123' --Must_Change,Check_Expiration=On;
Go
Grant View Server State To Tmg_Test; --授权
Go    --创建限制 3 个会话登录触发器
Create Trigger Tri_Sess3 On All Server With Execute As 'Tmg_Test'
For Logon
As
Begin
--若是用户会话且原始登录名为'Tmg_Test'的会话超过 3 次，则执行回滚操作
If Original_Login()='Tmg_Test' And
   (Select Count(*) From Sys.Dm_Exec_Sessions
            Where Is_User_Process=1 And Original_Login_Name='Tmg_Test')>3
  Rollback;
End;
Go
```

用'Tmg_Test'连续 3 次登录，或 1 次登录后连续 2 次新建查询，则会提示如图 8-6 所示错误。

需要说明的是，SQL 服务器必须设置 SQL Server 与 Windows 身份混合验证模式（详见 9.1.2 节），否则 SQL 账户无法登录。SQL 服务器设置混合验证模式的方法是，在 Windows 身份验证登录 SSMS 后，右击对象资源管理器中的服务器，在弹出的快捷菜单中选择“属性”命令，在弹出的“服务器属性”对话框中选择“安全性”标签页，如图 8-7 所示，设置 SQL Server 与 Windows 身份验证模式；设置完成后右击对象资源管理器中的服务器，在弹出的快捷菜单中选择“重新启动”命令。

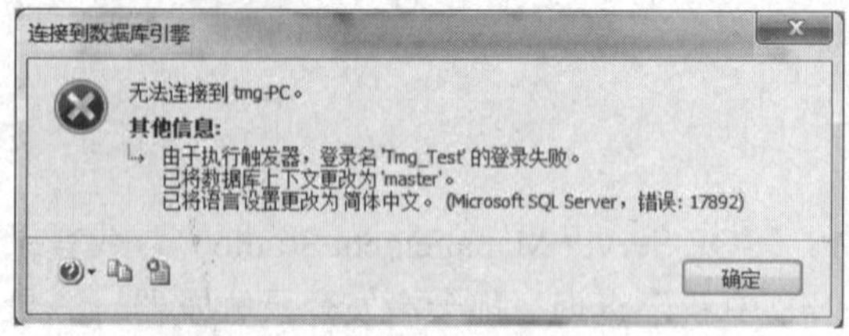

图 8-6　登录提示错误

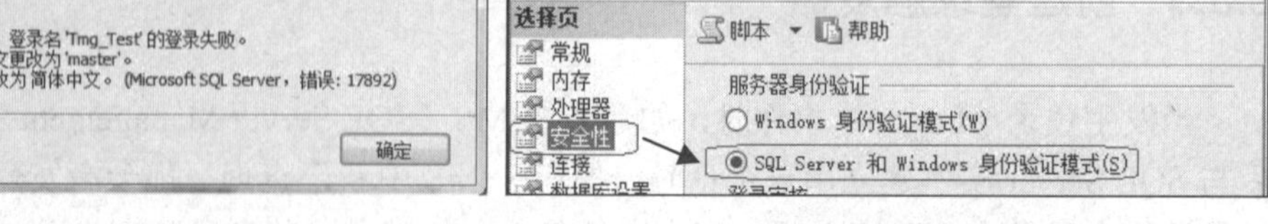

图 8-7　设置 SQLServer 和 Windows 身份验证模式

在 Windows 身份验证登录的会话中执行以下查询，可以看到'Tmg_Test'会话数。

```
Select session_id,login_time,Is_User_Process,Original_Login_Name
 From Sys.Dm_Exec_Sessions Where Original_Login_Name='Tmg_Test'
```

运行结果显示如下，会话 ID（session_id）和登录时间（login_time）因执行环境和时间而异。

```
session_id login_time                    Is_User_Process    Original_Login_Name
---------- ----------------------------- ------------------ ---------------------------
51         2016-11-26 11:49:59.287       1                  tmg_test
53         2016-11-26 11:48:33.023       1                  tmg_test
56         2016-11-26 11:48:42.083       1                  tmg_test
```

关闭'Tmg_Test'登录界面，执行以下语句，删除登录触发器'Tri_Sess3'和登录名'Tmg_Test'。

```
Drop Trigger Tri_Sess3 On All Server
Drop Login Tmg_Test      --连接中的登录账号不能删除
```

8.3.4　修改和删除触发器

修改触发器与创建触发器的区别是将 Create 改成 Alter。

对于 DML 触发器的删除，只需给出触发器名即可，而 DDL 触发器的删除必须指定是数据库级（DataBase）还是服务器级（ALL Server），登录触发器的删除必须指定是服务器级（ALL Server）。

删除 DML 触发器的语法格式如下：

```
Drop Trigger 触发器名[,...N]
```

删除 DDL 触发器的语法格式如下：

```
Drop Trigger 触发器名[,...N] On {Database|All Server}
```

删除登录触发器的语法格式如下：

```
Drop Trigger 触发器名[,...N] On All Server
```

8.3.5　禁用和启用触发器

禁用触发器的语法格式如下：

```
Disable Trigger {触发器名[,...n]|All} On {表或视图|Database|All Server}
```

【例 8-39】所有 DDL 触发器在当前服务器范围内禁用。

```
Disable Trigger All On All Server
```

需要注意的是，以上禁用语句只能针对当前已经创建的 DDL 触发器和登录触发器，对于 DML 触发器或禁用语句执行后所创建的 DDL 触发器无效。

启用触发器是禁用触发器的相反过程，语法格式如下：

```
Enable Trigger {触发器名[,...n]|All} On {表或视图|Database|All Server}
```

8.3.6　查询触发器

要了解当前数据库都有哪些触发器，可通过 Sys.Objects 表、Sys.Trigger_Events 表或

sys.triggers 表查询 DML 触发器，通过 sys.server_triggers 表查询 DDL 触发器，例如：

```
Select Convert(Varchar(10),Object_Name(Object_Id)) As TriggerName,
 Object_Id,Type,Convert(Varchar(10),Type_Desc) As Type_Desc From Sys.Trigger_Events
Select Convert(Varchar(10),Name) As TriggerName,Object_Id From Sys.Objects Where Type='Tr'
Select CONVERT(varchar(15),name) as TriggerName,object_id from sys.server_triggers
```

运行结果显示如下，具体内容因环境而异。

```
TriggerName  Object_Id    Type         Type_Desc
------------------ ------------------ ------------------ ----------------
t6ins        279672044    1            INSERT
XS_XX_C_Tr   1604200765   1            INSERT
rz           1735677231   1            INSERT
tf           1751677288   3            DELETE
Fh_Update    1767677345   2            UPDATE

TriggerName  Object_Id
------------------ ------------------
t6ins        279672044
XS_XX_C_Tr   1604200765
rz           1735677231
tf           1751677288
Fh_Update    1767677345

TriggerName      object_id
---------------------- ------------------
Tri_DDL_Events   784721848
```

要了解触发器源程序，可用 sp_helptext 存储过程，如查询 XS_XX_C_Tr 源程序，代码如下。

```
Exec sp_helptext XS_XX_C_Tr
```

运行结果显示如下，这是之前例子的内容。

```
Text
----------------------------------------------
Create Trigger XS_XX_C_Tr On XS_XX_C Instead Of Insert
As
Begin
If Not Exists(Select * From xs A,Inserted B Where A.Xh=B.Xh)
Insert Into Xs(xh,xm) Select xh,xm From Inserted Where xh Not IN(Select xh From xs)
If Not Exists(Select * From C,Inserted B Where C.kh=B.kh)
Insert Into C(kh,km) Select kh,km From Inserted Where kh Not IN(Select kh From C)
Insert Into xx(xh,kh,CJ) Select xh,kh,CJ From Inserted
End
```

习题 8

程序设计题

（1）编写一个存储过程 SumN(@N int)，用于求 1+…+@N，并在该存储过程中输出累加和。当@N 未指定值时，默认@N=100。

运行结果（用 PRINT）输出：

```
5050
1275
```

注意：应在创建存储过程前后各加入一个 GO 语句；用 PRINT 输出。

请在/*【*/和/*】*/之间的空白处填入适当语句或式子。

```
/***源程序***/
Set NoCount On
/*【*/

/*】*/
EXECute SumN;
EXECute SumN 50;
```

（2）编写一个存储过程 SumNM(@N int,@M int)用于求@N+…+@M，并在该存储过程中输出累加和。

运行结果输出：

```
5050
55
```

注意：应在适当位置加入 GO 语句。

请在/*【*/和/*】*/之间的空白处填入适当语句或式子。

```
/***源程序***/
Set NoCount On
/*【*/

/*】*/
EXECute SumNM 1,100;
EXECute SumNM 1,10;
```

（3）编写一个存储过程 Ad(@x int,@y int,@z int output)用于求@x+@y，结果存于@z。当@x=1、@y=2 时，@z=3。

注意：应在适当位置加入 GO 语句。

请在/*【*/和/*】*/之间的空白处填入适当语句或式子。

```
/***源程序***/
Set NoCount On
/*【*/

/*】*/
declare @t int
exec Ad 1,2,@t output ;
Select @t;
```

（4）已知学生表 XS 有学号、姓名、毕业院校、成绩（CJ）等字段。创建一个存储过程 PROC_XH(@XH)，其功能是查询指定学号（@XH）学生的姓名。运行结果如下：

```
学号               姓名
------------------ ------------
20100881205   王聪慧
学号               姓名
------------------ ------------
20100881206   游连桦
```

请在/*【*/和/*】*/之间的空白处填入适当语句或式子。

```
/***源程序***/
Set NoCount On
go
/*【*/

/*】*/
go
execute PROC_XH '20100881205'
execute PROC_XH '20100881206'
go
```

（5）编写一个函数 Qrt(@X)，用于求@X^2，当@X=3 时结果如下：

```
---------------
            9
```

注意：@X 是实数类型；应在创建函数前后各加入一个 GO 语句。

请在/*【*/和/*】*/之间的空白处填入适当语句或式子。

```
/***源程序***/
Set NoCount On
/*【*/

/*】*/
Select DBO.Qrt(3);
```

（6）编写一个函数 Fact(@N)，用于求@N!，当@N=5 时显示结果如下：

```
---------------
          120
```

请在/*【*/和/*】*/之间的空白处填入适当语句或式子。

```
/***源程序***/
Set NoCount On
/*【*/

/*】*/
Select DBO.Fact(5);
```

（7）已知学生表 XS 有学号、姓名、毕业院校、成绩（CJ）等字段。创建一个函数 XH2XM(@XH)，其功能是返回指定学号（@XH）学生的姓名。运行结果如下：

```
姓名
---------
王聪慧
```

```
姓名
---------
游连桦
```

请在/*【*/和/*】*/之间的空白处填入适当语句或式子。

```
/***源程序***/
Set NoCount On
GO
/*【*/

/*】*/
go
select dbo.XH2XM('20100881205') as 姓名
go
select dbo.XH2XM('20100881206') as 姓名
go
```

（8）创建简易酒店管理系统相关触发器，要求每入住一名旅客（插入一个旅客记录），客房入住人数自动加 1；每退房一名旅客（删除一个旅客记录），客房入住人数自动减 1；旅客调整房间，客房入住人数做相应调整。

运行后结果显示：

```
房号            入住人数
--------------- ---------------
101             0
201             0
房号            入住人数
--------------- ---------------
101             1
201             0
房号            入住人数
--------------- ---------------
101             0
201             1
房号            入住人数
--------------- ---------------
101             0
201             0
```

注意：应在创建触发器前后各加入一个 GO 语句。

请在/*【*/和/*】*/之间的空白处填入适当语句或式子。

```
/***源程序***/
Set NoCount On
/*【*/

/*】*/
Select * from 客房;
Insert Into 旅客(身份证号,姓名,房号) Values('123…','AAA',101);
Select * from 客房;
Update 旅客 Set 房号=201 Where 姓名='AAA';
```

```
Select * from  客房;
Delete 旅客 Where 姓名='AAA';
Select * from  客房;
```

（9）已知学生表 Stu 含 XH、XM 等字段，分别表示学号和姓名等。现要求创建一个触发器 StuIDU，记录增删改操作时触发，触发后显示当前执行的是什么操作和所影响的记录数。

运行结果显示：

```
1 条记录被插入
2 条记录被插入
2 条记录被更新
3 条记录被删除
```

注意：应在创建触发器前后各加入一个 GO 语句。

请在/*【*/和/*】*/之间的空白处填入适当语句或式子。

```
/***源程序***/
Set NoCount On
If Exists(Select * From Sys.Objects Where Type='TR' and Name='StuIDU')
Drop Trigger StuIDU
/*【*/



/*】*/
Insert Into Stu(XH,XM) Values(1,'AAA');                    --插入 1 条记录
Insert Into Stu(XH,XM) Select 2,'BBB' Union Select 3,'CCC'  --插入 2 条记录
Update Stu Set XH=XH+1 where XH>1                          --更新 2 条记录
Delete Stu                                                 --删除 3 条记录
```

第 9 章　数据库的安全管理

数据安全是极其重要的，数据库的安全是指保护数据库以防止非法访问而造成数据泄露、更改或破坏。SQL 服务器（Server）提供了有效的数据访问安全机制，涉及 4 个方面：平台、身份验证、安全对象（包括数据）及访问数据库系统的应用程序。平台包括物理硬件和将客户端连接到数据库服务器的联网系统，以及用于处理数据库请求的二进制文件。身份验证实现合法用户对数据库的合法访问。安全对象包括服务器、数据库、架构、数据库包含的对象等。应用程序指 SQL 服务器客户端的应用程序，包括各种实用工具等。

SQL 服务器的安全体系结构是基于用户和用户组的，其安全管理模型包括 SQL 服务器登录、数据库用户、权限、角色 4 个方面，具体如下。

（1）SQL 服务器登录：指用 Windows 用户账户以 Windows 身份验证模式登录 SQL 服务器实例，或者用 SQL 服务器登录名及相应的密码以 SQL 服务器身份验证模式登录 SQL 服务器实例。

（2）数据库用户：登录名连接到 SQL 服务器实例后，并不意味着可以访问服务器上所有数据库的所有信息，若要访问指定数据库，还要在数据库上创建（或映射）一个数据库用户（一般与登录名同名），并授予访问权限。

（3）权限：权限规定数据库用户在指定数据库上所能进行的操作。

（4）角色：角色是具有特定权限的用户组，当将某用户设置为某角色时，则该用户就具有该角色的权限，当角色权限变更时，具有该角色的用户对应的权限也同步变更，这样管理权限就由变更多个用户的权限变为变更一个角色的权限。

9.1　登　　录

SQL Server 对用户的访问控制分为安全账户认证和访问许可确认两个阶段。SQL Server 安全账户认证有两种身份验证模式，可以使用自身的安全体系对登录用户进行认证，也可以接受 Windows 认证用户的连接请求。登录就是指用户连接到指定 SQL 数据库实例的过程。

9.1.1　身份验证模式

SQL Server 提供了两种身份验证模式，即 Windows 身份验证模式和 SQL Server 身份验证模式。

1．Windows 身份验证模式

SQL Server 使用 Windows 操作系统的安全机制来验证用户身份，允许用户使用 Windows 账户连接到 SQL 服务器上，因此登录时无须重新输入用户名和密码，如图 9-1 所示。其中服务器名称“(LOCAL)”“.”“LOCALHOST”或“127.0.0.1”表示本地服务器。

2. SQL Server 身份验证模式

SQL Server 登录时若以 SQL Server 身份验证，则必须输入登录名和密码，如图 9-2 所示，然后对其进行身份验证。

图 9-1　Windows 身份验证

图 9-2　SQL Server 身份验证

9.1.2　设置身份验证模式

SQL Server 账户登录必须满足以下两个前提条件。

（1）SQL 服务器身份验证模式必须允许 SQL Server 身份验证。

（2）SQL 服务器登录账户可用。

设置允许 SQL Server 身份验证的方法：在 SSMS 左侧对象资源管理器中，右击数据库服务器实例名，在弹出的快捷菜单中选择“属性”命令，打开“服务器属性”对话框，如图 9-3 所示，选择“安全性”标签页，设置为“SQL Server 和 Windows 身份验证模式”。

图 9-3　混合身份验证模式

设置完身份验证模式后，必须重新启动服务器，否则设置不能生效。

重新启动服务器的一种方法：在 SSMS 左侧对象资源管理器中，右击数据库服务器实例名，在弹出的快捷菜单中选择“重新启动”命令，在弹出的“是否确实要重新启动 PC-20210306SQNR 上的 MSSQLSERVER 服务?”警告框中，单击“是”按钮，等待服务器重新启动完成，新设置的身份验证模式就生效了。

这里需要注意的是，一旦服务器重新启动，服务器将断开与它连接的所有用户进程，意味着服务器所有用户进程将被断开与服务器的连接，需要重新连接服务器，而之前没有提交的数据将丢失。

9.1.3　SSMS 创建登录名

要以 SQL Server 账户登录服务器，必须创建登录账户（即登录名）并设置密码和权限等。

登录账户可以由用户自己创建，也可以用 SQL Server 自动创建的系统管理员登录账户 sa。

SQL 创建登录账户的方法：在 SSMS 左侧对象资源管理器中，单击数据库服务器实例名下“安全性”结点左侧的“+”号，再右击“登录名”，在弹出的快捷菜单中执行“新建登录名”命令，如图 9-4 所示，打开“登录名-新建”对话框，在“常规”标签页中的“登录名”文本框中输入登录名，然后设置密码和权限等。若没有设置权限，则只含公共（public）的权限，仅能游览服务器数据库列表。

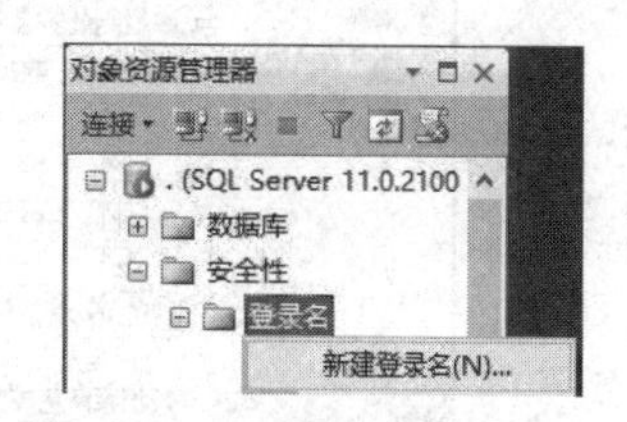

图 9-4　新建登录账户

登录账户创建后可以修改密码和权限等，方法是：在 SSMS 左侧对象资源管理器中，单击数据库服务器实例名下“安全性”结点左侧的“+”号，再单击“登录名”结点左侧的“+”号，然后右击登录账户，在弹出的快捷菜单中执行“属性”命令，打开“登录属性”对话框，如图 9-5 所示，选择“常规”标签页，先设置 SQL Server 身份验证模式，再设置登录名的密码和确认密码。

在“登录属性”对话框中，选择“服务器角色”标签页，如图 9-6 所示，设置登录账户在服务器中的角色，默认选择公共角色 public，仅能游览服务器数据库列表，不能具体访问数据库中的数据表。为方便测试，一般选择系统管理员角色 sysadmin，可访问所有数据库及其数据表。

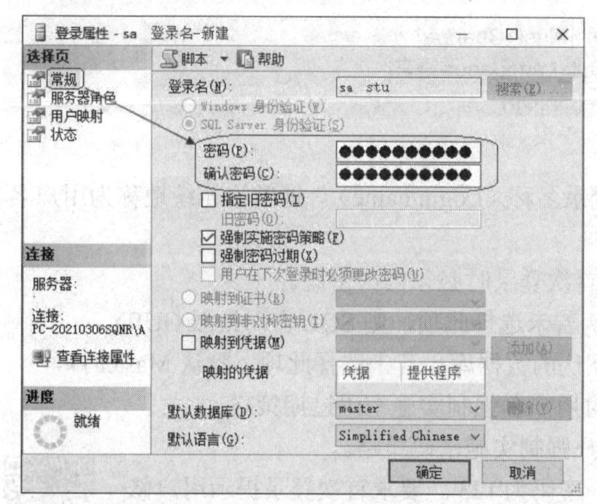

图 9-5　设置登录账户 sa 密码或新建登录账户 stu 并设置密码

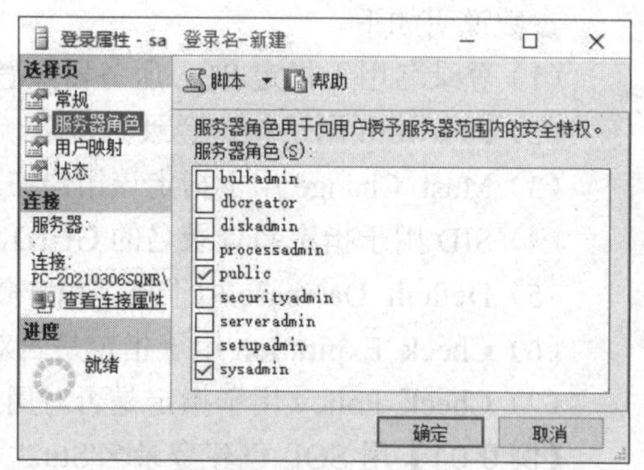

图 9-6　设置登录账户 sa 服务器角色

在“登录属性”对话框中，选择“用户映射”标签页，如图 9-7 所示，为登录账户添加可访问的数据库，并添加相应的角色，使该用户获得所添加角色对应的权限，默认选择公共角色 public，仅能游览指定数据库对象列表，不能具体访问数据库中的数据表。为方便测试，一般选择数据库所有者角色 db_owner，可以执行数据库的所有配置和维护活动。

在“登录属性”对话框中，选择“状态”标签页，如图 9-8 所示，设置登录账户已启用，若设置为禁用，将无法登录。

最后单击“确定”按钮，这样登录账户就可以登录了，可以用 SSMS 验证，也可以用其他客户端软件验证。

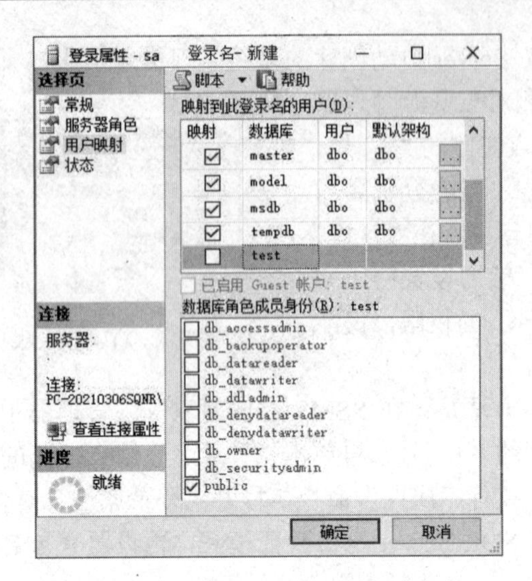

图 9-7　设置登录账户 sa 数据库角色

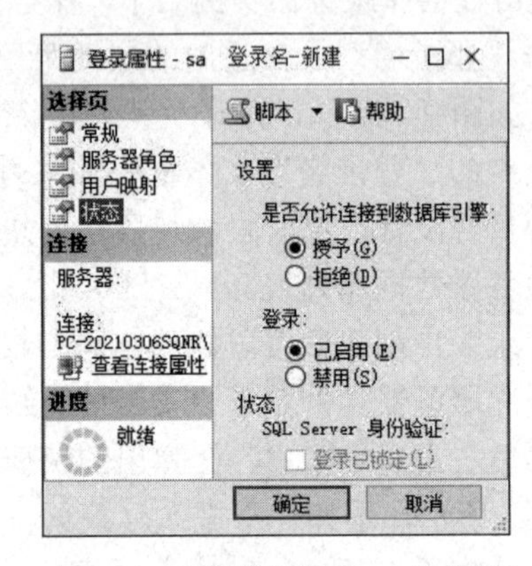

图 9-8　设置登录账户 sa 已启用

9.1.4　SQL 创建登录名

除了 SSMS 可以创建登录名，还可以用 SQL 语句创建登录名，语法格式如下：

```
Create Login 登录名 With Password='密码' [Must_Change],
SID=sid|Default_Database=默认库名|Default_Language=语言|
Check_Expiration={On|Off}|Check_Policy ={On|Off}
```

参数说明如下。

（1）登录名用于指定 SQL 服务器级登录名称（Login name），通常也笼统地称为用户名。

（2）Password 用于指定登录名密码。

（3）Must_Change 用于指定该用户在首次登录时必须修改密码。

（4）SID 用于指定新登录名的 GUID，若未选择此项，则 SQL 自动指派 GUID。

（5）Default_Database 用于指定用户默认的数据库，若未选择此项，默认 Master 库。

（6）Check_Expiration 用于指定是否对用户名强制实施密码过期策略。

（7）Check_Policy 用于指定是否对用户强制实施密码策略。

【例 9-01】用 SQL 创建登录名'Stu2'，密码为'123'。要求首次登录提示用户修改密码，强制实施密码过期策略。

```
Create Login Stu2 With Password='123' Must_Change,Check_Expiration=On;
```

创建完登录名后，即可登录服务器，但仅能游览数据库列表，不能访问数据库中的数据表等信息，必须授权才可以访问。

9.1.5　存储过程创建登录名

使用 sp_addLogin 存储过程可以创建新的登录名，语法格式如下：

```
sp_addLogin '登录名'[,'密码'][,'默认数据库'][,'默认语言']
```

【例 9-02】用存储过程创建登录名'Stu2'，密码为'123'。

```
EXEC   sp_addLogin 'Stu2','123'
```

9.1.6　修改和删除登录账号

修改和删除登录账号可以用 SSMS 实现，也可以用存储过程实现。

1．用 SSMS 修改和删除登录账号

在 SSMS 的对象资源管理器中，展开服务器中“安全性”结点下的“登录名”选项，然后右击某个登录名，在弹出的快捷菜单中执行“属性”命令，打开“登录属性”对话框，可以修改相关信息；执行“重命名”命令，可以修改登录名。

在 SSMS 的对象资源管理器中，展开服务器中“安全性”结点下的“登录名”选项，然后右击某个登录名，在弹出的快捷菜单中执行“删除”命令，可以删除登录名。

2．用存储过程修改和删除登录账号

使用存储过程 sp_password 可以修改登录账号的密码，语法格式如下：

```
sp_password '旧密码','新密码','登录名'
```

【例 9-03】用存储过程将登录账号'Stu'的密码'123'改为'456'。

```
EXEC   sp_password '123','456','Stu'
```

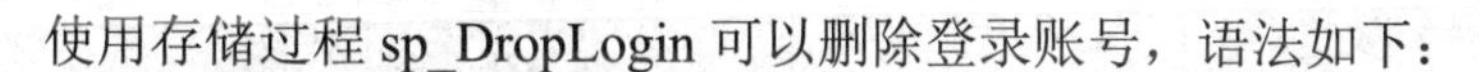

使用存储过程 sp_DropLogin 可以删除登录账号，语法如下：

```
sp_DropLogin '登录名'
```

【例 9-04】用存储过程删除登录账号'Stu'。

```
EXEC   sp_DropLogin 'Stu'
```

9.1.7　数据库用户账号

服务器登录名是服务器级的账户，而数据库用户账号是数据库级的账户。当然，创建数据库用户账号之前，要有相应的服务器级的登录名，然后以此登录名创建数据库级用户，并设置权限等（相当于完成图 9-7 所示的用户映射），才可以使用该用户账号。

这里假设已经按 9.1.3 节创建服务器登录账户 stu，现在要为数据库 MASM 创建数据库级用户，并设置相应的权限，具体步骤如下。

（1）在 SSMS 的对象资源管理器中，展开“数据库”选项下的“MASM”库下的“安全性”结点下的“用户”选项，并右击该选项，在弹出的快捷菜单中执行“新建用户”命令，如图 9-9 所示。

（2）在弹出的“数据库用户-新建”对话框中，默认选择“常规”标签页，输入用户名“stu”和登录名“stu”，如图 9-10 所示。

在“拥有的架构”标签页中可以选择拥有的架构，一般不选择；若选择了架构，就不能直接删除 stu 账号，需用管理员账号在该库中用以下语句执行一次方可删除。

```
ALTER AUTHORIZATION ON SCHEMA::db_owner TO dbo
```

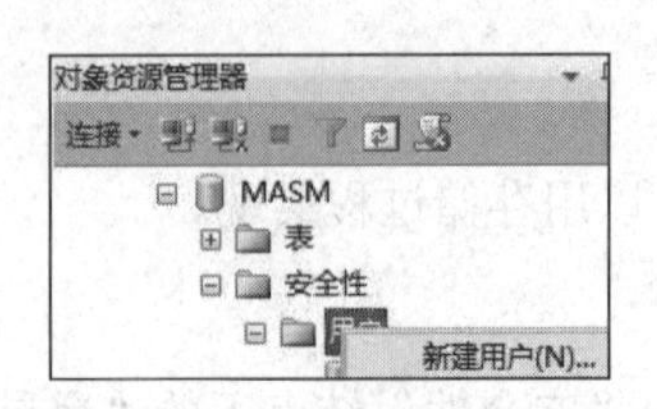

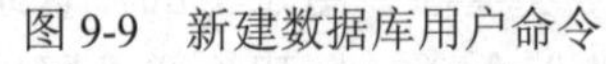

图 9-9　新建数据库用户命令

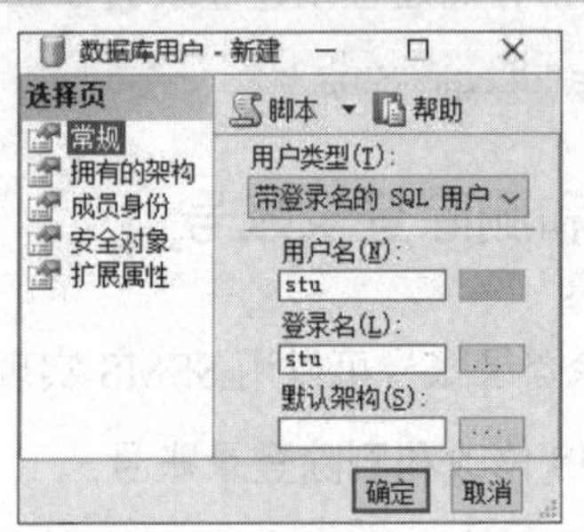

图 9-10　新建数据库用户界面

（3）在“成员身份”标签页中选择数据库用户的数据库角色，为方便测试，一般选择数据库所有者角色 db_owner（相当于执行 exec sp_addrolemember 'db_owner','Stu'，详见 9.2.4 节），如图 9-11 所示，可访问 MASM 数据库所有信息。

（4）单击“确定”按钮就可以用 stu 账号登录，登录后可访问所有信息，如图 9-12 所示。

图 9-11　为数据库用户选择数据库角色

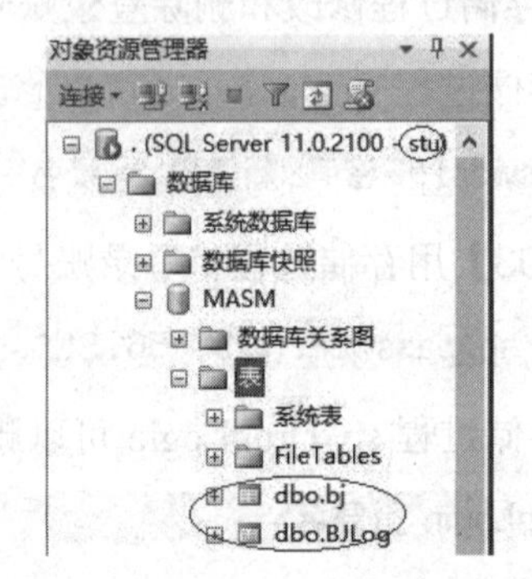

图 9-12　数据库用户 db_owner 角色看到的信息

创建数据库用户还可以用 SQL 语句实现，语法格式如下：

```
Create User 用户名 [{ For | From } Login 登录名] [ With Default_Schema = 架构名 ]
```

参数说明如下。

（1）用户名用于指定当前数据库级用户名称（User Name）。

（2）登录名用于指定 SQL 服务器级登录名称。

（3）Default_Schema 用于指定默认架构。

【例 9-05】用 SQL 给当前数据库 MASM 创建数据用户，用户名同服务器登录名'Stu2'。

```
Use MASM
Create User Stu2 For Login Stu2
```

MASM 中创建数据用户后，只能访问 MASM 中公共的信息，必须授权才能数据库所有信息。

删除数据库用户可以用 SSMS 实现，在 SSMS 的对象资源管理器中，展开“数据库”选项下的“MASM”库下的“安全性”下的“用户”选项，右击某个用户后再执行“删除”命令，即可删除用户。

删除数据库用户也可以用 SQL 语句实现。语法如下：

```
Drop User 用户名
```

9.2　角　　色

SQL 服务器一般通过角色来管理用户的权限。数据库管理员授予某用户特定的角色，就意味着该用户具有该角色的所有权限，当角色的权限发生变更时，意味着具有该角色的用户的权限也跟着发生变更，因此，要改变具有相同角色的用户的权限，只需改变角色的权限一次，而不需要改变具有相同角色的用户多次。

SQL 服务器的角色包括固定服务器角色和数据库角色，而数据库角色又分为固定数据库角色和自定义数据库角色。

SQL 服务器在创建数据库时，会自动创建一些特殊的固定用户，分别是 dbo 和 guest，它们自动包含一些固定服务器角色和数据库角色。

数据库用户 dbo 拥有执行数据库中所有操作的权限，并存在于所有数据库中，且不能删除。任何 sysadmin 组的成员都映射为一个数据库 dbo。

数据库用户 guest 允许一个用户只有登录而没有一个特定数据库的账户就能够访问数据库。这种情况发生在一个登录账户试图访问数据库时，并且该登录账户能够访问 SQL Server 的实例，但没有自己的用户账户；数据库包含有一个 guest 用户账户。

9.2.1　固定服务器角色

根据 SQL 服务器的管理任务以及任务的重要性等级，把具有不同管理职能的用户划分为不同的用户组，每一组定义为一种固定服务器角色。每一组角色具有的管理权限都是服务器内置的，且不能增删改权限，但可以添加用户，使用户具有这组角色的权限。SQL 服务器定义的固定服务器角色如表 9-1 所示。

表 9-1　固定服务器角色

角　色	角 色 名	说　明
sysadmin	系统管理员	可以在服务器上执行任何活动，包括所有数据库及其中的所有数据表
serveradmin	服务器管理员	可以更改服务器范围的配置选项和关闭服务器
securityadmin	安全管理员	可以管理登录名及其属性，可以用 GRANT、DENY 和 REVOKE 实现服务器级和数据库级的权限管理，还可以重置服务器登录名的密码
processadmin	进程管理员	可以终止在 SQL 服务器实例中运行的进程
setupadmin	安装管理员	可以管理连接服务器和启动过程
bulkadmin	BULK 管理员	可以运行 BULK INSERT（大容量数据插入）语句
diskadmin	磁盘管理员	可以管理磁盘文件
dbcreator	数据库创建者	可以创建、更改、删除和还原数据库
public	公共角色	每个 SQL 服务器登录名都属于 public 角色，仅可浏览数据库名等

固定服务器角色是服务器级角色，不局限于某个具体的数据库。例如，一旦授予某用户

sysadmin 角色，则拥有所有数据库及其中的所有数据表的所有权限，否则若为默认的 public 角色，则仅可浏览数据库名等。

9.2.2　固定数据库角色

若要使某个服务器登录名具有某个数据库的权限，则要创建（或映射）为某个数据库的用户，并授予相应的权限。类似固定服务器角色，SQL 服务器按数据库中不同职能的用户划分为不同的用户组，每一组定义为一种固定数据库角色。数据库角色是在数据库级定义的，并且存在于每个数据库中。因此，同一服务器登录名在不同数据库中的职能不同，可以授予不同的数据库角色。SQL 服务器定义的固定数据库角色如表 9-2 所示。

表 9-2　固定数据库角色

角　色	角 色 名	说　明
db_accessadmin	用户访问管理员	可以为 Windows 登录账户、Windows 组和 SQL 服务器登录账户添加或删除访问权限
db_backupoperator	备份操作者	可以备份该数据库
db_datareader	数据查询者	可以对数据库中的任何表或视图运行 SELECT 语句
db_datawriter	数据修改者	可以在所有用户表中添加、删除或更改数据
db_ddladmin	数据定义者	可以在数据库中运行任何数据定义语言（DDL）命令
db_denydatareader	不可查询数据者	不能读取数据库内用户表中的任何数据
db_denydatawriter	不可数据修改者	不能添加、修改或删除数据库内用户表中的任何数据
db_owner	数据所有者	可以执行数据库的所有配置和维护活动
db_securityadmin	库安全管理员	可以修改用户身份和管理权限
public	公共角色	每个数据库用户都属于 public 角色，仅可浏览数据库中的表名等

db_owner 和 db_securityadmin 用户都可以管理数据库用户；但只有 db_owner 用户可以向 db_owner 添加用户。

9.2.3　自定义数据库角色

除了固定数据库角色，用户还可以自定义数据库角色，以实现数据表等的权限管理。自定义数据库角色可以在 SSMS 中创建，也可以用 SQL 语句创建。

1. 用 SSMS 创建角色

在 SSMS 的对象资源管理器中，展开某个数据库“安全性”结点下的“角色”结点下的“数据库角色”选项，然后右击，在弹出的快捷菜单中执行“新建数据库角色”命令，打开“数据库角色-新建”对话框，如图 9-13 所示，输入角色名称“db_rw”。

单击右下角的“添加”按钮，可以添加角色成员（数据库用户），自定义数据库角色添加权限后，所添加的角色成员（数据库用户）就自动拥有了相应的权限。

自定义数据库角色权限的管理详见后续章节。

“数据库角色-新建”对话框中角色拥有的架构不是用于给角色添加权限。若不小心选中了，则应将数据库“安全性”结点下的“架构”结点下的角色的架构所有者恢复成相应的角色，否则新建的数据库角色无法删除。

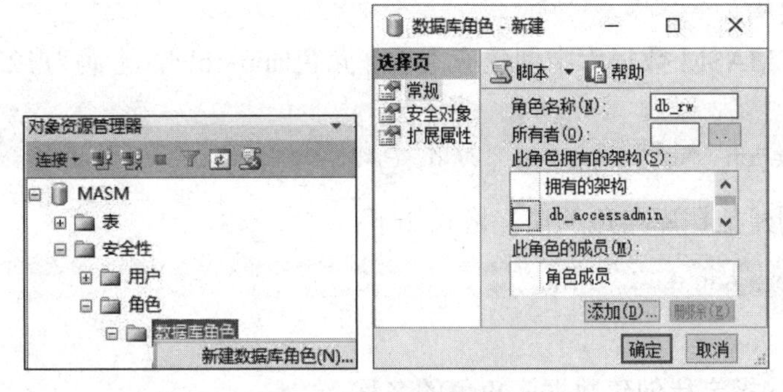

图 9-13　新建数据库角色

在 SSMS 的对象资源管理器中，展开某个数据库“安全性”结点下的“角色”结点下的“应用程序角色”选项，然后右击，在弹出的快捷菜单中执行“新建应用程序角色”命令，打开“应用程序角色-新建”对话框，就可以输入角色名称。与新建数据库角色不同是的要输入角色的密码，且不能添加用户。

2．用 SQL 语句创建角色

用 SQL 语句创建数据库角色的语法格式如下：

```
Create Role role_name [AUTHORIZATION owner_name]
```

参数说明如下。

（1）role_name 指定待创建数据库角色的名称。

（2）owner_name 指将拥有新角色的数据库用户或角色。若未指定用户，则执行该语句的用户将拥有该角色。

需要特别说明的是，虽然 AUTHORIZATION 可以指定新建角色属于哪个用户所有，但是该用户并不拥有该角色的权限，需要通过 sp_addrolemember 或 ALTER ROLE 将用户添加到该角色之后，该用户才拥有该角色的权限。

【例 9-06】在 MASM 数据库中用 Create 创建数据库角色'db_rw'，并指定数据库用户 Stu2 拥有该角色。

```
USE MASM
Create Role db_rw AUTHORIZATION Stu2
```

此时，用户 Stu2 并不具备 db_rw 角色的权限，可执行 ALTER ROLE db_rw ADD Member Stu2 或 exec sp_addrolemember 'db_rw','Stu2'将用户 Stu2 添加到该角色 db_rw 之后，Stu2 才拥有 db_rw 角色的权限，详见 9.2.4 节。

用 SQL 语句创建应用程序角色的语法格式如下：

```
Create Application Role application_role_name With PASSWORD='password'
 [ ,DEFAULT_SCHEMA = schema_name]
```

参数说明如下。

（1）application_role_name 指定待创建应用程序角色的名称。

（2）password 指用于激活应用程序角色的密码。

（3）schema_name 指定服务器在解析该角色的对象名时将搜索的第一个架构。若未定义

DEFAULT_SCHEMA，则应用程序角色将使用 dbo 作为其默认架构。schema_name 可以是数据库中不存在的架构。

【例 9-07】在 MASM 数据库中创建应用程序角色'app_role'，密码为'123'。

```
USE  MASM
Create  Application  Role  app_role  With  PASSWORD='123'
```

用存储过程创建数据库角色的语法格式如下：

```
sp_addrole  'role_name'  [ , 'owner' ]
```

参数说明如下。

（1）role_name 指定待创建数据库角色的名称。

（2）owner 指新数据库角色的所有者，默认值为当前正在执行的用户。owner 必须是当前数据库的数据库用户或角色。

【例 9-08】在 MASM 数据库中用存储过程创建数据库角色'db_rw'，并指定数据库用户 Stu 拥有该角色。

```
USE  MASM
exec  sp_addrole  'db_rw'  ,  'Stu'
```

用存储过程删除数据库角色的语法格式如下：

```
sp_droprole  '数据库角色名'
```

9.2.4 管理角色中的用户

向角色中添加用户后，用户就拥有该角色的权限；将用户从角色中删除后，用户从该角色获得的权限就被取消。因此，角色中用户的管理就是对最终权限的管理。

1．用 SSMS 添加和删除角色成员

在 SSMS 的对象资源管理器中，展开服务器中指定数据库下“安全性”结点下的“角色”结点下的“数据库角色”选项，然后右击某个角色名，如“db_rw”，在弹出的快捷菜单中执行“属性”命令，弹出“数据库角色属性”对话框，如图 9-14 所示（所有者为例 9-06 创建的 Stu）。

单击“添加”按钮，弹出“选择数据库用户或角色”对话框，再单击“浏览”按钮，弹出“查找对象”对话框，如图 9-15 所示，这里选择“Stu2”用户，依次单击各对话框的“确定”按钮，成功将“Stu2”用户添加到“db_rw”数据库角色。

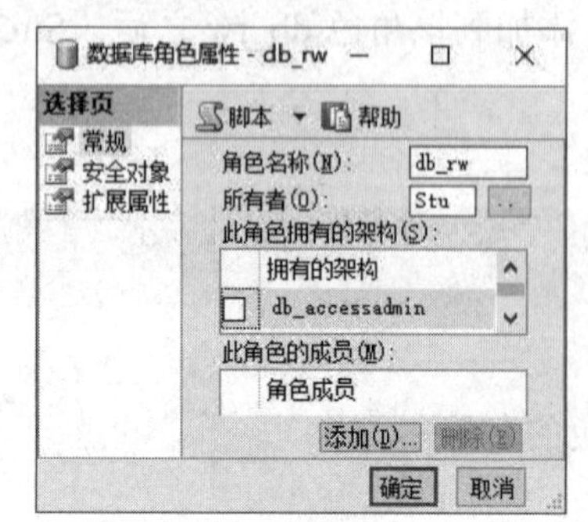

图 9-14　数据库角色属性

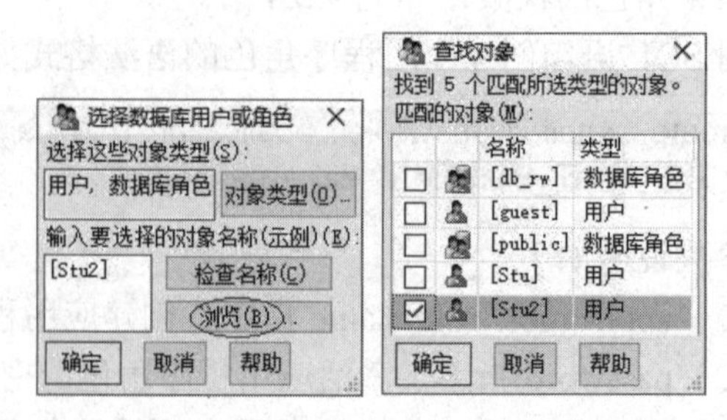

图 9-15　数据库角色添加用户或角色

要删除数据库角色中的成员，只需在“数据库角色属性”对话框中选中相应的成员，再单击“删除”按钮即可，如图 9-14 所示。

2．用存储过程添加和删除角色成员

存储过程 sp_addrolemember 可以为当前数据库中的数据库角色添加成员，语法格式如下：

```
sp_addrolemember   'role', 'security_account'
```

参数说明如下。

（1）role 指当前数据库中的数据库角色的名称。

（2）security_account 指添加到数据库角色的安全账户。可以是数据库用户、角色等。

【例 9-09】在 MASM 数据库中向数据库角色'db_rw'添加用户 Stu2。

```
USE   MASM
exec   sp_addrolemember   'db_rw'   ,   'Stu2'
```

存储过程 sp_droprolemember 可以将当前数据库角色中的成员删除，语法格式如下：

```
sp_droprolemember   'role', 'security_account'
```

参数说明如下。

（1）role 指当前数据库中的数据库角色的名称。

（2）security_account 指要删除的数据库角色的安全账户。可以是数据库用户、角色等。

【例 9-10】将 MASM 数据库角色'db_rw'中的角色成员 Stu2 删除。

```
USE   MASM
exec   sp_droprolemember   'db_rw'   ,   'Stu2'
```

9.3　权 限 管 理

权限决定着用户或角色对数据库可进行的操作，权限的管理主要包括权限的授予（Grant）、拒绝（deny）和撤销（revoke）等设置，可以用 SSMS 设置，也可以执行 SQL 语句设置。

9.3.1　权限的类型

SQL 服务器的权限包含 3 种类型：对象权限、语句权限和暗示性权限。

1．对象权限

对象权限表示对特定数据库对象（如表、视图字段等）的操作权限，如表和视图的增删改查、外键引用，存储过程的执行等。

2．语句权限

语句权限表示对数据库的操作权限，如 Create、Backup 等语句的操作权限。

3．暗示性权限

暗示性权限指系统安装后用户或角色不必授予就具有的权限。例如，服务器角色 sysadmin 具有在服务器上执行任何操作的权限，固定数据库角色 db_owner 具有在数据库上执行所有操作的权限。

暗示性权限不需要设置，是角色或用户默认的权限，对象权限和语句权限才需要设置。

9.3.2　SSMS 设置权限

1．SSMS 设置用户或角色对对象的权限

在 SSMS 的对象资源管理器中，右击一个对象，如表、视图字段等，这里是 FL 表，在弹出的快捷菜单中执行“属性”命令，在弹出的“表属性”对话框中，在左上角选择“权限”标签页，再单击“搜索”按钮，搜索要设置权限的用户或角色，如图 9-15 所示，这里找到 Stu 用户，然后就可设置该用户对 FL 表的权限，如图 9-16 所示。

例如，若选中“更新”和“选择”复选框，则 Stu 用户对 FL 表只有 Update 和 Select 权限。若选中“更新”等权限时，还可以进一步设置列权限，单击“列权限”按钮，弹出“列权限”对话框，如图 9-17 所示，仅“缺省选择”列和“试题分类”列具有授予权限。

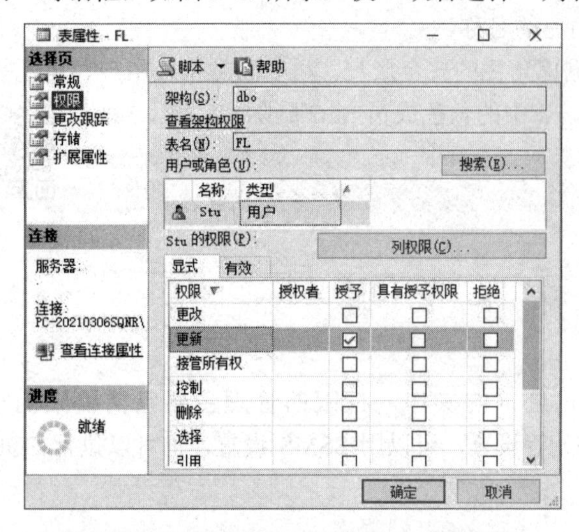

图 9-16　SSMS 设置 Stu 用户对 FL 表的权限

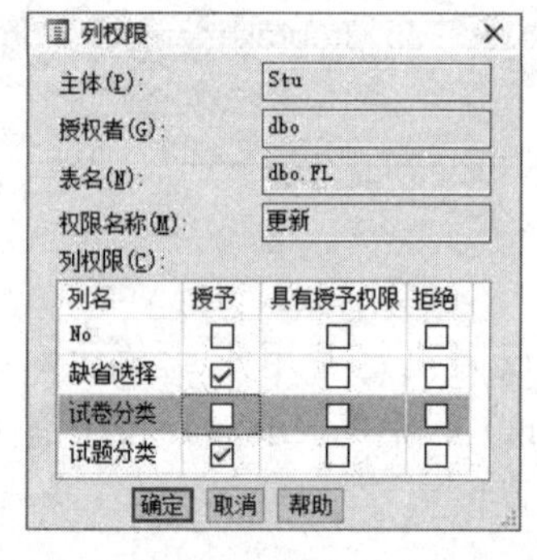

图 9-17　SSMS 设置列权限

2．SSMS 设置用户或角色对数据库的权限

在 SSMS 的对象资源管理器中，右击一个数据库，这里是 MASM 库，在弹出的快捷菜单中执行“属性”命令，在弹出的“数据库属性”对话框中选择“权限”标签页，可以设置用户或角色的权限，如图 9-18 所示，设置 Stu 用户具有备份数据库和创建表的权限。

3．SSMS 设置用户对对象或数据库的权限

在 SSMS 的对象资源管理器中，展开服务器中指定数据库（这里是 MASM 数据库）下“安全性”结点下的“用户”选项，然后右击某个数据库用户名，如“Stu”，在弹出的快捷菜单中执行“属性”命令，弹出“数据库用户”对话框，选择“安全对象”标签页，显示如图 9-19 所示界面。

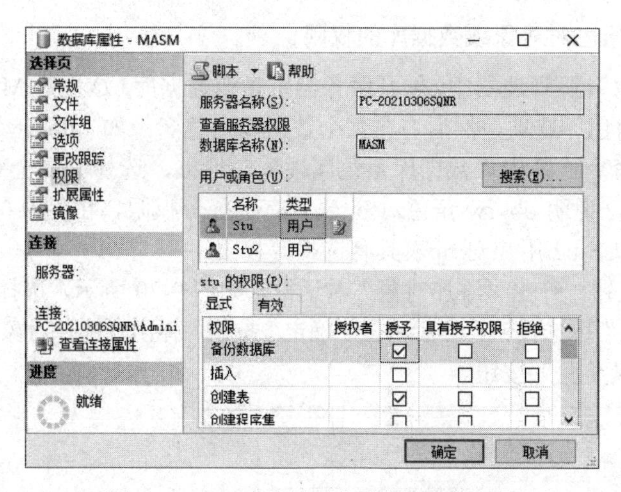

图 9-18　SSMS 设置用户对数据库的权限

单击“搜索”按钮，弹出“添加对象”对话框，如图 9-20 所示，选择要添加的对象类别，这里选中“特定对象”单选按钮，然后单击“确定”按钮，弹出“选择对象”对话框，如图 9-21 所示，再单击“对象类型”按钮。

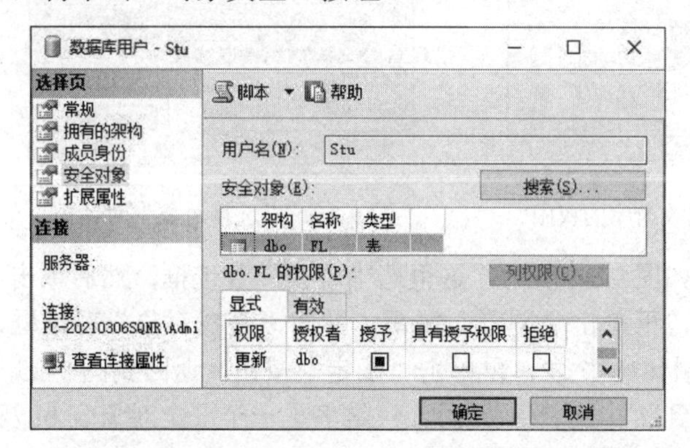

图 9-19　SSMS 设置用户对对象或数据库的权限

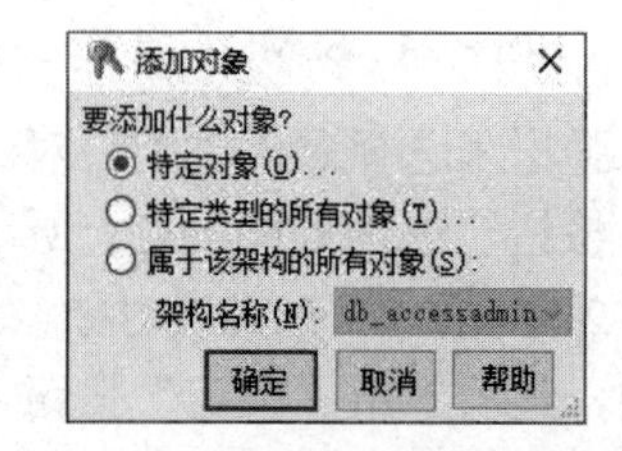

图 9-20　“添加对象”对话框

弹出“选择对象类型”对话框，如图 9-22 所示，这里选中“数据库”复选框，然后单击“确定”按钮，返回到图 9-21 所示界面，再单击“浏览”按钮，弹出“查找对象”对话框，如图 9-23 所示，以查找数据库对象，这里选择“MASM”数据库，再单击“确定”按钮，返回到图 9-21 所示界面，最后单击“确定”按钮，返回到图 9-19 所示界面，只是多了一个安全对象数据库 MASM 及 Stu 用户对 MASM 数据库可设置的权限，如创建表、视图、函数、过程等的权限。

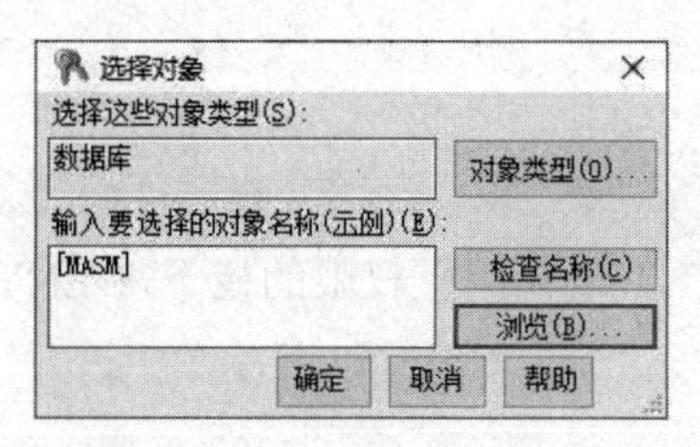

图 9-21　“选择对象”对话框

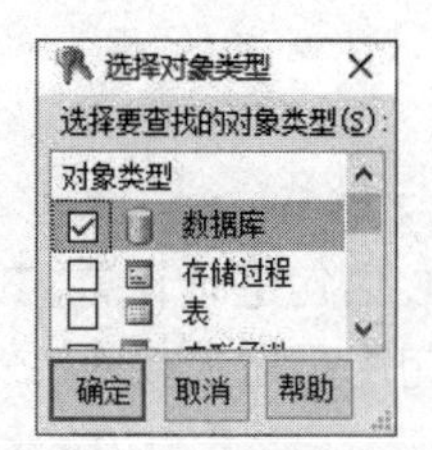

图 9-22　“选择对象类型”对话框

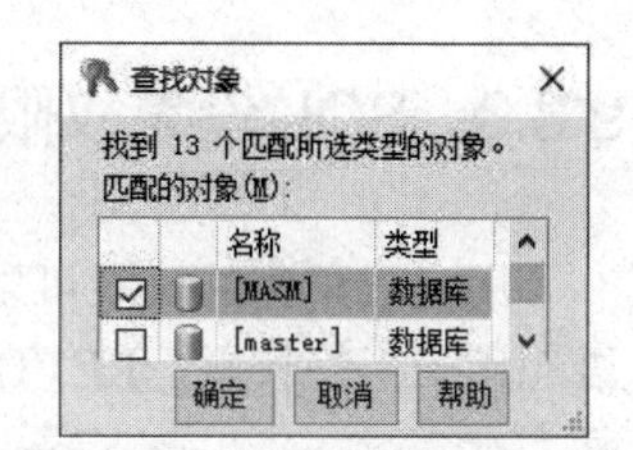

图 9-23　“查找对象”对话框

4．SSMS 设置角色对对象或数据库的权限

在 SSMS 的对象资源管理器中，展开服务器中指定数据库（这里是 MASM 数据库）下“安全性”结点下的“角色”选项，然后右击某个数据库角色名，如“db_rw”，在弹出的快捷菜单中执行“属性”命令，弹出“数据库角色属性”对话框，选择“安全对象”标签页，显示如图 9-24 所示界面，说明 db_rw 角色对 bj 表具有选择等权限，由例 9-09 可知，db_rw 角色的成员有 Stu2，所以 Stu2 用户对 bj 表具有选择等权限。

单击“搜索”按钮，弹出“添加对象”对话框，如图 9-20 所示，选择要添加的对象类别，这里选中“特定对象”单选按钮，然后单击“确定”按钮，弹出“选择对象”对话框，如图 9-25 所示，再单击“对象类型”按钮。

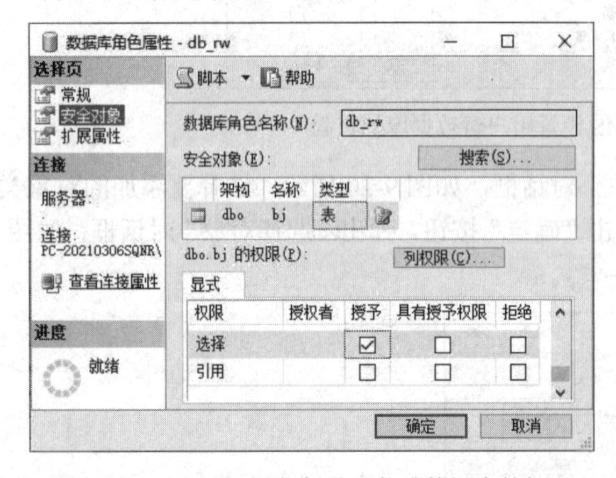

图 9-24　SSMS 设置角色对对象或数据库的权限

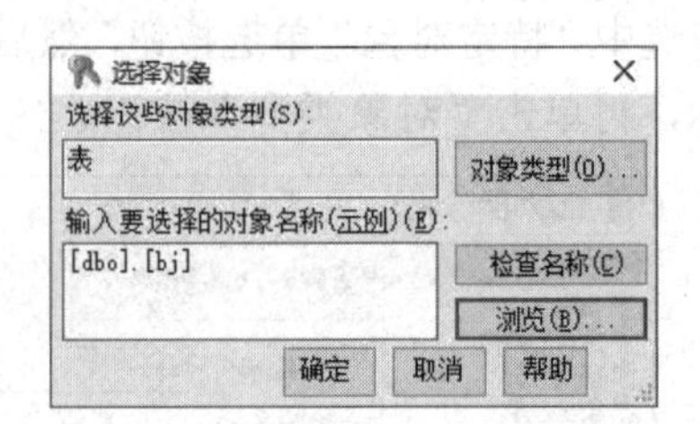

图 9-25　“选择对象”对话框

弹出“选择对象类型”对话框，如图 9-26 所示，这里选中“表”复选框，然后单击“确定”按钮，返回到图 9-25 所示界面，再单击“浏览”按钮，弹出“查找对象”对话框，如图 9-27 所示，以查找表对象，这里选择“bj”表，再单击“确定”按钮，返回到图 9-25 所示界面，最后单击“确定”按钮，返回到图 9-24 所示界面，只是多了一个安全对象表 bj 及 Stu 用户对 bj 表可设置的权限，如删除、选择、引用等的权限。

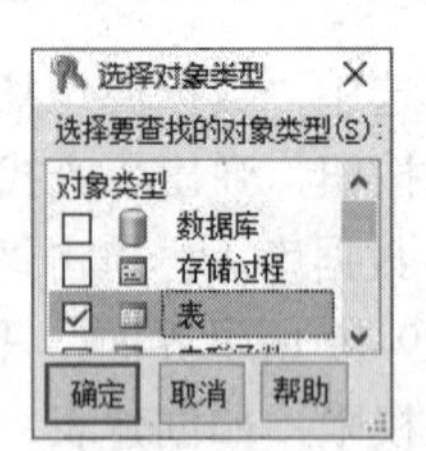

图 9-26　“选择对象类型”对话框

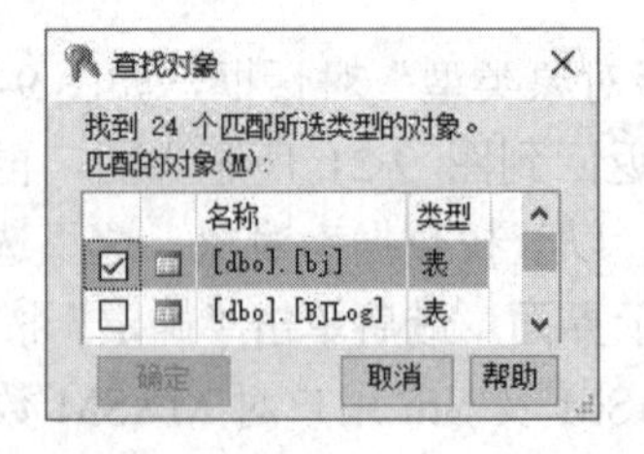

图 9-27　“查找对象”对话框

9.3.3　SQL 设置权限

用户或角色的权限可以用 SQL 语句进行设置，其中 GRANT 语句用于权限的授予，DENY 语句用于拒绝权限，REVOKE 语句用于撤销权限。

1．GRANT 语句授予权限

GRANT 语句可以授予用户或角色权限，语法格式如下：

```
GRANT { ALL [ PRIVILEGES ] }
        | permission [ ( column [ ,...n ] ) ] [ ,...n ]
        [ ON [ class :: ] securable ] TO principal [ ,...n ]
        [ WITH GRANT OPTION ] [ AS principal ]
```

参数说明如下。

（1）ALL：不推荐使用此选项，保留此选项仅用于向后兼容。它不会授予所有可能的权限。授予 ALL 参数相当于授予以下权限。

- 如果安全对象是数据库，则 ALL 对应 BACKUP DATABASE、BACKUP LOG、CREATE DATABASE、CREATE DEFAULT、CREATE FUNCTION、CREATE PROCEDURE、CREATE RULE、CREATE TABLE 和 CREATE VIEW。
- 如果安全对象是标量函数，则 ALL 对应 EXECUTE 和 REFERENCES。
- 如果安全对象是表值函数，则 ALL 对应 DELETE、INSERT、REFERENCES、SELECT 和 UPDATE。
- 如果安全对象是存储过程，则 ALL 表示 EXECUTE。
- 如果安全对象是表，则 ALL 对应 DELETE、INSERT、REFERENCES、SELECT 和 UPDATE。
- 如果安全对象是视图，则 ALL 对应 DELETE、INSERT、REFERENCES、SELECT 和 UPDATE。

（2）PRIVILEGES：包含此参数是为了符合 ISO 标准。请不要更改 ALL 的行为。

（3）permission：权限的名称。下面列出的例题介绍了不同权限与安全对象之间的有效映射。

（4）column：指定表中将授予权限的列的名称。需要使用圆括号()。

（5）class：指定将授予权限的安全对象的类。需要使用作用域限定符::。

（6）securable：指定将授予权限的安全对象。

（7）TO principal：主体的名称。可为其授予安全对象权限的主体随安全对象而异。有关有效的组合，请参阅下面列出的例题。

（8）GRANT OPTION：指示被授权者在获得指定权限的同时还可以将指定权限授予其他主体。

（9）principal：指定一个主体，执行该查询的主体从该主体获得授予该权限的权限。

【例 9-11】在当前库中向数据库角色 db_rw 添加 FL 表的 Select 和 Delete 权限。

```
Grant  Select,Delete  ON  FL  TO  db_rw
```

【例 9-12】在当前库中向数据库用户 Stu2 添加 FL 表的 Select 权限、“缺省选择”和“试题分类”两列的 Update 权限、Insert 权限。

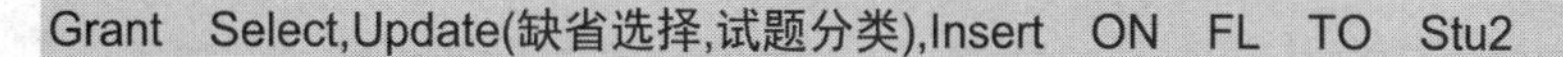

```
Grant  Select,Update(缺省选择,试题分类),Insert  ON  FL  TO  Stu2
```

2．DENY 语句拒绝权限

DENY 语句可以拒绝用户或角色权限，语法格式如下：

```
DENY { ALL [ PRIVILEGES ] }
        | permission [ ( column [ ,...n ] ) ] [ ,...n ]
        [ ON [ class :: ] securable ] TO principal [ ,...n ]
```

```
        [ CASCADE] [ AS principal ]
```

CASCADE 参数指示拒绝授予指定主体该权限，同时，对该主体授予了该权限的所有其他主体，也拒绝授予该权限。当主体具有带 GRANT OPTION 的权限时，为必选项。

其他参数同 GRANT。

【例 9-13】在当前库中拒绝数据库角色 db_rw 对 FL 表的 Delete 权限。

```
DENY   Delete   ON   FL   TO   db_rw
```

【例 9-14】在当前库中拒绝数据库用户 Stu2 对 FL 表的“试卷分类”列的 Select 和 Update 权限。

```
DENY   Select(试卷分类),Update(试卷分类)   ON   FL   TO   Stu2
```

执行该操作后，Stu2 用户将不能执行 Select * from FL 操作，但可以执行“Select [No],试题分类,缺省选择 from FL”操作。同时，不能对“试卷分类”列进行更新。

3．REVOKE 语句撤销权限

REVOKE 语句可以撤销以前授予或拒绝了的权限，语法格式如下：

```
REVOKE [ GRANT OPTION FOR ]
        {
          [ ALL [ PRIVILEGES ] ]
          |permission [ ( column [ ,...n ] ) ] [ ,...n ]
        }
        [ ON [ class :: ] securable ]
        { TO | FROM} principal [ ,...n ]
        [ CASCADE] [ AS principal ]
```

参数说明如下。

（1）GRANT OPTION FOR 指示将撤销授予指定权限的能力。在使用 CASCADE 参数时，需要具备该功能。

（2）CASCADE 指示当前正在撤销的权限也将从其他被该主体授权的主体中撤销。使用 CASCADE 参数时，还必须同时指定 GRANT OPTION FOR 参数。

【例 9-15】在当前库中撤销数据库用户 Stu2 对 FL 表的 Insert 权限。

```
REVOKE   Insert   ON   FL   TO   Stu2
```

REVOKE 语句可用于删除已授予的权限，DENY 语句可用于防止主体通过 GRANT 获得特定权限。

授予权限将删除对所指定安全对象的相应权限的 DENY 或 REVOKE 权限。如果在包含该安全对象的更高级别拒绝了相同的权限，则 DENY 优先。但是，在更高级别撤销已授予权限的操作并不优先。

习题 9

9-1　填空题

（1）SQL Server 提供两种身份验证模式，即________身份验证模式和________身份验证模式，前者登录时无须重新输入用户名和密码，后者登录时必须输入登录名和密码。

（2）SQL Server 账户登录必须满足两个前提条件：SQL 服务器身份验证模式必须允许________身份验证；SQL 服务器________可用。

（3）改变 SQL Server 身份验证模式后，必须________，设置才能生效。

（4）用 Create 创建登录名为'User2'、密码为'123456'的 SQL 语句是________________。

（5）用存储过程创建登录名为'User2'、密码为'123456'的 SQL 语句是________________。

（6）用存储过程将登录账号'User2'的密码由'123456'改为'654321'的 SQL 语句是________。

（7）用存储过程删除登录账号'User2'的 SQL 语句是________________。

（8）给当前数据库创建数据用户，用户名同服务器登录名'User2'，SQL 语句是________。

（9）用 Create 给当前数据库创建数据库角色'db_SI'，并指定数据库用户'User2'拥有该角色，SQL 语句是________。

（10）用存储过程给当前数据库创建数据库角色'db_SI'，并指定数据库用户'User2'拥有该角色，SQL 语句是________。

（11）删除数据库角色'db_SI'的 SQL 语句是________。

（12）用存储过程向当前数据库角色'db_SI'添加用户 User3，SQL 语句是________。

（13）用存储过程将当前数据库角色'db_SI'中的角色成员 User3 删除，SQL 语句是________。

（14）在当前数据库中向数据库角色 db_SI 添加 KC 表的 Select 和 Insert 权限，SQL 语句是________。

（15）在当前数据库中向数据库用户 User2 添加 KC 表的 Select 权限、CJM 列的 Update 权限、Insert 权限，SQL 语句是________。

（16）在当前数据库中拒绝数据库角色 db_SI 对 KC 表的 Update 权限，SQL 语句是________。

（17）在当前数据库中拒绝数据库用户 User2 对 KC 表的 XH 列和 CJM 列的 Select 和 Update 权限，SQL 语句是________。

（18）在当前数据库中撤销数据库用户 User2 对 KC 表的 Insert 权限，SQL 语句是________。

9-2 选择题

（1）SQL Server 登录时，以下服务器名称不能表示本地服务器的是（　　）。

A．127.0.0.1　　B．.（英文句号）

C．(LOCAL)　　D．LOCALHOST

E．LOCALSERVER

（2）SQL Server 重新启动后，不正确的叙述是（　　）。

A．服务器所有用户进程将被断开与服务器的连接

B．服务器所有用户进程需要重新连接服务器

C．服务器所有用户进程之前没有提交的数据将丢失

D．服务器所有用户进程之前已经提交的数据将被回滚

第 10 章　数据库设计

数据库是现代各种计算机应用系统的基础与核心，数据库设计的好坏直接影响整个系统的质量与效率，是数据库应用系统设计与开发的关键性工作。

10.1　数据库设计概述

什么是数据库设计呢？广义地讲，是指根据给定的应用环境，构造最优的数据库模式和物理结构，并据此建立数据库及其应用系统，使之能够有效存取数据，满足各种用户信息管理需求和数据操作需求的过程。狭义地讲，是设计数据库本身，即设计数据库的各级模式并建立数据库，这是数据库应用系统设计的一部分。本书重点讲解狭义的数据库设计。

10.1.1　数据库设计特点

1．数据库设计是一种“反复探寻，逐步求精”的过程

数据库设计是一个系统工程，不可能一气呵成，往往需要反复修改，其设计结果也不一定是唯一的。其设计过程充满了试探性，会遇到各种各样的要求和限制因素，它们之间可能是相互矛盾的，设计过程就是解决这些矛盾的过程，它是一个困难、复杂、耗时的过程。

2．数据库设计是“结构（数据）设计与行为（处理）设计”相结合的过程

数据库的结构（数据）设计是指根据给定的应用环境，进行数据库子模式、模式的设计，包括概念结构设计、逻辑结构设计和物理结构设计。数据库的行为设计是指通过应用程序、事务处理等对数据库操作的行为和动作。两者有机结合，能保证数据与程序的有机结合，提高系统各个处理过程的性能和质量。

10.1.2　数据库设计基本步骤

在数据库设计之前，首先必须选定参加设计的人员，包括数据库设计人员、用户、数据库管理员及应用程序开发人员。数据库设计人员是数据库设计的核心人员，他们将自始至终参与数据库设计，他们的水平决定了数据库系统的质量。用户和数据库管理员在数据库设计中也是举足轻重的，他们主要参加需求分析和数据库运行及维护，他们的积极参与（不仅仅是配合）不但能加快数据库设计，而且也是决定数据库设计质量的重要因素。应用开发人员（包括程序员和操作员）分别负责编制程序和准备软硬环境，他们在系统实施阶段参与进来。如果所设计的数据库应用系统比较复杂，还可以考虑使用数据库设计工具辅助。

按照规范设计方法，考虑数据库及其应用系统开发的全过程，数据库设计分为以下 6 个阶段：系统需求分析、概念结构设计、逻辑结构设计、物理结构设计、数据库实施、数据库运行与维护。设计一个完善的数据库系统往往是这 6 个阶段不断迭代完善的过程。

1．系统需求分析阶段

需求分析是整个数据库设计过程的基础，要收集数据库所有类别用户的信息要求、处理需求、安全性与完整性要求，并加以规格化处理和细致分析，这是最费时、最复杂的一步，也是最重要的一步。需求分析做得是否充分与准确，决定了构建数据库系统的速度和质量。

2．概念结构设计阶段

概念结构设计是把用户的信息需求进行综合、归纳与抽象，形成一个独立于任何 DBMS 软件和硬件的概念模型。最常用的概念结构设计的方法是 E-R 图。

3．逻辑结构设计阶段

逻辑结构设计是将抽象的概念模型，转换成所选用 DBMS 支持的逻辑数据模型，并对其进行优化。

4．物理结构设计阶段

物理结构设计是为一个给定的逻辑数据模型，选取一个最适合应用环境的物理结构，使数据库的运行达到某种性能要求，如存储空间、响应时间、处理频率、维护代价等。

5．数据库实施阶段

数据库实施阶段是根据逻辑设计和物理设计的结果建立数据库，把原始数据装入数据库，编制与调试应用程序，满足用户的处理要求。

6．数据库运行与维护阶段

数据库应用系统经过试运行后即可投入正式运行。在数据库系统运行过程中，必须收集和记录系统运行的实际数据用来评价数据库性能，必须有效处理数据库故障和进行数据库恢复，保持数据的完整性。必要时，可能要对数据库结构进行修改或扩充。

10.2　系统需求分析

需求分析是数据库设计的起点。需求分析的结果是否准确地反映了用户的实际需求，将直接影响后面各个阶段的设计，并影响到设计结果是否合理和实用。根据 V 模型可知，若系统需求分析不正确或误解，直到验收测试阶段才能发现，纠正起来则需要付出很大的代价。

10.2.1　需求分析任务

需求分析是对现实世界要处理的对象（组织、部门、企业）等进行详细的调查，通过对原系统的了解，明确用户的各种需求，收集支持新系统（要开发的系统）的基础数据，并对其进行处理，在此基础上形成用户与设计者都能接受的需要说明书。

10.2.2　需求分析调查

需求分析调查可以根据不同的问题和条件，使用不同的方法。如查阅单位网站、查看业务记录和票据等与原系统相关的资料，使用问卷调查、座谈会、个别访谈甚至是跟班作业等方式，亲自参与到用户工作中去，了解用户的实际需求，与用户达成共识。调查与初步分析用户的需求，通常需要 4 步。

1．调查组织机构情况

调查组织机构情况包括了解组织机构的作用、组成情况、各部门的职责、日常控制管理的信息需求，并预测未来发展潜在的信息要求，为分析信息流程做准备。

2．调查各部门的业务活动情况

调查各部门的业务活动情况包括了解各部门输入和使用什么数据、如何加工处理这些数据、输出什么信息、输出信息是什么格式、输出到什么部门。

3．协助用户明确对新系统的各种要求

在熟悉业务活动的基础上，协助用户明确对新系统的各种要求，包括信息要求、处理要求、完整性与安全性要求等。

4．确定新系统的边界

确定哪些功能由计算机完成或将来准备让计算机完成，确定哪些活动由人工完成，由计算机完成的功能就是新系统要完成的功能。

10.2.3　需求分析方法

调查了解用户需求以后，还需要进一步分析与表达用户需求。分析与表达用户需求通常采用自上而下的结构化分析方法（Structured Analysis，SA）。该方法从最上层的系统组织结构入手，采用逐层分解的方式分析，并用数据流图和数据字典描述系统。

1．数据流图

数据流图（Data Flow Diagram，DFD）用于描述数据在系统中流动和处理的过程。数据流图以图形的方式表现，表示方法主要有两种：DeMarco-Yourdon 表示法和 Gane-Sarson 表示法。在数据流图中，外部实体是数据流的源点或终点，通常是系统之外的人员或组织等，DeMarco-Yourdon 表示法用矩形表示，Gane-Sarson 表示法用双矩形或矩形表示，如图 10-1 所示；数据流用命名的箭头表示，名字表示流经的数据，箭头表示数据流动的方向，如图 10-2 所示；过程表示数据的处理或加工，是对数据进行的操作，DeMarco-Yourdon 表示法用圆圈表示，Gane-Sarson 表示法用圆角矩形表示，如图 10-3 所示，其中 ID 通常用形如“X.X…”的数字编号表示，小数点左边的为父图编号，小数点右边的为子图编号；数据存储是引用或存储的数据，表示数据表或文件等，DeMarco-Yourdon 表示法用直线段或双线段表示，Gane-Sarson 表示法用缺右边的矩形或圆角矩形表示，如图 10-4 所示。

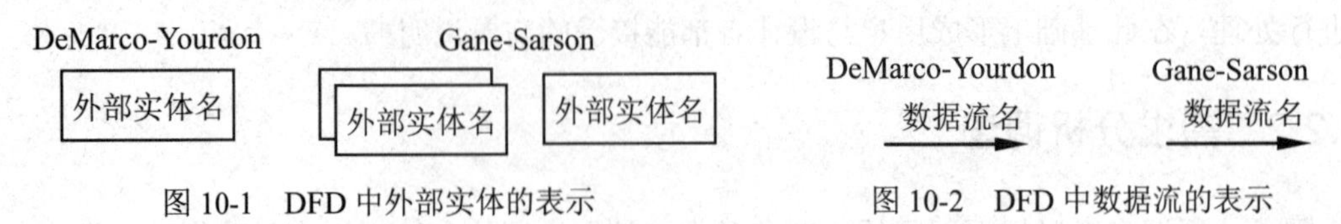

图 10-1　DFD 中外部实体的表示　　　图 10-2　DFD 中数据流的表示

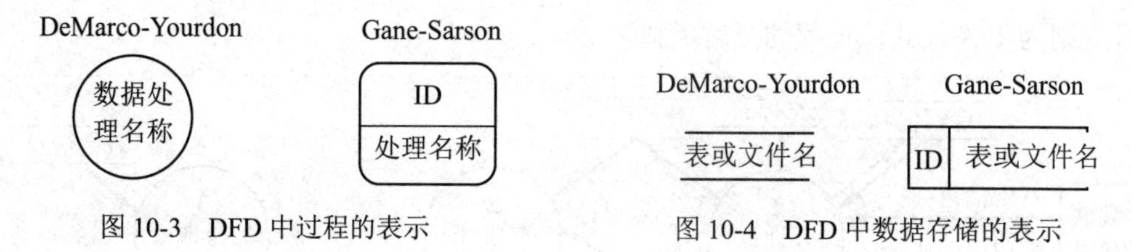

图 10-3　DFD 中过程的表示　　　　　　　　图 10-4　DFD 中数据存储的表示

绘制数据流图时，一般坚持由外向里、由顶向下、逐层分解的原则。在分层结构中，DFD 定义了 3 个层次类别的 DFD 图：上下文图（Context Diagram）、第 0 层图（Level-0 Diagram）和第 N 层图（Level-N Diagram，$N>0$）。上下文图是最高层次的图，将整个系统看作一个过程，通常编号（ID）为 0，如图 10-5 所示；位于上下文图下面一层的是第 0 层图，是对单一过程的第一次功能分解，在一个图中概括系统的所有功能；第 0 层图的每个过程都可以进行分解，以展示更多的细节。被分解的过程称为父过程，分解后的 DFD 称为子图，如第 0 层图分解产生的子图称为第 1 层图，以此类推。

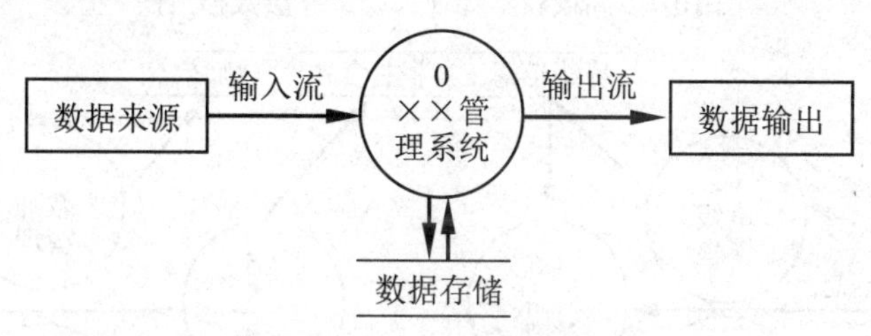

图 10-5　数据流图

说明：有的将顶层称为第 0 层，将概括系统所有功能的层称为第 1 层，其他层以此类推。

【例 10-01】某高校教学管理系统业务描述如下：首先学院教学秘书根据学校基本情况管理基础信息，包括课程信息、班级信息、教师信息、教室信息、学生信息；然后在指定学年和学期根据课程信息和当前的班级信息制作开课计划，生成开课信息；根据开课信息和教师信息制作教学任务，生成任课信息；根据任课信息和教室信息制作课程表，生成上课时间信息；根据任课信息和学生信息生成选修关系，产生不含成绩信息的成绩登记表；任课教师登录成绩，产生含成绩信息的成绩登记表。画出处理过程的数据流图。

高校教学管理系统的上下文图如图 10-6 所示，第 0 层数据流图如图 10-7 所示，图中编号应为 0.1、0.2、…、0.5，通常删除前面的“0.”，所以编号为 1、2、…、5。

图 10-6　高校教学管理系统顶层数据流图

高校教学管理系统的第 1 层数据流图（开课计划管理部分）如图 10-8 所示。其中课程管理、班级管理、教师管理、教室管理、学生管理由学院教学秘书完成相应信息的增删改，开课管理由学院教学秘书根据学年、学期、课程信息和班级信息增删改×学年×学期×课×班的开课信息，这里可能出现某课由多个班合班上课的情况。

第 0 层图中的每个过程都可以进行逐层分解，以展示更多的细节。子图中过程的编号需要以父过程的编号为前缀。例如，图 10-8 是对图 10-7 中过程 1 进行分解得到的子图，其过程的编号规则为 1.×。其他过程的分解类似。

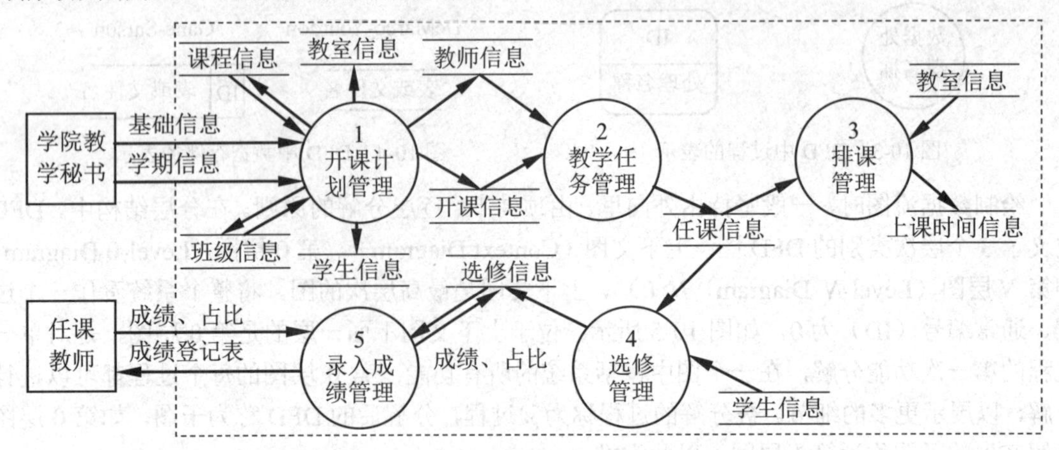

图 10-7　高校教学管理系统第 0 层数据流图

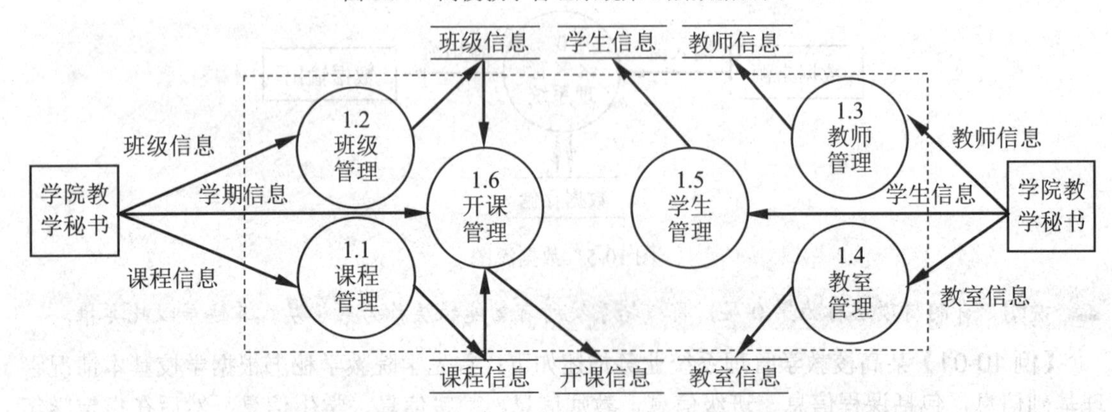

图 10-8　高校教学管理系统第 1 层（开课计划管理部分）数据流图

2．数据字典

数据字典（Data Dictionary，DD）是各类数据描述的集合，也是对数据流图中包含的所有元素的定义的集合。数据字典通常包括数据项、数据结构、数据流、数据存储、数据处理和外部实体 6 个部分，数据项和数据结构是根据数据处理过程的需要而增设的，外部实体不在系统之内，一般无须描述。

1）数据项条目

数据项是数据的最小组成单位，也称为属性、字段、域等，如课程号、课程名、学分等。多数数据项较简单，无须定义，有些数据项含义特殊，需要定义。数据项通常包括名称、编号、别名、简述、类型、长度、取值范围及含义等。

数据字典常使用类似于 BNF（巴柯斯范式）的说明技术，常用说明符号如表 10-1 所示。

表 10-1　数据字典常用的说明符号

符　号	含　义	示　例
• •	连接符，表示取某个区间的任一个值	“2020” • • “2030”
=	等价于、定义为、包含、由…构成	月=“01” • • “12”，日=“01” • • “31”
+	“与”或“和”，即连接两个分量	生日=月+日，课程=课号+课名+学分
$\{\dots\}_n^m$ 或 $n\{\cdots\}m$	重复{ }中的“…” n 到 m 次	固话区号 = 0 + $\{0-9\}_2^3$ 或 0+2{0-9}3

续表

符　号	含　义	示　例
(…)	()中内容“…”可选，等价于$\{?\}_0^1$	固话=(区号)+本地号
[?|?|…]	在[ ]中“|”分隔的内容“?|?|…”中任选一个	学期=[1|2|3]或[1・・3]
@	指定数据存储（表）中的关键字	课程=@课号+课名+学分
**	注释	3{0-9}4　**固话区号为 3～4 位数字

【例 10-02】数据项条目课程号的定义格式，并给出具体含义。

数据项名称：课程号。

编号：E0101。

别名：课程编号，课程代码，课程编码，课号。

简述：每门课程的编号，不同课程可以同名，但不允许有相同编号。

类型：字符串（char 或 nchar）。

长度：10。

取值范围及含义：

第 1～2 位：“00”・・“99”，表示开课学院，如“08”表示信息工程学院；

第 3 位：“1”・・“5”，分别表示本科、专科、闽台、国际教育、研究生课程；

第 4 位：“1”・・“3”，分别表示理论课、理论含实验课、独立设置实验课；

第 5 位：“1”・・“6”，分别表示通识必修课、通识选修课、专业核心课、方向课、任选课、集中实践课；

第 6～7 位：[“0”・・“9”]+[“0”|“5”]，第 6 位表示学分个位数，第 7 位表示学分十分位数，如“15”表示 1.5 学分；

第 8～10 位：“001”・・“999”，按课程类别从 001 开始编排的流水号。

一般以表格形式给出所有数据项的定义，如表 10-2 给出例 10-01 所涉及的主要数据项的定义。

表 10-2　数据项定义

编　号	数据项名	简　述	别　名	数据类型	取值范围及含义
I-0101	课程号	每门课程的编号	课程编号等	char(10)	2 位学院、1 位层次、1 位类型、1 位类别、2 位学分、3 位流水号
I-0102	课程名	每门课程的名称	课程名称	char(50)	汉字、字母、数字
I-0103	学分	每门课程的学分		int	1～5
I-0201	班号	班级名称的简称	班级简称	char(30)	2 位数字年份、2～3 位汉字、1 位序号
I-0202	班名	班级的名称		char(60)	4 位数字年份、2～30 位汉字
I-0203	人数	班级的人数		int	
I-0301	工号	教师的工号	教工号	char(8)	前 4 位入校年份、后 4 位流水号
I-0302	姓名			char(20)	汉字、字母
I-0401	教室名		教室名称	char(20)	汉字、字母、数字
I-0402	类型			char(20)	多媒体教室、机房、实验室等
I-0403	座位数			int	10・・120

续表

编　　号	数 据 项 名	简　　述	别　　名	数 据 类 型	取值范围及含义
I-0501	学号	学生的学号	学生 ID	char(11)	4 位年级、2 位学院、2 位专业、1 位班级序号、2 位学生序号
I-0601	学年			char(9)	4 位年份、“-”、4 位年份
I-0602	学期			int	[1|2|3]
I-0701	平时占比	平时成绩的比例	平时比例	float	0・・100
I-0702	期中占比	期中成绩的比例	期中比例	float	0・・100
I-0703	实验占比	实验成绩的比例	实验比例	float	0・・100
I-0704	期末占比	期末成绩的比例	期末比例	float	0・・100
I-0801	起始周	校历上课第一周		int	1・・18
I-0802	终止周	上课最后一周		int	1・・18
I-0803	星期	星期几		int	1・・7
I-0804	节	第几节上课		int	1・・15
I-0901	平时	平时成绩		int	0・・100
I-0902	期中	期中成绩		int	0・・100
I-0903	实验	实验成绩		int	0・・100
I-0904	期末	期末成绩		int	0・・100
I-0905	总评	总评成绩		int	0・・100，由 4 种成绩按比例计算

2）数据结构条目

数据结构反映了数据之前的组合关系，一个数据结构可以由若干个数据项组成，也可以由若干数据结构组成，甚至由若干数据项与数据结构混合组成。一般以数据表的形式表现。

例如，依据以上高校教学管理系统数据流图，定义数据结构如表 10-3 所示。

表 10-3　数据结构定义

编　　号	数据结构名	组　　成	简　　述
DS01	课程信息	课程号+课程名+学分	课程信息
DS02	班级信息	班号+班名+人数	班级信息
DS03	教师信息	工号+姓名 工资津贴，应扣合计，实发工资	教师信息
DS04	教室信息	教室名+类型+座位数	教室信息
DS05	学生信息	学号+姓名	学生信息
DS06	基础信息	DS01+DS02+DS03+DS04+DS05	
DS07	学期信息	学年+学期	
DS08	开课信息	学年+学期+班号+课程号	×学年×学期×班×课的开课信息
DS09	占比	平时占比+期中占比+实验占比+期末占比	每一任课关系有各自的成绩分数占比
DS10	任课信息	工号+开课信息+占比	×老师×学期担任×班课的任课信息
DS11	上课时间信息	起始周+终止周+星期+节+教室名+任课信息	记录×任课第×～×周星期×第×节在×教室上课的信息
DS12	成绩	平时+期中+实验+期末+总评	每一学生的成绩最多由 5 种成绩组成
DS13	选修信息	任课信息+学生信息+成绩	×任课下×学生成绩

3）数据流条目

数据流由一组固定成分的数据组成，表示数据的来源和去向。在DFD中，有以下几种情况：从加工流向加工；从加工流向数据存储（保存）；从数据存储流向加工（读取）；从外部实体流向加工（输入）；从加工流向外部实体（输出）。DFD中，除了与数据存储关联的数据流有时可以无名字外，每个数据流都有明确的名字，且不允许数据流名字相同但表示的数据不同。

例如，依据以上高校教学管理系统数据流图，定义数据流如表10-4所示。

表10-4　数据流定义

编　号	数据流名	组　成	来　源	去　向	平均流量	最大流量
DF01	课程信息	DS01	教学秘书	课程、开课管理	3×100×10门/学期	3×130×13门/学期
DF02	班级信息	DS02	教学秘书	班级、开课管理	新增100个班/年	新增130个班/年
DF03	教师信息	DS03	教学秘书	教师、任务管理	初次约700人	新增50人/年
DF04	教室信息	DS04	教学秘书	教室、排课管理	初次约700间	新增100间/年
DF05	学生信息	DS05	教学秘书	学生、选修管理	新增4000人/年	新增4200人/年
DF06	基础信息	DS06	教学秘书	开课计划管理	约7300条记录/年	约9550条记录/年
DF07	学期信息	DS07	教学秘书	开课管理	3×100×10门/学期	3×130×13门/学期
DF08	开课信息	DS08	教学秘书	开课信息存储	3×100×10门/学期	3×130×13门/学期
DF09	占比	DS09	任课教师	成绩录入管理	3×100×10门/学期	3×130×13门/学期
DF10	任课信息	DS10	教学任务管理	任课信息存储	3×100×10门/学期	3×130×13门/学期
DF11	上课时间信息	DS11	排课管理	上课时间信息存储	1000份/学期	1000份/学期
DF12	成绩	DS12	任课教师	成绩录入管理	3×100×10份/学期	3×130×13份/学期
DF13	选修信息	DS13	选修管理	选修信息存储	3×100×10份/学期	3×130×13份/学期
DF14	成绩登记表	DS10	录入成绩管理	任课教师	3×100×10份/学期	3×130×13份/学期

4）数据存储条目

数据存储是在数据处理过程中产生的数据表或需要查询的信息，包括数据存储的编号、名称、组成、数据量（最大记录数）、组织方式（索引、主键等）、查询要求等。

例如，依据以上高校教学管理系统数据流图，定义数据存储如表10-5所示，其中数据量按10年记录数统计。

表10-5　数据存储定义

编　号	数据存储名	组　成	来　源	去　向	数据量	组织方式
TB01	课程信息	DS01	课程管理	开课管理	5万条记录	主键课程号、索引课程名
TB02	班级信息	DS02	班级管理	开课管理	1300条记录	主键班号、索引班名
TB03	教师信息	DS03	教师管理	教学任务管理	1500条记录	主键工号、索引姓名
TB04	教室信息	DS04	教室管理	排课管理	1700条记录	主键教室姓名
TB05	学生信息	DS05	学生管理	选修管理	4万条记录	主键学号、索引姓名
TB06	开课信息	DS08	开课管理	教学任务管理	5万条记录	主键班号+课程号

续表

编　号	数据存储名	组　成	来　源	去　向	数 据 量	组 织 方 式
TB07	任课信息	DS10	教学任务管理	排课管理	5 万条记录	主键班号+课程号+工号
TB08	上课时间信息	DS11	排课管理		1.3 万条记录	主键班号+课程号+工号
TB09	选修信息	DS13	选修管理	录入成绩管理	5 万份记录	主键课程号+学号

5）数据处理条目

数据处理又称为过程、处理过程、数据加工，是把输入数据流变换成输出数据流的过程，包括数据处理的编号、名称、组成、输入和输出数据流、主要处理操作、处理频率等。

例如，依据以上高校教学管理系统数据流图，定义数据处理如表 10-6 所示。

表 10-6　数据处理定义

编　号	数据处理名	输入数据流	输出数据流	处　理	处 理 频 率
P1	开课计划管理	基础信息、学期信息	基础信息、开课信息	录入学期与基础信息；生成开课信息	1 次/学期
P1.1	课程管理	课程信息	课程信息	录入课程信息；保存课程信息表	1 次/学期
P1.2	班级管理	班级信息	班级信息	录入班级信息；保存班级信息表	1 次/年
P1.3	教师管理	教师信息	教师信息	录入教师信息；保存教师信息表	1 次/学期
P1.4	教室管理	教室信息	教室信息	录入教室信息；保存教室信息表	1 次/学期
P1.5	学生管理	学生信息	学生信息	录入学生信息；保存学生信息表	1 次/年
P1.6	开课管理	学期信息、班级信息、课程信息	开课信息	录入学期信息、班级信息、课程信息；保存开课信息表	1 次/学期
P2	教学任务管理	教师信息、开课信息	任课信息	录入教师信息、开课信息；保存任课信息表	1 次/学期
P3	排课管理	任课信息、教室信息	上课时间信息	录入任课信息、教室信息；保存上课时间信息表	1 次/学期
P4	选修管理	任课信息、学生信息	选修信息	录入任课信息、学生信息；保存选修信息表	1 次/学期
P5	录入成绩管理	选修信息、成绩、占比	成绩登记表	录入成绩、占比；完善选修信息表；输出成绩登记表	1 次/学期

6）外部实体条目

外部实体条目主要说明外部实体产生的数据流和传给外部实体的数据流以及该外部实体的数量，包括外部实体的编号、名称、简述、输入和输出数据流、数量等。

例如，依据以上高校教学管理系统数据流图，定义外部实体如表 10-7 所示。

表 10-7　外部实体定义

编　号	外部实体名	简　述	输入数据流	输出数据流	数　量
EE01	学院教学秘书	输入基础信息，生成开课信息、任课信息、上课时间信息、选修信息	DF06+DF07→P1	P1→DF06	20 人
EE02	任课教师	输入成绩、占比，生成成绩登记表	DF12+DF13→P5	P5→DF14	700 人

10.2.4　需求分析报告

系统需求分析的结果是产生用户和设计者都能接受的需求分析报告，又称为需求规范说明书、需求分析说明书、系统说明书、系统功能需求报告，作为数据库概念结构设计的基础。需求规范说明书是对需求分析阶段的一个总结。编写系统需求分析报告是一个不断反复、逐步深入和逐步完善的过程。参考ISO标准，系统需求分析报告应包括如下内容。

1．报告编写的目的和系统的背景、现状、目标、用户特点、假定和约束、范围等

报告编写的目的是指出预期的读者（主要是项目开发相关团队与人员）及任务要求等；背景包括待开发系统的名称、开发者、用户等；现状包括原系统的主要业务和问题等；新系统要实现的目标包括技术目标、经济目标、管理目标等；用户特点指用户的教育水平和预期使用频率等；假定因素又称假设因素，可能包括计划使用某商业组件、某界面将符合特殊设计、用户会熟练使用SQL、运行环境问题等；约束主要指开发期限、经费限制、人员约束、设备要求等；新系统的范围主要指服务对象和用户等。

2．系统功能说明、性能说明、技术说明、故障说明等

以数据流图、数据字典、决策树、决策表、功能栅格图、功能模块图等手段描述系统主要功能；以数据精度、响应时间、吞吐量、并发用户数、健壮性、可靠性、正确性、安全性等进行性能说明；以记录数、存储容量等进行技术说明；以可能的软硬件故障及可能的后果与处理要求进行故障说明。

3．运行环境说明

说明运行本系统需要的软硬件环境和通信协议以及与其他系统的接口等。

4．系统开发计划

系统开发方案及筛选结果、系统开发方式及实施计划等。

完成系统分析报告后，在项目单位的领导下，要组织有关技术专家进行需求评审，这是对需求分析结果的再审查。审查通过后，由项目方（用户）和开发方负责人签字确认。

10.3　概念结构设计

系统需求分析报告得到的用户需求是面向现实世界的具体要求，需要对其进行综合、归纳和抽象，将其转换为反映用户观点的信息结构（即概念模型），这就是概念结构设计。概念结构独立于数据库逻辑结构、独立于具体的DBMS，概念结构设计是整个数据库设计的关键，通常用E-R模型来描述。

10.3.1　概念结构设计的方法

数据库概念结构设计常采用如下4种方法。

（1）自顶向下：根据用户需求，先定义全局概念结构框架即全局 E-R 模型，然后分层展开，逐步细化，得到局部 E-R 模型。

（2）自底向上：根据用户的每个具体需求，先定义各局部应用的概念结构，然后将它们集成，逐步抽象，最终产生全局概念结构。

（3）逐步扩张：首先定义最重要的核心概念结构，然后向外扩充，以滚雪球的方式逐步生成其他概念结构，直至生成全局概念结构。

（4）混合策略：将自顶向下和自底向上相结合，用自顶向下策略设计一个全局概念结构框架，以它为骨架集成由自底向上策略设计的各局部概念结构。

其中，最经常采用的方法是自底向上方法，即先进行自顶向下的需求分析，再进行自底向上的概念设计。

10.3.2　概念结构设计的主要步骤

概念结构设计一般可分为 3 个步骤来完成。

（1）进行数据抽象并设计局部 E-R 模型。

（2）将集成局部 E-R 模型综合成全局概念模式。

（3）审核和验证全局的概念结构。

10.3.3　数据抽象

所谓数据抽象，是对实际的人、事、物和概念进行人为处理，忽略非本质的细节，抽取所关心的共同特性，并把这些特性用各种概念精确地加以描述，这些概念组成了某种模型。一般有 3 种数据抽象。

1．分类（Classification）

分类定义了某一类概念作为现实世界中的一组对象的类型，将一组具有某些共同的特性和行为的对象抽象为一个实体。对象与实体之间是“is member of”的关系。例如，在教学管理中，张磊是一名学生，表示“张磊”是“学生”实体中的一员，即一个实例，他具有学生所共同的特性和行为，如在某个专业学习、选修某些课程等。

2．聚集（Aggregation）

聚集又称为聚合，定义了某一类型的组成成分，将对象类型的组成成分抽象为实体的属性。组成成分与对象之间是“is part of”的关系。例如，学号、姓名、性别、系别可以抽象为学生实体的属性。为了简化 E-R 图，区分实体与属性时，应当遵循的原则是“现实世界的事物能作为属性对待的，尽量作为属性对待”。具体应用时，可遵循如下 3 个基本准则进行划分。

（1）“属性”不能再具有需要描述的性质，是不可分割的数据项，不能包含其他属性，也就是说，属性不能是另外一些属性的聚集。

（2）属性也不能与其他实体具有联系，所有的联系只能是实体间的联系，而不能有属性与其他实体之间的联系。

（3）如果一个对象需要进一步描述，并需要处理该对象与其他实体间的联系，可以考虑将该对象作为实体；如果对象只是用来描述另一个实体，则可将该对象抽象为一个属性。

例如，病人实体的属性集（住院号，姓名，病房号）中，病房号作为病人实体的一个属性，不能与医生实体发生联系；若要体现一个医生负责若干病房，则应将病房作为一个实体，病房和病人之间、医生与病房之间都是 1∶*N* 联系，如图 10-9 所示。

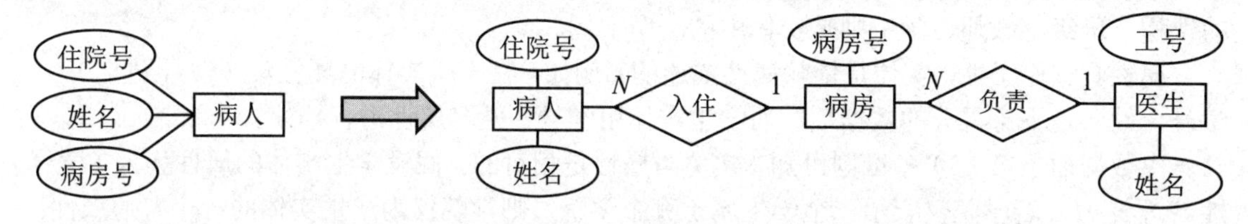

图 10-9　病房由病人的属性变成独立的实体

再例如，出版社可以作为图书实体的一个属性，不能与图书实体发生联系。若出版社要进一步描述地址和联系人等信息，则可以考虑将出版社对象作为实体，体现出版社和图书之间是 1∶*N* 联系，如图 10-10 所示。

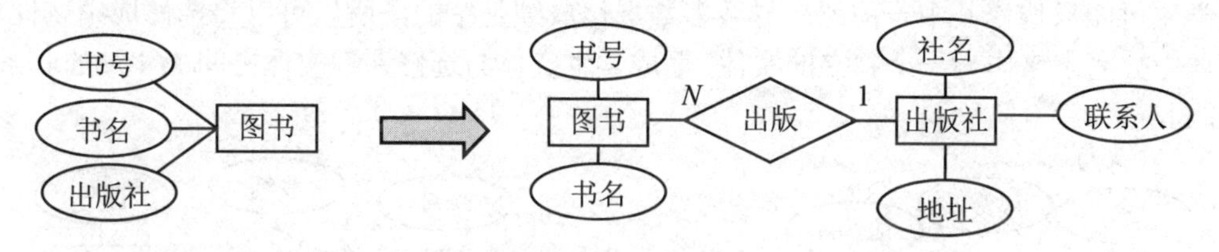

图 10-10　出版社由图书的属性变成独立的实体

3．归类（Generalization）

归类定义了类型之间的一种子集关系，它抽象了类型之间是“is subset of”的关系，反映了继承性。例如，学生是一个实体，专科生、本科生、研究生也是实体，但它们都是学生实体的子集。通常把学生称为超类，专科生、本科生、研究生称为学生的子类。

10.3.4　局部 E-R 模型

利用上述数据抽象机制，对需求分析阶段收集到的数据（数据字典、数据流图）进行分类组织（聚集），形成实体、实体的属性、标识实体的码（主键），确定了实体之间的联系类型，以便设计局部 E-R 模型。具体设计过程一般分成以下 4 个步骤。

1．确定局部 E-R 模型的范围

根据需求分析阶段所产生的文档可以确定每个局部 E-R 模型描述的范围。通常的方法是将整体的功能划分为多个系统，每个系统又分为多个子系统。设计局部 E-R 模型的第一步就是划分适当的系统或子系统，划分过细或过粗都不太合适，划分过细将造成大量的数据冗余和不一致，过粗则有可能漏掉某些实体。一般遵循以下两条原则进行功能划分。

1）独立性原则

划分在一个范围内的应用功能具有独立性和完整性，与其他范围内的应用有最少的联系。

2）规模适度原则

局部 E-R 图的规模应适度，一般以 6 个左右实体为宜。

2．确定局部 E-R 图的实体及其属性

根据需求分析说明书和局部 E-R 模型的范围，将数据需求和处理需求中涉及的数据对象进行分类组织，确定数据对象是实体、联系还是属性。

高校教学管理系统的教师任课子系统中，课程、班级、教师、学生都是实体，某一具体的课程、班级、教师、学生则是实体中的一个实例。

属性具有原子性，实体是依赖属性描述的。例如，在学生实体的属性集（学号,姓名）中，学号、姓名是不可再分的数据项，而学生实体用学号、姓名属性进行描述。

由数据抽象第（3）条准则可知，实体与属性是相对的。假设学生实体的属性集为（学号,姓名,学院），若学院仅表示一个学生属于哪个学院，则学院仅为学生实体的一个普通属性；若要对学院进行进一步描述，提供院长、办公地址、联系电话等信息，则要将学院作为一个实体处理，而学生实体中的学院属性仅作为学生实体的一个外键。

多值属性可以考虑作为实体。假设学生实体的属性集为（学号,姓名,选修成绩 1,选修成绩 2,选修成绩 3,选修成绩 4,选修成绩 5），此时可以考虑将选修成绩作为一个独立的实体，因为多数学生可能只选修其中一门课，导致多数选修成绩是空的，所以可以将选修成绩属性从学生实体中分离出来作为一个独立的实体，形成学生实体与选修课程实体之间 M∶N 的联系（见图 10-11）。

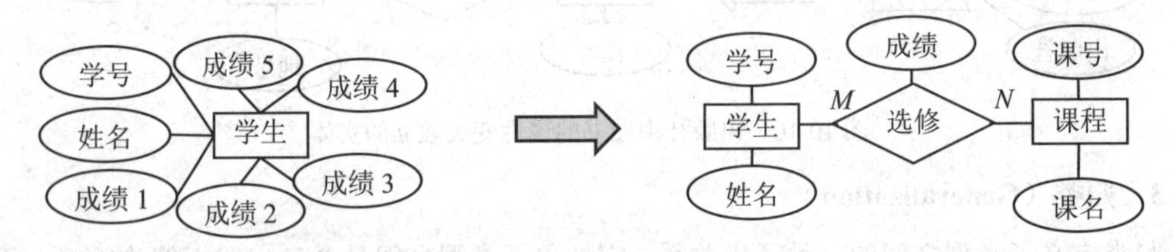

图 10-11　选修成绩由学生的多个属性变成独立的课程实体

确定完所有的实体和属性，再对实体进行归类，把具有共性的实体归为一类。例如，专科生、本科生、研究生具有共性，可以把它们归为一类，然后用泛化关系表示出来。

3．确定实体间的联系及其属性

联系是实体之间关系的抽象表示，是现实世界中客观事物之间关系的描述。实体之间的联系可能是同一实体内部的联系，也可能是不同实体之间的联系；实体之间的联系可能是两个实体之间的二元联系，也可能是多个实体之间的多元联系；两个实体之间的联系可能是一对一、一对多或多对多联系。具体要根据问题的语义或事务的规则来确定联系的类型。例如，读者与图书两个实体具有语义：每一个读者可借阅多本图书，每一本图书只可被一个读者借阅，则读者与图书两个实体之间的借阅联系是 1∶N 联系；每一个读者可借阅多本图书，每一种图书可被多个读者借阅，则读者与图书两个实体之间的借阅联系是 M∶N 联系。

有关实体之间的联系需要说明以下 3 点。

1）联系的属性

联系本身的属性是两个实体之间的联系发生时才产生的属性。联系的属性根据不同的联系方式进行不同的处理，1∶1 联系时，可以将其中“1”的一方的联系属性与关键字一起纳入另一方实体对应的关系中；1∶N 联系时，可以将其中“1”的一方的联系属性与关键字一起纳入“N”的一方实体对应的关系中；M∶N 联系时，需要单独建立一个关系，将两个实体的关键字与联系的属性一起纳入该关系中。

2）冗余的联系

冗余的联系是指可以由若干联系导出的联系。例如，假设每个教师讲授多门课程，每门课程可以由多个教师讲授，一个学生可以选修多门课程，一门课程由多个学生选修，由此可知，教师与课程、课程与学生之间是多对多联系且具有传递性，可以推导出教师与学生之间是多对多的授课联系，因此，图 10-12 所示的授课联系是冗余的联系。

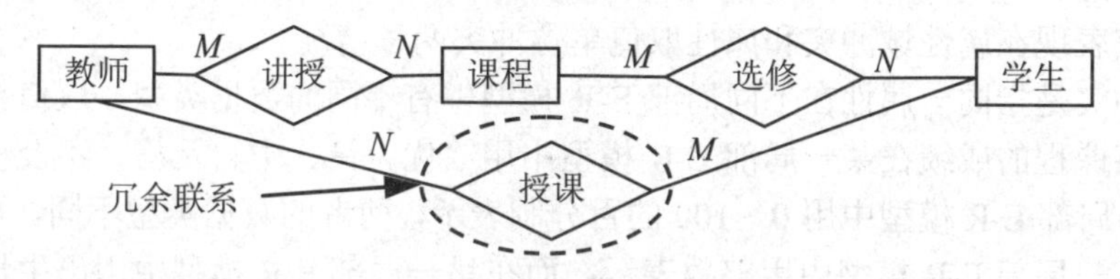

图 10-12　课程与学生之间冗余的选修联系

3）简化的 E-R 图

有时为了使 E-R 图简洁明了，常将图中实体的属性省略，而着重反映实体之间的联系。

4．E-R 模型的操作

在数据库设计过程中，常常要对 E-R 图进行种种变化，称为 E-R 模型的操作，具体包括实体类型、联系类型和属性的分裂、合并增删等。

根据不同用户的信息需求，设计对应的局部 E-R 模型，是全局 E-R 模型的基础。

例如，依据以上高校教学管理系统，定义各学院教师任课情况局部 E-R 图如图 10-13 所示。

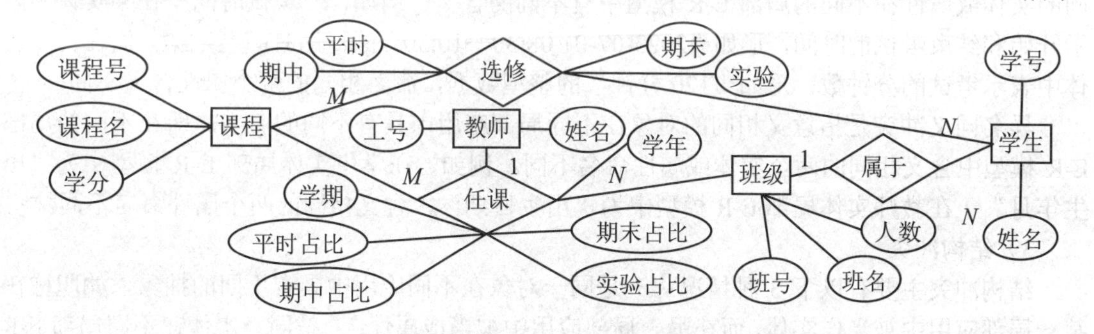

图 10-13　各学院教师任课、学生选修情况局部 E-R 图

这里需要说明的是，教学秘书根据课程、班级生成任课信息，每生成一条记录，就相当于确定了一个班级学生的选修关系，比根据课程、学生生成选修关系工作效率高，若按每个班级 50 个学生计算，则前者每添加一条记录就相当于后者添加 50 条记录，是 50 倍工作量的关系。任课关系确定后，选修关系便可以自动生成，无须额外增加工作量。每一门课程各种成绩的占比可能因班级而异，故 4 个占比属性作为任课关系的属性；而 4 种成绩作为选修关系的属性；教师与任课关系之间是一对多的联系，可作为任课关系的一个属性，因教师又有工号、姓名等多个属性，故作为一个实体。

10.3.5　集成全局 E-R 图

所有局部 E-R 模型设计好后，就要将其综合成全局的概念结构图。集成时，一般分两步进行。

1．消除冲突，合并局部 E-R 图，生成初步全局 E-R 图

各局部应用所面对的问题不同，且通常是由不同的设计人员进行局部视图设计，这就导致各局部 E-R 图之间会存在不一致的地方，称之为冲突。各局部 E-R 图之间的冲突主要有 3 类：属性冲突、命名冲突和结构冲突。

1）属性冲突

属性冲突表现在属性域冲突和属性取值单位冲突两种情况。

属性域冲突是指同一属性在不同局部 E-R 模型中有不同的数据类型、取值范围、取值集合。例如，某课程的成绩在某一局部 E-R 模型中用“优、良、中、及格、不及格”五级制表示，而在另一局部 E-R 模型中用 0～100 的百分制表示，两者的数据类型不同。再例如，某学生的年龄在某一局部 E-R 模型中用整数表示，而在另一局部 E-R 模型中用出生日期表示，两者的数据类型不同。

属性取值单位冲突是指同一属性在不同局部 E-R 模型中有不同的度量单位。例如，某财务报表的金额在某一局部 E-R 模型中以万元为单位，而在另一局部 E-R 模型中以元为单位，两者的度量单位不同。

2）命名冲突

命名冲突主要表现在属性名、实体名或联系名之间的冲突，有同名异义冲突和异名同义冲突两种。

同名异义冲突是指不同意义的对象在不同的局部应用中具有相同的名字，即两个命名相同的实体或属性在不同的局部 E-R 模型中有不同的含义。例如，“考试时间”在某实体中表示开始和结束考试的时间，形如“2023-07-01 08:30—10:30”的日期时间型数据，而在另一实体中表示考试的分钟数，形如“120 分钟”的整型数据，命名相同的两个属性含义不同。

异名同义冲突是指意义相同的对象在不同局部应用中具有不同的名字，即在不同的局部 E-R 模型中含义相同的两个实体或属性命名不同。例如，在学生实体局部 E-R 模型中为“出生年月”，在教师实体局部 E-R 模型中为“出生日期”，含义相同的两个属性命名不同。

3）结构冲突

结构冲突主要有以下 3 种情况：一是同一对象在不同应用中具有不同的抽象，如职称在某一局部应用中被当作实体，而在另一局部应用中被当成属性；二是同一实体在不同局部 E-R 图中所包含的属性个数和属性排列次序不完全相同；三是实体间的联系在不同的局部 E-R 图中联系的名称、属性不同或呈现不同的类型。

处理冲突办法，一方面需要需求方各部门讨论、协商解决，另一方面也需要系统分析员根据应用的语义进行综合或调整，使之更符合实际应用需要。

2．修改和重构，消除冗余，优化初步 E-R 图

得到初步全局 E-R 图后，为了提高数据库应用系统的效率，依据需要分析的结果，要对 E-R 图进行优化。

一个好的全局 E-R 图，除了能准确、全面地反映用户功能需要，还应该满足如下条件。

（1）实体所含属性个数尽可能少。

（2）实体的个数尽可能少。

（3）联系的个数尽可能少。

优化是指通过修改和重构初步全局 E-R 图，消除可能存在的冗余数据和冗余联系，并最终形成独立于 DBMS 的整体概念结构的过程。

冗余数据主要包括冗余属性和冗余实体。冗余属性是指重复存在的属性或可由基本数据导出的数据。例如，若学生实体存在出生日期和年龄两个属性，则存在冗余属性，因为年龄可由出生日期计算得到；若商品实体存在单价、数量、总价属性，则存在冗余属性，因为总价可由单价和数量计算得到。冗余实体是指可以使用一个实体代替的两个或多个实体（即可合并的实体），或者可由多个实体导出的实体。对于合并实体，是指若两个或多个实体具有相同的主键，则可以合并为一个实体。可由多个实体导出的实体则可以直接消除。冗余的联系是指可由其他联系导出的联系。

冗余数据和冗余联系容易破坏数据库的完整性，给数据库维护增加困难，应当消除。

消除冗余可以借助需要分析的结果采用分析方法，也可以采用规范化理论。其中分析方法是消除冗余的主要方法。分析方法以数据字典和数据流图为依据，根据数据字典中关于数据项之间逻辑关系的说明来消除冗余。消除了冗余的初步 E-R 图称为基本 E-R 图。

在实际应用中，并不是所有的冗余数据和冗余联系都必须消除，有时为了提高查询效率、减少数据存取次数，不得不以冗余信息作为代价，因此设计数据库概念结构时，哪些冗余信息必须消除、哪些冗余信息允许存在，需要根据用户的整体需求来确定。

各学院教学任课、学生选修局部 E-R 图结合排课后得到的基本 E-R 图如 10-14 所示。

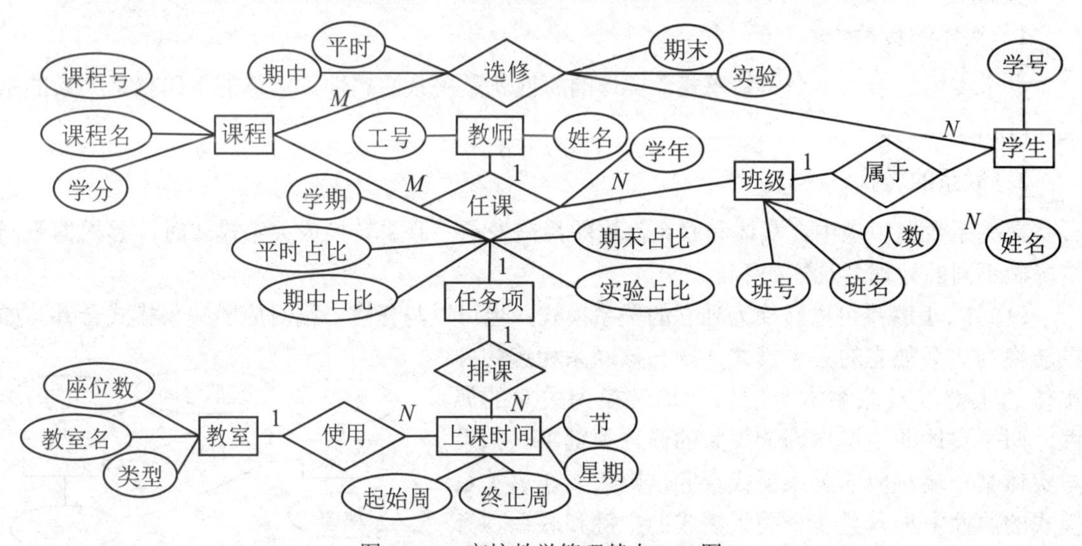

图 10-14　高校教学管理基本 E-R 图

10.3.6　整体概念结构验证与评审

优化后的 E-R 图要通过相关人员必要的审核和验证，确保无误后，才能作为逻辑结构设计的依据，并确保整体概念结构满足下列条件。

（1）内部必须具有一致性，不存在互相矛盾的表达。

（2）能准确地反映原来每一个局部 E-R 结构，包括属性、实体及实体间的联系。

（3）满足需求分析阶段所确定的所有需求。

整体概念结构必须征求用户和相关人员的意见，反复进行评审、修改和优化，直到用户确认正确无误地反映了用户的需求，最终提交给用户，并作为进一步设计数据库的依据。

10.4　逻辑结构设计

概念结构是独立于任何一种数据模型的信息结构。为了能够用某一数据库管理系统实现用户需求，还必须将概念结构进一步转换为相应的逻辑数据结构。

设计逻辑结构时，一般分为 3 步进行：一是将概念结构转换为一般的关系、网状或层次模型；二是对数据模型进行优化；三是根据用户需求，设计用户视图。

目前数据库应用系统大多数采用关系数据模型，所以这里只介绍 E-R 图向关系数据模型转换的原则与方法。

10.4.1　E-R 图向关系模型的转换

关系数据模型是一组关系模式的集合，而 E-R 图是由实体、实体的属性和实体之间的联系这 3 个要素组成的，所以将 E-R 图转换为关系数据模型，实际上就是要将实体、实体的属性和实体之间的联系转换为关系模式。这种转换一般要遵循如下规则。

1．实体的转换

一个实体转换为一个关系模式，实体的属性就是关系的属性，实体的主码就是关系的主键（Primary Key）。

2．联系的转换

在关系数据模型中，实体和联系都用关系来表示。联系转换成关系模式时，要根据不同情况做不同的处理，具体如下。

（1）1∶1 联系可以转换为独立的关系模式，也可以与任意一端对应的关系模式合并。如果转换为一个独立的关系模式，则与该联系相连的各实体的主键以及联系本身的属性均转换为关系的属性，两个实体的主键均为该关系的候选关键字。如果与实体某一端对应的关系模式合并，则需要在该关系模式的属性中加入另一个关系模式的主键和联系本身的属性。下面以图 10-15 所示的学院和院长 1∶1 联系为例，分别按以上两种方式转换为关系模式。

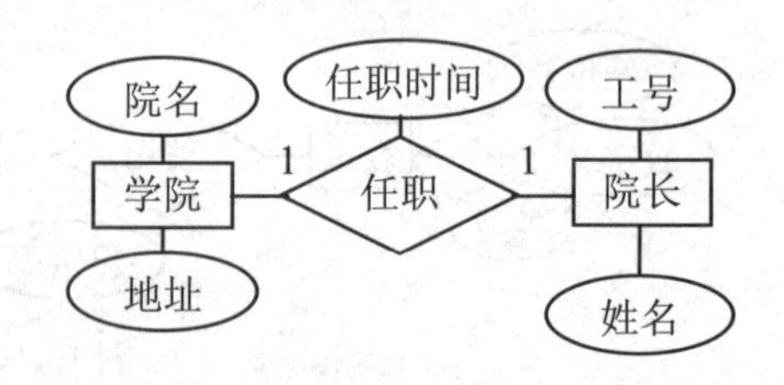

图 10-15　学院和院长 1∶1 联系

【例 10-03】 将图 10-15 所示的 E-R 图转换成关系模式，其中联系转换为独立的关系模式，且主键加下画线。

转换成的关系模式如下：

学院（院名,地址）

院长（工号,姓名）

任职（院名,工号,任职时间）　或者　任职（院名,工号,任职时间）

【例 10-04】 将图 10-15 所示的 E-R 图转换成关系模式，其中联系关系模式并入学院关系模式，且主键加下画线。

转换成的关系模式如下：

学院（院名,地址,工号,任职时间）

院长（工号,姓名）

（2）1∶N 联系可以转换为独立的关系模式，也可以与“N”端对应的关系模式合并。如果转换为一个独立的关系模式，则与该联系相连的各实体的主键以及联系本身的属性均转换为关系的属性，而关系的主键为“N”端实体的主键。如果与“N”端对应的关系模式合并，则需要在“N”端关系模式中加入“1”端关系模式的主键和联系本身的属性。下面以图 10-16 所示的班级和学生 1∶N 联系为例，分别按以上两种方式转换为关系模式。

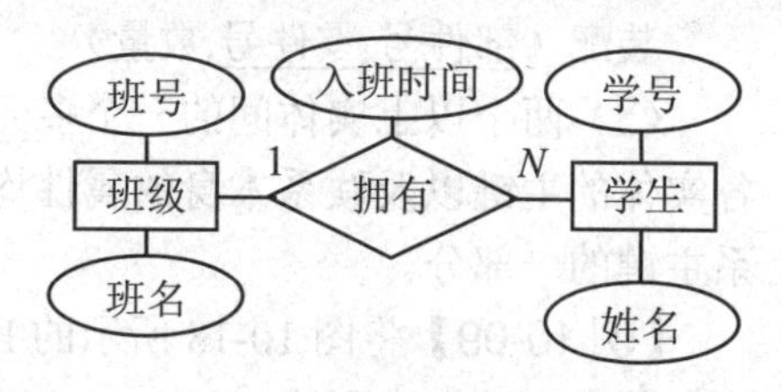

图 10-16 班级和学生 1∶N 联系

【例 10-05】将图 10-16 所示的 E-R 图转换成关系模式，其中联系转换为独立的关系模式，且主键加下画线。

转换成的关系模式如下：

班级（班号,班名）

学生（学号,姓名）

拥有（班号,学号,入班时间）

【例 10-06】将图 10-16 所示的 E-R 图转换成关系模式，其中联系关系模式并入学生关系模式，且主键加下画线。

转换成的关系模式如下：

班级（班号,班名）

学生（学号,姓名,班号,入班时间）

对于 1∶1 联系和 1∶N 联系，一般较少采用联系转换为独立的关系模式。因为多一个关系模式，查询时要使用多表连接运算，会降低查询的效率。

（3）M∶N 联系只能转换为独立的关系模式。与该联系相连的各实体的主键以及联系本身的属性均转换为关系的属性，各实体的主键组成关系的主键或关系主键的一部分。由于主键的属性比较多，也可以增加一个 ID 属性作为主键。

【例 10-07】将图 10-14 所示的 E-R 图中学生与课程及其选修联系转换成关系模式，其中主键加下画线。

转换成的关系模式如下：

学生（学号,姓名）

课程（课程号,课程名,学分）

选修（学号,课程号,平时,期中,实验,期末）

（4）同一实体内部 M∶N 联系可以转换为独立的关系模式。将该实体看成两个实体，且其中一个实体的主键重新命名，然后按两个实体 M∶N 联系处理。

【例 10-08】将图 10-17 所示的 E-R 图中零部件及其装配联系转换成关系模式，其中主键加下画线。

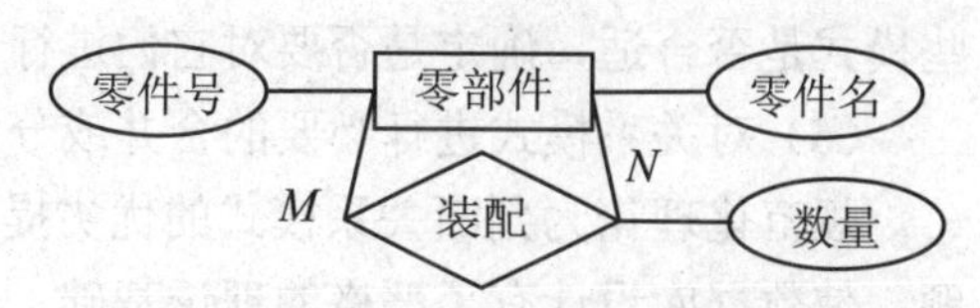

图 10-17 零件内部 M∶N 装配联系

将零部件实体看成零件实体和部件实体，零件实体的主键为零件号，部件实体的主键为部件号，然后按两个实体 $M:N$ 联系处理。

转换成的关系模式如下：

零部件（零件号,零件名）

装配（部件号,零件号,数量）

（5）两个以上实体间的一个多元联系可以转换为独立的关系模式。以该多元联系相连的各实体的主键以及联系本身的属性均转换为关系的属性，各实体的主键组成关系的主键或关系主键的一部分。

【例 10-09】将图 10-18 所示的 E-R 图中供应商、产品、工程及其供应联系转换成关系模式，其中主键加下画线。

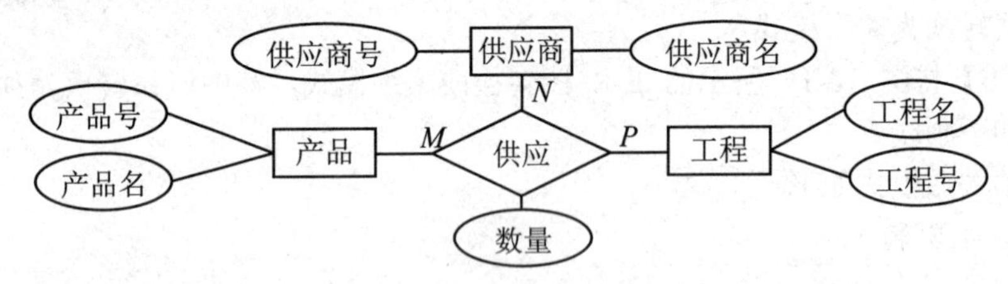

图 10-18　供应商、产品、工程及其多对多供应联系

转换成的关系模式如下：

供应商（供应商号,供应商名）

产品（产品号,产品名）

工程（工程号,工程名）

供应（供应商号,产品号,工程号,数量）

10.4.2　关系模式的优化

数据库逻辑设计的结果不是唯一的，为了进一步提高数据库应用系统的性能，还应该根据应用需要进行适当的修改，调整数据模型的结构，这就是关系模式的优化关系。关系模式的优化通常以规范化理论作为指导。

关系模式的优化方法如下。

（1）确定函数依赖。

（2）对各个关系模式之间的函数依赖进行极小化处理，消除冗余的联系。

（3）按照函数依赖的理论对关系模式逐一进行分析，考查是否存在部分函数依赖、传递函数依赖等，确定各关系模式分别属于第几范式，对不符合规范的关系模式进行规范化。

（4）按照需求分析阶段得到的各种应用对数据处理的要求，分析对于这样的应用环境这些模式是否合适，确定是否要对它们进行合并或分解。

（5）对关系模式进行必要的合并或分解。

规范化理论为判断关系模式的优劣提供了理论标准，可用来预测关系模式可能出现的问题，使数据库设计有了严格的理论基础。

10.4.3　设计用户视图

将概念模型转换为全局逻辑数据模型后，还应该根据局部应用需求，结合具体 DBMS 的特点，设计用户的外模式。

目前关系数据库管理系统一般都提供的视图（View）概念，可以利用这一功能设计更符合局部用户需求的用户外模式。

定义数据库的外模式，主要从系统的时间效率、空间效率和易维护性等角度出发，由于用户外模式与模式是相对独立的，因此，在定义用户外模式时，要注重考虑用户的习惯与方便使用，具体如下。

（1）使用更符合用户习惯的别名。

（2）可以对不同级别的用户定义不同视图，以保证系统的安全性。

（3）可以对经常使用的复杂查询定义视图，简化用户对系统数据的使用。

10.5　物理结构设计

将逻辑设计中产生的数据库逻辑模型结合指定的 DBMS 设计出最适合应用环境的物理结构的过程，称为物理结构设计，也是数据库内模式的设计。物理结构设计一般包括设计物理结构和评价物理结构两个阶段。

10.5.1　设计物理结构

数据库物理结构设计主要包括以下 4 个方面。

（1）确定数据的存储结构。在确定数据库的存储结构时，要综合考虑存取时间、存储空间利用率和维护代价 3 个方面的因素。这 3 个方面常常是相互矛盾的，例如，冗余减少了，可以减少存储空间，但可能要经常使用多表连接运算，会导致存取时间变长。

（2）设计数据的存取路径。DBMS 常用的存取方法有索引方法、聚簇方法、HASH 方法 3 种。

对频繁使用的属性列或 where 等子句中的属性列建立索引，可以缩短存取时间，但也增加了索引文件占用的存储空间及维护的代价。

为了提高某个属性或属性组的查询速度，按这个或这些属性的值从小到大存放记录，可以较大提高按这个或这些属性进行查询的效率。

（3）确定数据的存放位置。为了提高系统性能，应该根据数据的应用情况分别进行存放。

（4）确定系统配置。对于系统配置的变量，如同时使用数据库的用户数、同时打开数据库的对象数、缓冲区分配参数等，应根据应用环境确定这些参数的值，以使系统的性能最佳。

10.5.2　评价物理结构

在数据库循环设计过程中，需要对时间效率、空间效率、维护代价和各种用户要求进行权衡，生成多个方案，并对这些方案进行评价，以便从中选择一个较优的方案作为数据库的物理结构。

10.6 数据库实施、运行与维护

对数据库的物理设计初步评价完成后，就可以开始建立数据库了，数据库实施主要包括用 DDL 定义数据库结构、组织数据入库、编制与调试应用程序、数据库试运行。数据库试运行结果符合设计目标后，数据库就可以真正投入运行了。

数据库投入运行标志着开发任务的基本完成和维护工作的开始，但并不意味着设计过程的终结。由于用户应用环境在不断地变化，对数据库设计进行评价、调整、修改等维护工作是一个长期的任务，也是设计工作的继续和提高。

数据库经常性的维护工作主要由 DBA 完成，主要包括数据库的转储和恢复、数据库安全性与完整性控制、数据库性能的监督分析和改进、数据库的重组织和重构造等。

习题 10

10-1 填空题

（1）数据库的结构（数据）设计包括________结构设计、________结构设计和________结构设计。

（2）________是各类数据描述的集合，也是对数据流图中包含的所有元素的定义的集合。

10-2 选择题

（1）数据库设计参加的人员不包括（　　）。

A．数据库设计人员　　B．用户
C．数据库管理员　　D．应用程序开发人员
E．测试人员

（2）（　　）是整个数据库设计过程的基础，要收集数据库所有类别用户的信息要求、处理需求、安全性与完整性要求，并加以规格化处理和细致分析。

A．需求分析　　B．概念结构设计
C．逻辑结构设计　　D．物理结构设计
E．数据库实施、运行与维护

（3）在数据流图中，外部实体用（　　）表示。

A．双矩形或矩形　　B．命名的箭头
C．圆圈或圆角矩形　　D．直线段或双线段
E．缺右边的矩形或圆角矩形

（4）在数据流图中，过程用（　　）表示。

A．双矩形或矩形　　B．命名的箭头
C．圆圈或圆角矩形　　D．直线段或双线段

E．缺右边的矩形或圆角矩形

（5）在数据流图中，数据存储用（　　）表示。

A．双矩形或矩形　　B．命名的箭头

C．圆圈或圆角矩形　　D．直线段或双线段

（6）（　　）是数据的最小组成单位，也称为属性、字段、域等，如课程号、课程名、学分等。

A．数据项　　B．数据结构

C．数据流　　D．数据存储

E．数据处理

（7）与数据字典的说明符号 $0+\{0-9\}_2^3$ 匹配的是（　　）。

A．12　　B．123

C．01　　D．0123

E．01234

（8）（　　）是在数据处理过程中产生的数据表或需要查询的信息。

A．数据项　　B．数据结构

C．数据流　　D．数据存储

E．数据处理

（9）（　　）把输入数据流变换成输出数据流。

A．数据项　　B．数据结构

C．数据流　　D．数据存储

E．数据处理

（10）系统需求分析的结果是产生（　　）都能接受的需求分析报告，即需求规范说明书。

A．数据库设计人员和数据库管理员　　B．用户和设计者

C．用户和数据库管理员　　D．用户和应用程序开发人员

E．数据库设计人员和应用程序开发人员

（11）完成系统分析报告并完成评审后，需要（　　）签字确认。

A．数据库设计人员和数据库管理员　　B．用户和开发方负责人

C．用户和数据库管理员　　D．用户和应用程序开发人员

E．数据库设计人员和应用程序开发人员

（12）数据库概念结构设计不会采用的方法是（　　）。

A．自顶向下　　B．自底向上

C．逐步扩张　　D．巴柯斯范式

E．将自顶向下和自底向上相结合

（13）（　　）产生全局 E-R 图。

A．需求分析　　B．概念结构设计

C．逻辑结构设计　　D．物理结构设计

E．数据库实施、运行与维护

（14）（　　）一般产生关系数据模型。

A．需求分析　　B．概念结构设计

C．逻辑结构设计　　D．物理结构设计

E．数据库实施、运行与维护

（15）（　　）确定数据的存储结构和存取路径等。

A．需求分析　　B．概念结构设计

C．逻辑结构设计　　D．物理结构设计

E．数据库实施、运行与维护

10-3 简答题

（1）试述数据库设计过程的各个阶段。

（2）试述需求分析阶段的任务和方法。

（3）试述将 E-R 图转换为关系模型的一般规则。

10-4 设计题

设计电商平台基本业务，已知客户含客户编号、姓名、电话、地址等信息，卖家含店号、店名、电话等信息，商品含商品编号、商品名、单价等信息，客户与卖家的一个订单含订单日期与金额等信息，每个订单含不同商品若干。请设计 E-R 图，并转换成相应的关系模式。

参 考 文 献

[1] 尹志宇，郭晴．数据库原理与应用教程[M]．2 版．北京：清华大学出版社，2016．

[2] 邱李华，李晓黎，任华，等．SQL Server 2008 数据库应用教程[M]．2 版．北京：人民邮电出版社，2016．

[3] 肖海蓉，任民宏，鲁秋菊，等．数据库原理与应用[M]．2 版．北京：清华大学出版社，2023．

[4] 萨师煊，王珊．数据库系统概论[M]．3 版．北京：高等教育出版社，2006．

[5] 苏啸．数据库原理与 SQL Server 2000 教程[M]．北京：北京工业大学出版社，2002．

附录A 习题数据表

附习题表1（XS、XUESHENG、补考名单、C、XX）

```
Create Table XS(学号 varchar(12),姓名 varchar(6),CS DateTime,毕业院校 varchar(20),CJ Int);
Insert Into XS(学号,姓名,CS,毕业院校,CJ)
Values('20100881201','谢文娟','1989-11-01','泉州师范学院',67),
  ('20100881202','陈立勤','1989-07-01','武夷学院',78),
  ('20100881203','周荣通','1989-11-21','福建工程学院',88),
  ('20100881204','黄华贵','1989-02-01','福建工程学院',74),
  ('20100881205','王聪慧','1989-01-01','三明学院',56),
  ('20100881206','游连桦','1990-05-01','福建工程学院',48),
  ('20100881207','黄忠顺','1989-07-11','福建信息职业技术学院',null),
  ('20100881208','王兆钦','1989-12-01','福建交通职业技术学院',null),
  ('20100881209','陈艳','1989-09-15','厦门华厦职业学院',96),
  ('20100881210','郭闻娟','1990-01-01','福建工程学院',73),
  ('20100881211','邹艺荣','1989-01-01','厦门理工学院',58),
  ('20100881212','叶荣林','1991-01-01','厦门理工学院',82),
  ('20100881213','吴小勇','1989-08-09','福建工程学院',85),
  ('20100881214','宋江平','1990-04-01','福建工程学院',91),
  ('20100881215','李志恒','1989-03-15','厦门理工学院',82),
  ('20100881216','左见霞','1989-07-31','宁德师范高等专科学校',null),
  ('20100881217','张剑','1990-02-02','厦门理工学院',99),
  ('20100881218','余其枫','1989-06-06','福建工程学院',68),
  ('20100881219','荣旭','1989-10-01','福建师范大学',72),
  ('20100881220','张龙剑','1990-12-25','厦门兴才职业技术学院',null);
Create Table XUESHENG(学号 varchar(12),姓名 varchar(6),CS DateTime,毕业院校 varchar(20),CJ
FLOAT);
Create Table 补考名单(学号 varchar(12),姓名 varchar(6));
Create Table C(kh integer primary key,km varchar(12),RS int);
Insert Into C(kh,km)
  Values(1001,'C 语言'), (1002,'C++'),(1003,'VB'),(1004,'数据结构');
Create Table XX(xh varchar(12),kh integer,CJ Float,Constraint PK_XHKH primary key(XH,KH));
Insert Into XX(xh,kh,CJ)
  Values('20100881201',1001,80),('20100881203',1001,56),('20100881205',1001,83),
  ('20100881207',1001,85),('20100881209',1001,75),('20100881211',1001,81),
('20100881213',1001,73),
  ('20100881215',1001,48),('20100881217',1001,91),
('20100881219',1001,36),('20100881202',1002,80),
  ('20100881204',1002,70),('20100881206',1002,90),('20100881208',1002,75),('20100881210',1002,93),
  ('20100881212',1003,78),('20100881214',1003,71);
```

附习题表2（商品信息、产地商品数、供应商信息）

```
Create Table 商品信息(商品编号 Varchar(8) Primary Key,商品名称 Varchar(30),
库存编号 Varchar(8),供应商编号 Varchar(10),产地 Varchar(6),单价 real,均价 real);
Insert Into 商品信息(商品编号,商品名称,库存编号,供应商编号,产地,单价)
 Values('1001','Intel D915GVWB 主板','1008','1002','广州市',863.5),
 ('1002','Maxtor 40G 硬盘','1006','1003','南京市',514.25),
 ('1003','CORSAIR VS512MB 内存','1004','1009','北京市',350),
 ('1004','AMD Opteron 146CPU','1002','1004','深圳市',1455),
 ('1005','鹏宇 GF4 MX440-8X (64M)显卡','1007','1009','深圳市',205),
 ('1006','鼎华新锐移动硬盘','1001','1009','北京市',1004),
 ('1007','金视浩海液晶显示器','1008','1005','南京市',1460),
 ('1008','CREATIVE SBS 2.1 380 音箱','1004','1001','福州市',190),
 ('1009','HP scanjet 3770 扫描仪','1010','1007','广州市',979),
 ('1010','MSI 945P Platinum 主板','1001','1006','深圳市',1485),
 ('1011','夏普 AR2616 复印机','1008','1009','北京市',6605.5),
 ('1012',' DRAGONKING 1GB 内存','1005','1001','广州市',805),
 ('1013','STAR NX-350 针式打印机','1002','1009','深圳市',2705),
 ('1014','AMD Sempron 3000 CPU','1008','1008','南京市',740),
 ('1015','三星 795MB CRT 显示器','1006','1002','南京市',1229.8),
 ('1016','CISCO 1721 路由器','1007','1009','北京市',4963),
 ('1017','Maxtor 250G 硬盘','1003','1005','南京市',835),
 ('1018','钛子风 GeForce4 MX4000 显卡','1009','1008','广州市',285),
 ('1019','佳能 FAX-L360 传真机','1008','1006','南京市',3358),
 ('1020','DeLUX 游戏王 MG430 机箱','1003','1004','深圳市',545);
Create Table 产地商品数(产地 Varchar(6),商品数 int);
Create Table 供应商信息(编号 VARCHAR(4) Primary Key,供应商名称 VARCHAR(12),
城市 VARCHAR(6),联系人 VARCHAR(8),联系电话 VARCHAR(11),产品数量 int);
Insert Into 供应商信息(编号,供应商名称,城市,联系人,联系电话)
 Values('1001','畅通伟业','三明市','杨雄','13658548595'), ('1002','冰峰网络','上海市','李男',
'13589564258'),
 ('1003','炎黄盈动','北京市','章鱼','13202545256'), ('1004','海岳伟业科技','北京市','王海',
'13354856852'),
 ('1005','中达恒业','北京市','韩玉方','13125648565'),
 ('1006','北京世纪葵花','北京市','赵晓晓','13965485689'),
 ('1007','南方电讯','南京市','姜民在','13785465852'), ('1008','深信服科技','广州市','刘思浩',
'13585456585'),
 ('1009','博科资讯','上海市','林南','13659856452'), ('1026','华南科技','三明市','王显',null);
```

附习题表3（PCInfo）

```
Create Table PCInfo(XH Int,Host Varchar(25),LogT Date,Constraint PCInfo_XH primary key(XH));
Insert Into PCInfo(XH,Host,LogT)Values(16464,'pigmonster-PC','2011-05-06'),
 (16460,'pigmonster-PC','2011-05-06'),(16459,'Yellow','2011-05-06'),(16457,'Yellow','2011-05-06'),
 (16455,'藍 se-PC','2011-05-06'),(16445,'藍 se-PC','2011-05-05'),(16432,'qiang','2011-05-05'),
 (16430,'qiang','2011-05-05'),(16423,'orcl','2011-05-05'),(16415,'藍 se-PC','2011-05-05'),
```

```
(16413,'TJQxp3','2011-05-05'),(16410,'藍 se-PC','2011-05-05'),(16404,'TJQxp3','2011-05-05'),
(16398,'TJQxp3','2011-05-05'),(16396,'orcl','2011-05-05'),(16393,'orcl','2011-05-05'),
(16382,'pigmonster-PC','2011-05-05'),
(16381,'pigmonster-PC','2011-05-05'),(16367,'ll-PC','2011-05-05'),
(16366,'TJQxp3','2011-05-05'),(16364,'TJQxp3','2011-05-05'),(16363,'ll-PC','2011-05-05'),
(16362,'ll-PC','2011-05-05'),(16359,'ll-PC','2011-05-05'),(16357,'ll-PC','2011-05-05'),
(16352,'pigmonster-PC','2011-05-05'),(16348,'TJQxp3','2011-05-05'),
(16341,'TJQxp3','2011-05-05'),
(16337,'TJQxp3','2011-05-05'),(16325,'zzb-PC','2011-05-05'),(16316,'TJQxp3','2011-05-05'),
(16314,'Fei','2011-05-05'),(16312,'Fei','2011-05-05'), (16311,'pigmonster-PC','2011-05-05'),
(16308,'Yellow','2011-05-05'), (16307,'TJQxp3','2011-05-05'),(16301,'qiang','2011-05-05'),
(16300,'liuyong','2011-05-05'), (16299,'qiang','2011-05-05'),(16298,'liuyong','2011-05-05'),
(16295,'zzb-PC','2011-05-05'),(16289,'pld361','2011-05-05'),(16288,'pld361','2011-05-05'),
(16274,'zzb-PC','2011-05-05'), (16273,'zzb-PC','2011-05-05'),(16269,'orcl','2011-05-05'),
(16266,'like-PC','2011-05-05');
```

附习题表 4（L）

```
Create Table L(C char(1));
Insert Into L Values('A'),('B'),('C'),('D'),('E');
```

附习题表 5（InputX）

```
Create Table InputX(X int,CJ int,F real,C char(1),Str varchar(20),W varchar(20),N int,Score int,N1
int,N2 int,oper char(1),MDB VarChar(20));
Insert Into InputX(X,CJ,F,C,Str,W,N,Score,N1,N2,oper,MDB) Values(2100,85,4.16,'A','How do you
do?','星期一',10,93,3,4,'*','Test1.mdb');
```

附习题表 6（Book、JieYue、DuZhe、客房、旅客、Stu、Depart、Class、Student）

```
Create Table Book(书号 varchar(14),书名 varchar(20),出版日期 DateTime,
出版社 varchar(20),单价 Float,册数 int);
Insert Into Book(书号,书名,出版日期,出版社,单价,册数)
Values('9787302161801','Windows 程序设计','2013-11-01','清华大学出版社',27,2),
 ('9787302161802','C++程序设计','2013-07-01','清华大学出版社',38,3),
 ('9787302161803','Win32 汇编语言','2013-11-21','人民邮电出版社',28,4),
 ('9787302161804','C#程序设计','2013-02-01','人民邮电出版社',34,2),
 ('9787302161805','C 语言程序设计','2013-01-01','机械工业出版社',36,7),
 ('9787302161806','Delphi 程序设计','2012-05-01','人民邮电出版社',48,5),
 ('9787302161807','Java 程序设计','2013-07-11','同济大学出版社',41,1),
 ('9787302161808','Android 程序设计','2013-12-01','高等教育出版社',16.9,2),
 ('9787302161809','数据结构(C++描述)','2013-09-15','厦门大学出版社',96,5),
 ('9787302161810','数据结构(C 描述)','2012-01-01','人民邮电出版社',73,6),
```

```
('9787302161811','数据结构(Java 描述)','2013-01-01','电子工业出版社',58,9),
('9787302161812','Web 系统开发','2011-01-01','电子工业出版社',82,20),
('9787302161813','SQLServer2000 教程','2013-08-09','人民邮电出版社',85,12),
('9787302161814','数据库原理与应用','2012-04-01','人民邮电出版社',21,3),
('9787302161815','Oracle 数据库教程','2013-03-15','电子工业出版社',42,6),
('9787302161816','计算机组成原理','2013-07-31','中国水利水电出版社',32,7),
('9787302161817','网络数据库开发','2012-02-02','电子工业出版社',29,6),
('9787302161818','计算机图形学','2013-06-06','人民邮电出版社',48.5,5),
('9787302161819','移动程序设计','2013-10-01','清华大学出版社',32,3),
('9787302161820','e 语言','2012-12-25','清华大学出版社',29.5,5);
Create Table JieYue(SH varchar(14),XH varchar(11),JYRQ Date,GHSJ DateTime);
Insert Into JieYue(SH,XH,JYRQ,GHSJ)
Values('9787302161802','20120881101','2012-12-11','2013-02-15 08:08:08'),
('9787302161803','20120881101','2013-04-11','2013-04-15 08:08:08');
Create Table DuZhe(XH varchar(14),XM varchar(8),XB varchar(2));
Insert Into DuZhe(XH,XM,XB) Values('20120881101','黄惠珍','女'),('20120881102','肖光','男'),
('20120881103','郑晓东','男'),('20120881104','唐福盛','男'),('20120881105','黄煌',null),
('20120881107','张世檀','男'),('20120881109','陈辉斌','男'),('20120881111','卢达晖','男'),
('20120881112','黄剑鸿','男'),('20120881113','薛小卫','男');
Create Table 客房(房号 int,入住人数 int,Constraint KF_PK_FH primary key(房号));
Create Table 旅客(身份证号 varchar(18),姓名 varchar(10),房号 int,
Constraint LK_PK_SFZH primary key(身份证号));
Insert Into 客房(房号,入住人数) Values(101,0),(201,0);
Create Table Stu(XH int,XM varchar(8),Constraint Stu_PK_XH primary key(XH));

Create Table Depart(
DeName Varchar(20),DeHead Varchar(20),Constraint Depart_PK_DeName Primary Key(DeName)
);

Insert Into Depart(DeName,DeHead)
Values('信息工程学院','邱锦明'),('机电工程学院','吴龙'),('海峡理工学院','邱国鹏');
Create Table Class(
ClName Varchar(20),Counselor Varchar(6),
DeName Varchar(20),Constraint Class_PK_ClName Primary Key(ClName)
);
Insert Into Class(ClName,Counselor,DeName) Values('16 计算机科学与技术','余小宝','信息工程学院
'),
('17 计算机科学与技术','姜珊','信息工程学院'),('16 通信工程 1 班','王世庆','信息工程学院'),
('16 电子科学与技术','陈艺琛','机电工程学院'),('16 数字媒体技术','何秀清','海峡理工学院');
Create Table Student(
XH Varchar(11),XM Varchar(6),
ClName Varchar(20),Constraint Student_PK_XH Primary Key(XH)
);
Insert Into Student(XH,XM,ClName) Values('20160861101','谢承皇','16 计算机科学与技术'),
('20160861102','常晓雨','16 计算机科学与技术'),('20170861102','曹建华','17 计算机科学与技术'),
('20170861103','陈泽池','17 计算机科学与技术'),('20170861104','方茜','17 计算机科学与技术'),
('20160867101','郑聪敏','16 通信工程 1 班'),('20160867102','邓卫祥','16 通信工程 1 班'),
('20168888101','陈丽蓉','16 数字媒体技术'),('20168888102','陈泽慧','16 数字媒体技术'),
('20168888103','傅锦雯','16 数字媒体技术'),('20178888101','黄程程','16 电子科学与技术');
```

附习题表 7（score,course,spj,j,p,s,student,teacher）

```
/* drop table score,course,spj,j,p,s,student,teacher; */
create table teacher(tno char(10) not null,tname char(10),sex char(10),birthday datetime,
    prof char(10),depart char(10),constraint pk_teacher primary key(tno));
insert teacher(tno,tname,sex,birthday,prof,depart) values('t01','余志利','男','1954-05-01','教授','计算机'),
 ('t02','高晓蓝','女','1980-04-14','讲师','计算机'),('t03','钱程','男','1960-08-09','教授','金融'),
 ('t04','高芸','女','1966-07-01','副教授','金融'),('t05','李志刚','男','1968-02-19','副教授','机械工程'),
 ('t06','林森','男','1970-03-31','讲师','机械工程'),('t07','黄欣茹','女','1973-11-02','副教授','会计学'),
 ('t08','方明','男','1978-10-10','讲师','会计学'),('t09','王艺琛','女','1965-07-28','教授','艺术设计'),
 ('t10','夏天','男','1968-06-08','教授','艺术设计'),('t11','郑志强','男','1970-08-15','教授','公共教学'),
 ('t12','白枚','女','1977-10-03','讲师','公共教学'),('t13','李丽娜','女','1981-04-07','讲师','公共教学'),
 ('t14','刘慧琴','女','1968-09-04','副教授','公共教学'),('t15','王越','男','1968-10-01','助教','公共教学');

create table student(sno char(10) not null,name char(20),sex char(2),
    birthday datetime,class char(10),primary key(sno));
insert student(sno,name,sex,birthday,class) values('s01001','陈勇','男','1993-01-21','1'),
 ('s01002','李军','男','1990-01-20','1'),('s01003','蔡棋生','女','1991-02-28','1'),
 ('s02001','张立','男','1992-01-20','2'),('s02002','赵丽丽','女','1993-04-25','2'),
 ('s03001','王晓东','男','1993-07-28','3');

create table course(cno char(10) not null,cname char(40),tno char(10),primary key(cno));
insert course(cno,cname,tno) values('c01','数据库','t01'),('c02','操作系统','t01'),('c03','人力资源管理
','t02'),
 ('c04','宏观经济学','t02'),('c05','金融管理','t03'),('c06','国际金融学','t03'),('c07','商业银行学','t04'),
 ('c08','风险管理','t04'),('c09','机械设计基础','t05'),('c10','机械原理','t06'),('c11','经济法概论','t07'),
 ('c12','中级财务管理','t08'),('c13','艺术概论','t09'),('c14','中外美术史','t09'),('c15','素描','t10'),
 ('c16','大学信息技术','t11'),('c17','高等数学','t12'),('c18','大学英语','t13'),('c20','大学物理','t15');
alter table course add constraint fk_course_teacher foreign key(tno) references teacher(tno)
on update cascade on delete cascade;

create table score(sno char(10) not null,cno char(10) not null,degree int,
    constraint pk_cj primary key(sno,cno));
insert score(sno,cno,degree) values('s01001','c01',78),('s01001','c02',65),('s01001','c03',78),('s01001',
'c04',56),
 ('s01002','c02',89),('s01002','c03',85),('s01002','c04',79),('s02001','c02',70),('s02001','c03',78),
 ('s02001','c08',90),('s02002','c08',79),('s02002','c09',65),('s02002','c10',88),('s03001','c01',99),
 ('s03001','c02',78),('s03001','c11',76),('s03001','c12',67),('s03001','c13',90),('s03001','c14',86),
 ('s03001','c15',68);

alter table score add constraint fk_score_course foreign key(cno)
references course(cno) on update cascade on delete cascade;

alter table score add  constraint fk_score_student foreign key(sno)
references student(sno) on update cascade on delete cascade;

create table s(sno char(2) not null,sname char(10) not null,status int not null,
    city char(10) not null,constraint pk_s primary key(sno));
```

```
insert s(sno,sname,status,city) values('s1','精益',20,'天津'),('s2','盛锡',10,'北京'),('s3','东方红',30,'北京'),
 ('s4','丰泰盛',20,'天津'),('s5','为民',30,'上海');

create table p(pno char(2) not null,pname char(10) not null,color char(4) not null,
      weight int not null,constraint pk_p primary key(pno));
insert p(pno,pname,color,weight) values('p1','螺母','红',12),('p2','螺栓','绿',17),('p3','螺丝刀','蓝',14),
 ('p4','螺丝刀','红',14),('p5','凸轮','蓝',40),('p6','齿轮','红',30);

create table j(jno char(2) not null,jname nchar(10) not null,city char(6) not null,
 constraint pk_j primary key(jno));
insert j(jno,jname,city) values('j1','三建','北京'),('j2','一汽','长春'),('j3','弹簧厂','天津'),('j4','造船厂','天津'),
 ('j5','机车厂','唐山'),('j6','无线电厂','常州'),('j7','半导体厂','南京');

create table spj(sno char(2) not null,pno char(2) not null,jno char(2) not null,
      qty int not null,constraint pk_spj primary key(sno,pno,jno));
insert spj(sno,pno,jno,qty) values('s1','p1','j1',200),('s1','p1','j3',100),('s1','p1','j4',700),('s1','p2','j2',100),
 ('s2','p3','j1',400),('s2','p3','j2',200),('s2','p3','j4',500),('s2','p3','j5',400),('s2','p5','j1',400),('s2','p5','j2',100),
 ('s3','p1','j1',200),('s3','p3','j1',200),('s4','p5','j1',100),('s4','p6','j3',300),('s4','p6','j4',200),('s5','p2','j4',100),
 ('s5','p3','j1',200),('s5','p6','j2',200),('s5','p6','j4',500);
alter table spj add constraint fk_spj_j foreign key(jno)references j(jno);
alter table spj add constraint fk_spj_p foreign key(pno)references p(pno);
alter table spj add constraint fk_spj_s foreign key(sno)references s(sno);
```

附习题表 8（Teacher、Course、Student、Elective）

```
/* Drop Table Teacher,Course,Student,Elective; */
/****** 教师表 Teacher ******/
Create Table Teacher(
      TNo Varchar(10),TName Varchar(10),Sex Varchar(10),Birthday Datetime,
      Prof Varchar(10),Depart Varchar(10),constraint pk_Teacher primary key(TNo));
Insert Teacher(TNo,TName,Sex,Birthday,Prof,Depart)Values('T01','上官晓云','男','1974-05-01','教授','
信息'),
 ('T02','蓝云','女','1983-04-14','副教授','信息'),('T03','高晓蓝','女','1985-04-14','讲师','信息'),
 ('T04','程深','男','1990-08-09','助教','信息'),('T11','钱程','男','1987-08-09','教授','管理'),
 ('T12','高芸','女','1976-07-01','副教授','管理'),('T21','李志刚','男','1978-02-19','副教授','机电'),
 ('T22','林深','男','1979-03-31','讲师','机电'),('T31','黄琴兴','女','1973-11-02','副教授','旅游'),
 ('T32','方明','男','1978-10-10','教授','旅游'),('T33','李方','男','1988-10-10','讲师','旅游'),
 ('T41','王云深','女','1985-07-28','教授','鞋服'),('T42','夏天','男','1978-06-08','教授','鞋服'),
 ('T51','郑志高','男','1970-08-15','教授','资化'),('T52','白夏','女','1977-10-03','讲师','资化'),
 ('T53','李丽深','女','1981-04-07','讲师','资化'),('T54','刘蓝琴','女','1978-09-04','副教授','资化'),
 ('T55','王方','男','1988-10-01','助教','资化'),('T61','蔡高','女','1975-07-28','教授','文传'),
 ('T71','欧阳高兴','女','1975-07-28','教授','建筑');
/******课程名表 Course******/
Create Table Course(CNo Varchar(10),CName Varchar(40),Credit int,
constraint pk_Course primary key(CNo));
Insert Course(CNo,CName,Credit)Values('C01','数据库原理',3),('C02','UML 统一建模语言',3),
 ('C03','C 语言',5),('C04','Java',5),('C05','离散数学',3),('C06','数据结构',4),('C07','JavaEE',4),
 ('C08','C++',4),('C09','Android',4),('C10','iOS',4),('C11','大数据',2),('C12','Html5',2),('C13','软件工程',2),
 ('C14','软件项目管理',2),('C15','汇编语言',3),('C16','Basic',3),('C17','高等数学',3),('C18','大学英语',6),
```

```
 ('C20','大学物理',5);
/****** 学生表 Student ******/
Create Table Student(
       SNo Varchar(10),SName Varchar(20),Sex Varchar(2),Birthday Datetime,
       Interest Varchar(10),ClassNo Varchar(10),constraint pk_Student primary key(SNo));
Insert Student(SNo,SName,Sex,Birthday,Interest,ClassNo)
Values('S01001','陈云勇','男','1997-01-21','篮球','S01'),('S01002','李立军','男','1998-01-20','乒乓球',
'S01'),
 ('S01003','蔡其生','女','1996-02-28','足球','S01'),('S01004','张立','男','1997-01-20','羽毛球','S01'),
 ('S01005','赵丽丽','女','1998-04-25','篮球','S01'),('S02001','王晓东','男','1995-07-28','足球','S02'),
 ('S02002','陈云立','男','1999-01-21','乒乓球','S02'),('S03001','李勇军','男','1994-01-20','篮球','S03'),
 ('S03002','蔡晓生','女','1995-02-28','乒乓球','S03'),('S03003','赵立其','男','1996-01-20','羽毛球','S03'),
 ('S04001','张东','男','1996-04-25','乒乓球','S04'),('S04002','王丽丽','女','1997-07-28','排球','S04'),
 ('S05001','王云东','男','1995-05-28','篮球','S05'),('S06001','陈晓勇','男','1997-04-21','足球','S06'),
 ('S06002','李立方','男','1998-09-20','羽毛球','S06'),('S06003','蔡军生','女','1996-06-28','排球','S06'),
 ('S07001','张立丽','男','1997-07-20','篮球','S07'),('S07002','赵其丽','女','1998-03-25','乒乓球','S07'),
 ('S07003','王晓云','男','1998-07-28','网球','S07'),('S07004','丽亮','女','1997-04-25','足球','S07');
/****** 选修表 Elective ******/
Create Table Elective(TNo Varchar(10),CNo Varchar(10),SNo Varchar(10),Score int,Term Varchar(10),
constraint pk_Elective primary key clustered(Term asc,TNo asc,CNo asc,SNo asc) );
Insert Elective(TNo,CNo,SNo,Score,Term)Values('T02','C01','S01001',78,'16-17(1)'),
 ('T02','C01','S01002',65,'16-17(1)'),('T02','C01','S04001',78,'16-17(1)'),('T01','C03','S07002',56,'16-17(1)'),
 ('T01','C03','S01001',89,'16-17(1)'),('T04','C05','S02001',85,'16-17(1)'),('T12','C06','S03001',39,'16-17(1)'),
 ('T22','C06','S04002',70,'16-17(1)'),('T22','C07','S03001',78,'16-17(1)'),('T31','C08','S06002',90,'16-17(1)'),
 ('T32','C10','S07001',79,'16-17(1)'),('T41','C11','S06001',25,'16-17(1)'),('T42','C12','S04001',88,'16-17(1)'),
 ('T51','C12','S05001',45,'16-17(1)'),('T52','C14','S03001',78,'16-17(1)'),('T51','C15','S06002',36,'16-17(1)'),
 ('T53','C16','S07001',27,'16-17(1)'),('T61','C18','S07001',90,'16-17(1)'),('T71','C19','S07003',86,'16-17(1)'),
 ('T61','C20','S07002',68,'16-17(1)'),('T21','C15','S06002',66,'16-17(2)'),('T33','C16','S07001',72,'16-17(2)'),
 ('T61','C13','S07001',99,'16-17(2)'),('T03','C19','S06003',76,'16-17(2)'),('T61','C20','S07004',98,'16-17(2)'),
 ('T12','C06','S03001',69,'16-17(2)'),('T41','C11','S06001',65,'16-17(2)');
```

附习题表 9（库 tmg20170110、视图 GroupSize）

```
Set NoCount ON
if Exists(select * from sys.databases where name='tmg20170110')
Drop DataBase tmg20170110
Create Database tmg20170110 ON
  Primary (Name='tmg1',FileName='D:\tmg1.mdf',Size=2304KB,FileGrowth=8KB)
,FileGroup FG2 (Name='FG2tmg1',FileName='D:\FG2tmg1.mdf',Size=512KB,FileGrowth=8KB)
,FileGroup FG3 (Name='FG3tmg1',FileName='D:\FG3tmg1.mdf',Size=512KB,FileGrowth=8KB)
,FileGroup FG4 (Name='FG4tmg1',FileName='D:\FG4tmg1.mdf',Size=512KB,FileGrowth=8KB)
LOG ON (Name='tmgL',FileName='D:\tmg.LDF')
GO
use tmg20170110
GO
Create View GroupSize As
Select GID=a.Groupid,Total=Sum(Size)*8,Free=(Sum(Size)
  -(Select Sum(total_pages) From sys.allocation_units b where b.data_space_id=a.Groupid))*8
   From sysfiles a where a.Groupid>0 Group By a.Groupid
```

```
GO
use KSPF
```

附习题表 10（库 tmg20181201、视图 GroupSize）

```
Set NoCount ON
if Exists(select * from sys.databases where name='tmg20181201')
Drop DataBase tmg20181201
If CharIndex('2012',@@VERSION)>0
Create Database tmg20181201 ON
  Primary (Name='tmg1',FileName='D:\tmg1.mdf',Size=4104KB,FileGrowth=8KB)
,FileGroup FG2 (Name='FG2tmg1',FileName='D:\FG2tmg1.mdf',Size=512KB,FileGrowth=8KB)
,FileGroup FG3
(Name='FG4tmg1',FileName='D:\FG4tmg1.mdf',Size=512KB,FileGrowth=8KB)
LOG ON (Name='tmgL',FileName='D:\tmg.LDF')
else
Create Database tmg20181201 ON
  Primary (Name='tmg1',FileName='D:\tmg1.mdf',Size=2304KB,FileGrowth=8KB)
,FileGroup FG2 (Name='FG2tmg1',FileName='D:\FG2tmg1.mdf',Size=512KB,FileGrowth=8KB)
,FileGroup FG3
(Name='FG4tmg1',FileName='D:\FG4tmg1.mdf',Size=512KB,FileGrowth=8KB)
LOG ON (Name='tmgL',FileName='D:\tmg.LDF')
GO
use tmg20181201
GO
Create View GroupSize As
Select GID=a.Groupid,Total=Sum(Size)*8,Free=(Sum(Size)
 -(Select Sum(total_pages) From sys.allocation_units b where b.data_space_id=a.Groupid))*8
  From sysfiles a where a.Groupid>0 Group By a.Groupid
GO
use KSPF
```